图 2-4　萤火虫之路

（http://quit007.deviantart.com/）

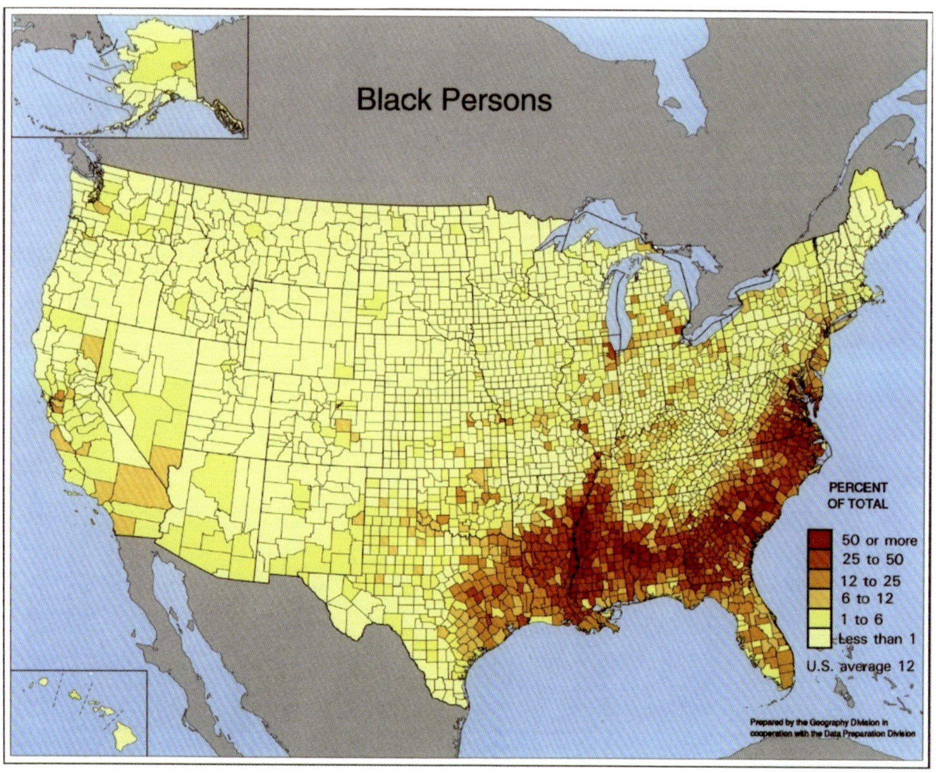

图 2-12　美国人口密度分布图

图 2-15　深圳受大面积雷电影响，图为某日 18 时至次日 0 时共记录到的 9119 次闪电

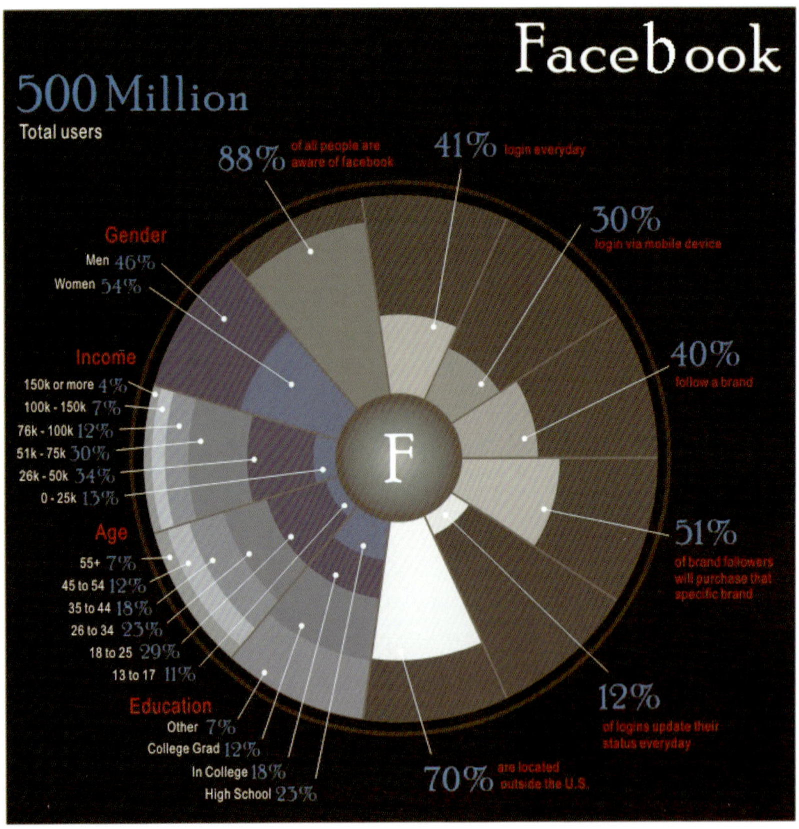

图 2-19　Facebook 极区图

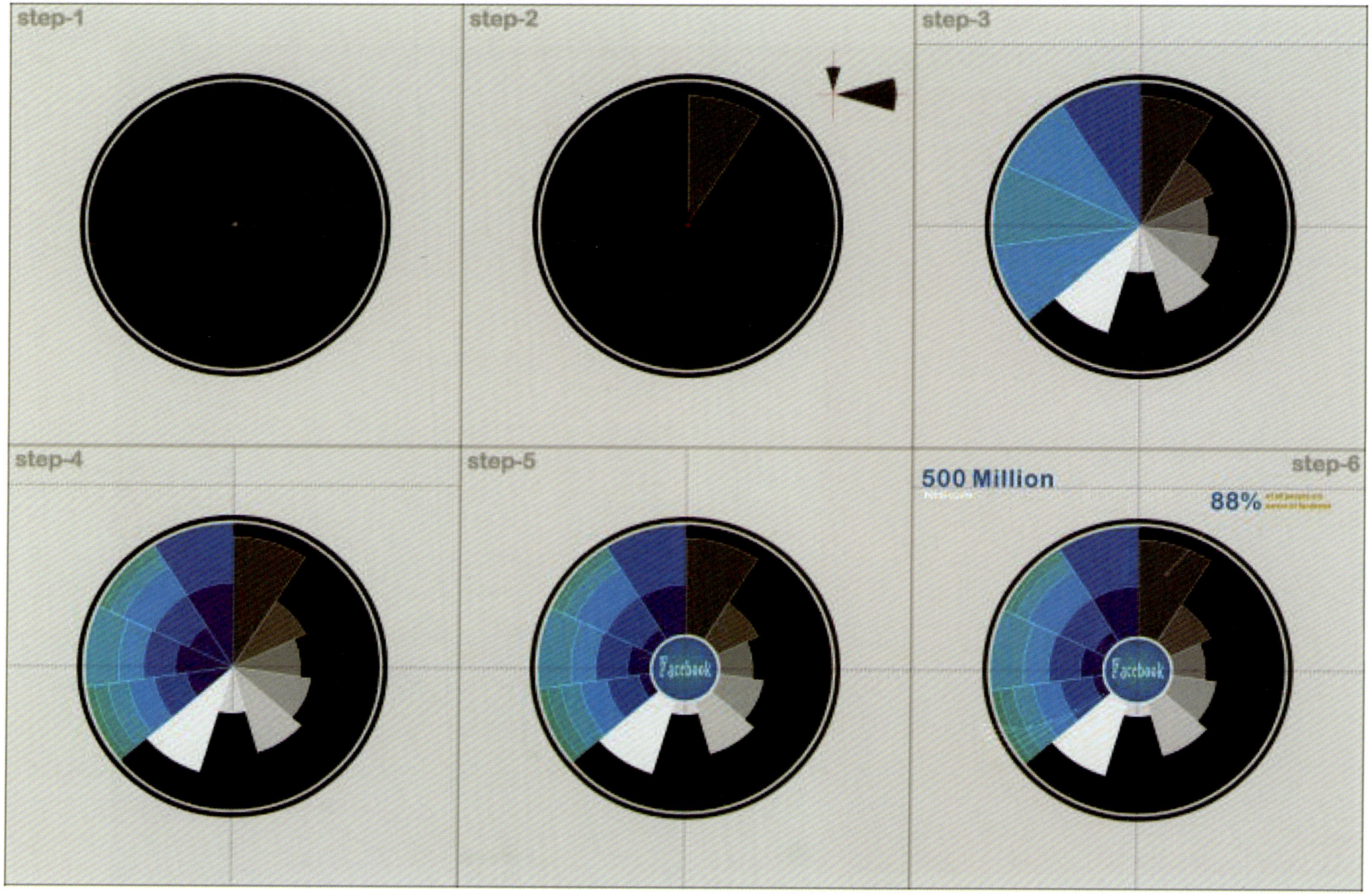

图 2-20 绘制极区图的步骤 1～6

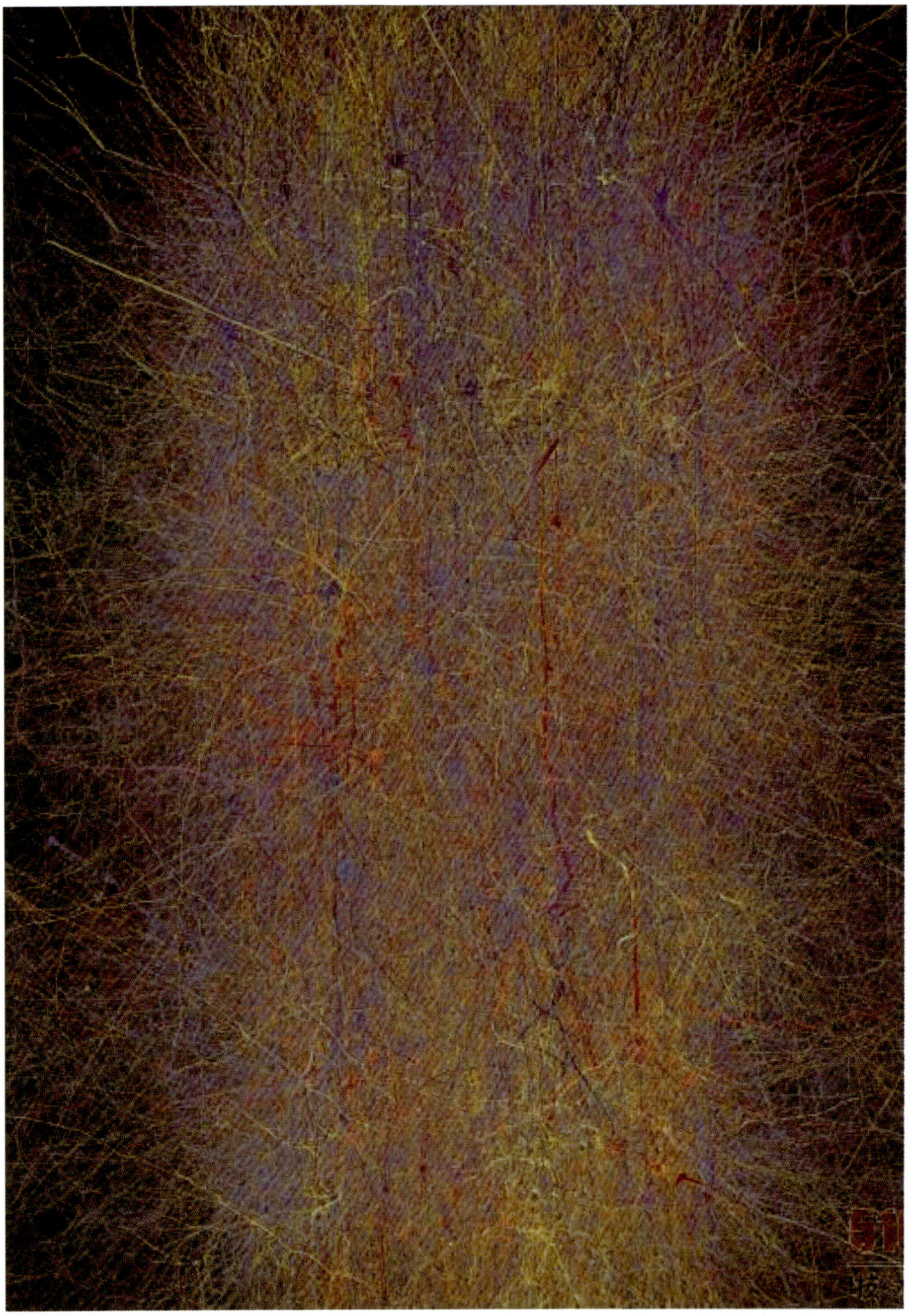

图 3-11　蓝脑计划

IBM 超级计算机“蓝色基因”生成的模型。作为“蓝色计划”的一部分，该图展现了在单个新皮层单元中的 12 万个神经及其 3000 万个连接，这是哺乳动物的大脑中最复杂的一部分。不同颜色的线条表示不同的脑电流频率。

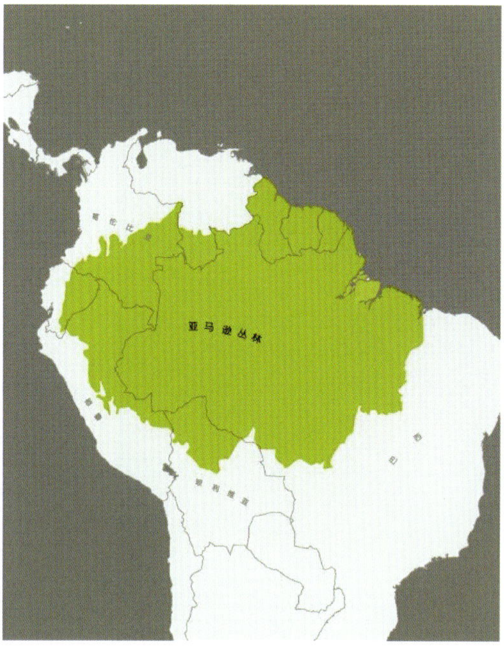

(a)

(b)

图 4-2　亚马逊丛林 30 年变迁

	A	B	C	D	E
1	系列	系列A	系列B	系列C	系列D
2	店铺A	60%	13%	10%	17%
3	店铺B	49%	24%	16%	11%
4	店铺C	55%	23%	14%	8%

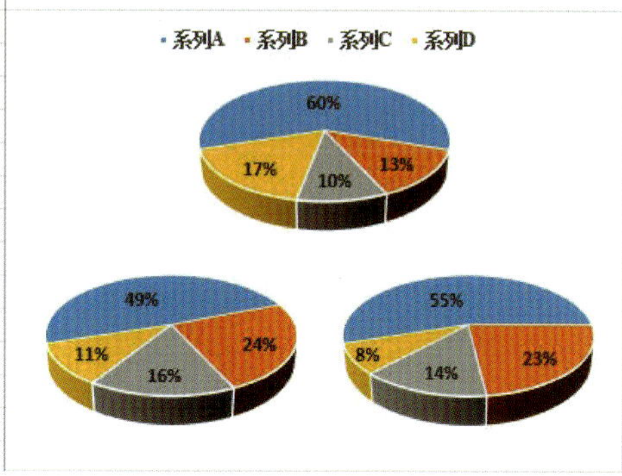

(a)

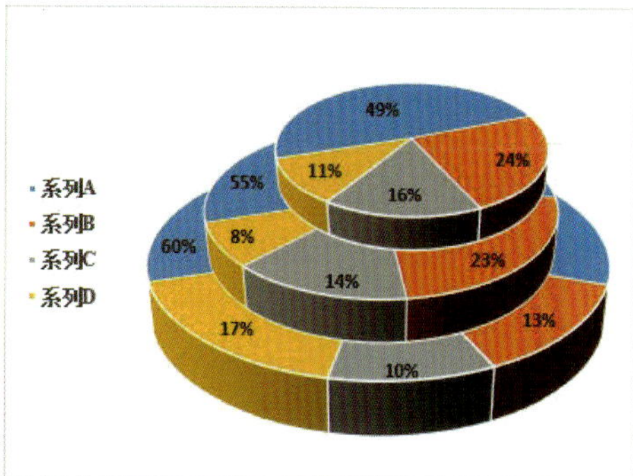

(b)

图 5-15　堆叠圆饼图

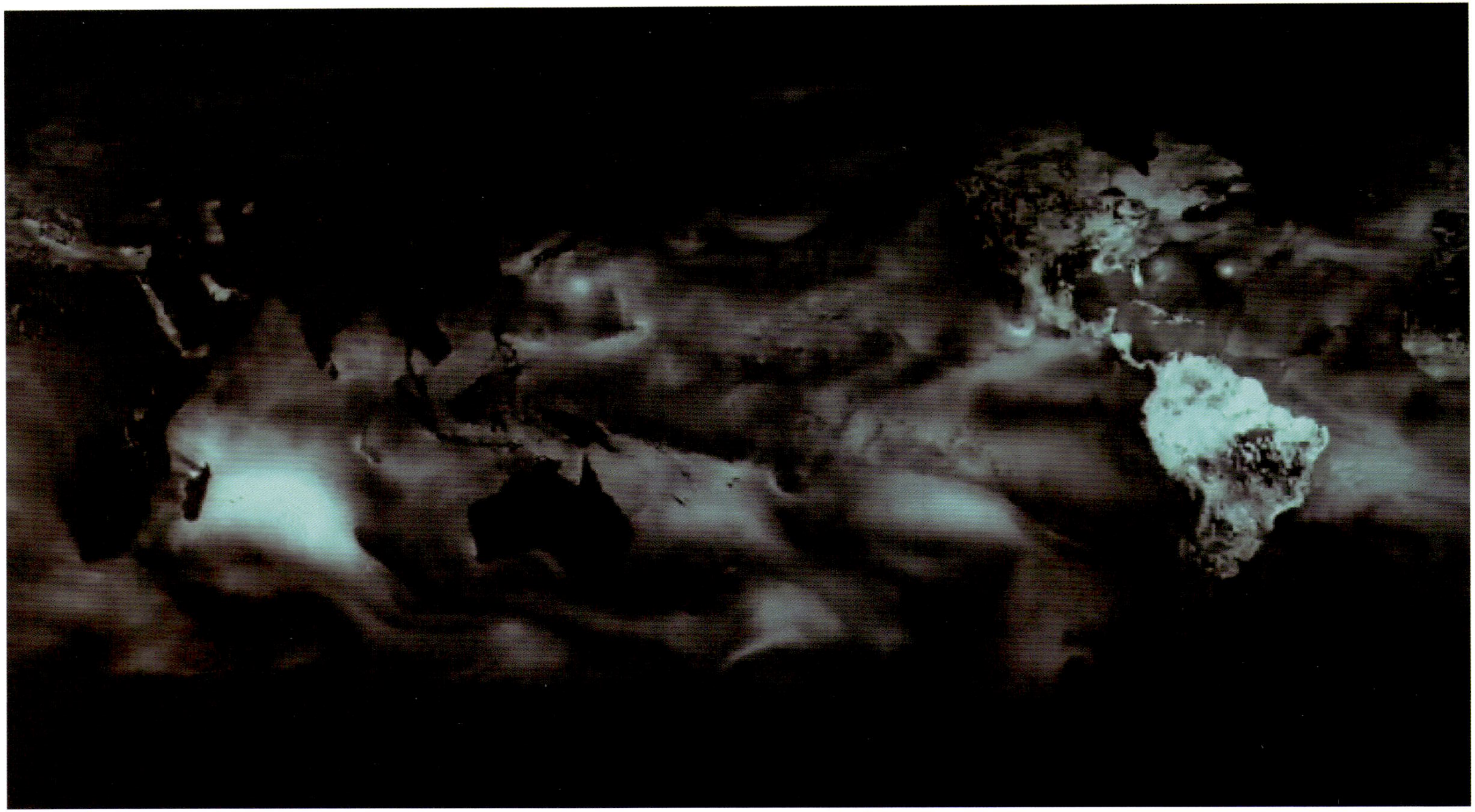

图 6-14　水循环平面图

（NASA 戈达德航天飞行中绘制，http://svs. nasa. bov/goto? 3811）

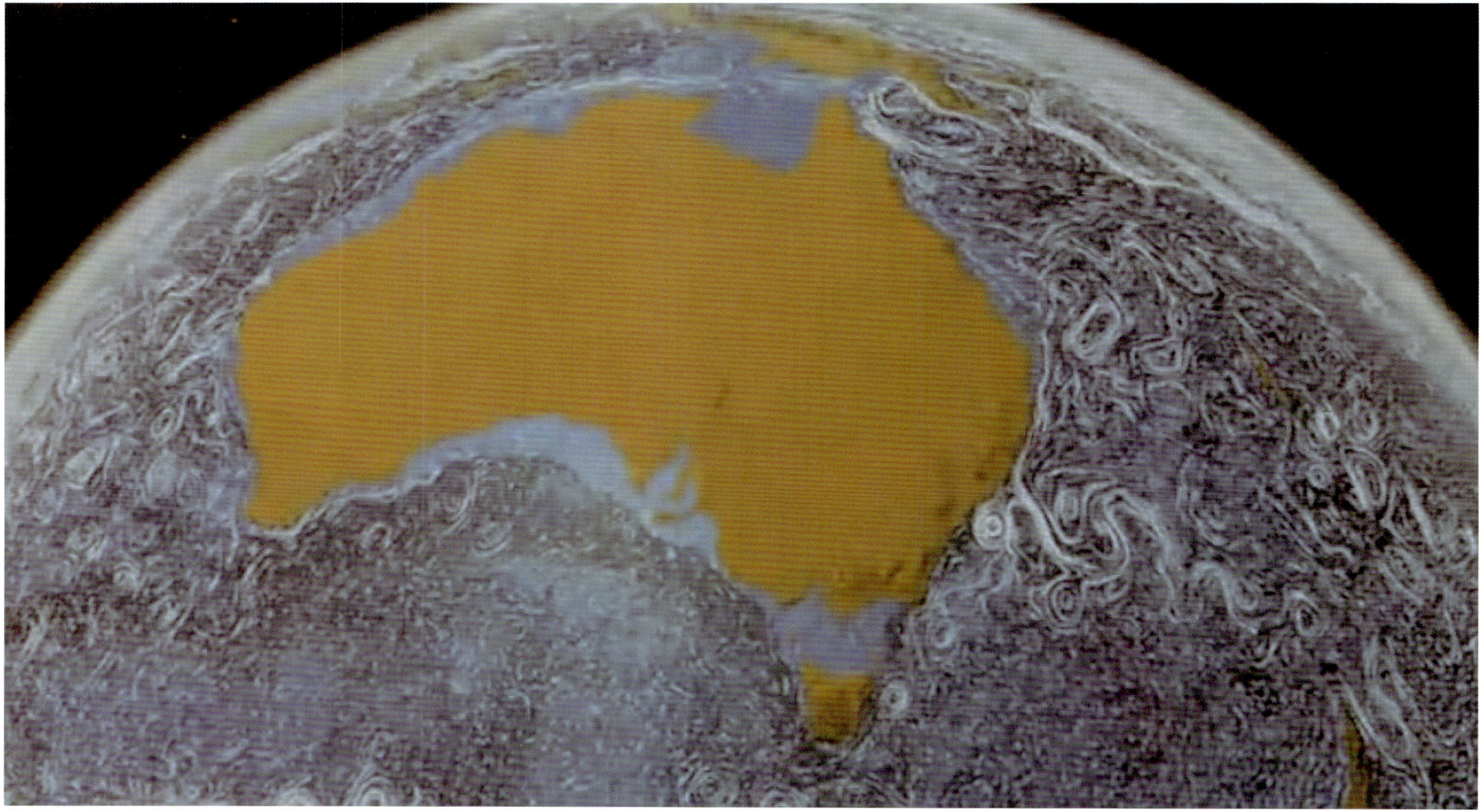

图 6-15　永恒的海洋

（NASA 戈达德航天飞行中心绘制，http://datafl.ws/2bc）

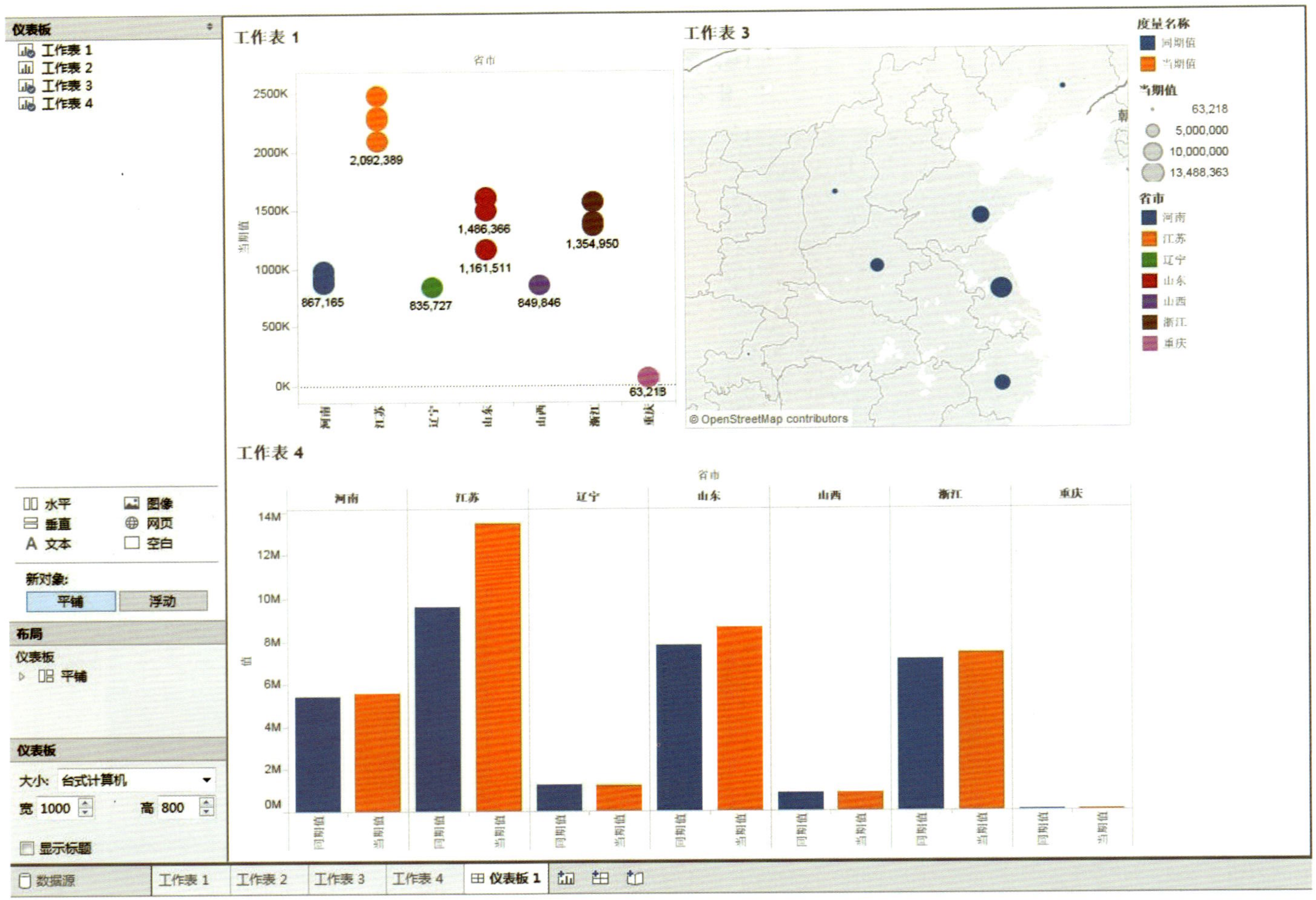

图 10-19 创建简单仪表板

大数据系列丛书

大数据可视化

周苏 王文 编著

清华大学出版社
北京

内 容 简 介

这是一个大数据爆发的时代。面对信息的激流、多元化数据的涌现，大数据已经为个人生活、企业经营，甚至国家与社会的发展带来了机遇和挑战，大数据已经成为信息产业中最具潜力的蓝海。

大数据可视化这种新的视觉表达形式是应信息社会蓬勃发展而出现的——因为我们不仅要呈现世界，更重要的是通过呈现来处理更庞大的数据、理解各种各样的数据集合、表现多维数据之间的关联。换句话说，就是归纳数据内在的模式、关联和结构。复杂数据可视化既涉及科学也有关设计，它的艺术性实际上是使用独特手法展示万千世界的某个局部，从而提出问题。大数据可视化，位于科学、设计和艺术三学科的交叉领域（准确地说，应该是位于三个不同维度的人类活动的交叉领域），蕴藏着无限的可能性。

大数据可视化是一门理论性和实践性都很强的课程。本书根据计算机、信息管理、经济管理和其他相关专业学生的发展需求，系统、全面地介绍了关于大数据技术及其可视化的基本知识和技能，详细介绍了大数据与大数据时代、数据可视化之美、数据可视化工具、Excel 数据可视化方法、Excel 数据可视化应用、数据引导可视化设计、数据可视化的过程、数据可视化组织、Tableau 数据可视化入门、Tableau 数据可视化设计以及课程设计与实验总结等内容，共 11 章，各章还配套设计了导读案例、延伸阅读、实验与思考等部分，具有较强的系统性、可读性和实用性。

本书是为高等院校相关专业“大数据可视化”、“数据媒体设计”等课程全新设计编写的，具有丰富实践特色的主教材，也可供有一定实践经验的软件开发人员、管理人员作为参考和继续教育的教材。

与本书配套的教学 PPT 课件等文档可从清华大学出版社网站（www. tup. com. cn）的下载区下载，欢迎读者与作者交流并索取本书教学配套的相关资料。邮箱：zhousu@qq. com，QQ：81505050，个人博客：http://blog. sina. com. cn/zhousu58。

图书在版编目(CIP)数据

大数据可视化/周苏，王文编著. --北京：清华大学出版社，2016(2021.1 重印)
大数据系列丛书
ISBN 978-7-302-44349-0

Ⅰ. ①大… Ⅱ. ①周… ②王… Ⅲ. ①数据处理 Ⅳ. ①TP274

中国版本图书馆 CIP 数据核字(2016)第 167639 号

责任编辑：张 玥 薛 阳
封面设计：何凤霞
责任校对：焦丽丽
责任印制：丛怀宇

出版发行：清华大学出版社
网　址：http://www. tup. com. cn， http://www. wqbook. com
地　址：北京清华大学学研大厦 A 座　**邮　编**：100084
社 总 机：010-62770175　**邮　购**：010-83470235
投稿与读者服务：010-62776969，c-service@tup. tsinghua. edu. cn
质 量 反 馈：010-62772015，zhiliang@tup. tsinghua. edu. cn
课 件 下 载：http://www. tup. com. cn，010-83470236
印 装 者：北京嘉实印刷有限公司
经　销：全国新华书店
开　本：185mm×260mm　**印　张**：17.75　**彩　插**：6　**字　数**：426 千字
版　次：2016 年 9 月第 1 版　**印　次**：2021 年 1 月第 8 次印刷
定　价：45.00 元

产品编号：069847-01

前　言

PREFACE

大数据（Big Data）的力量，正在积极地影响着我们社会的方方面面，它冲击着各行各业，同时也正在彻底地改变我们的学习和日常生活。如今，通过简单、易用的移动应用和基于云端的数据服务，我们就能够追踪自己的行为以及饮食习惯，还能提升个人的健康状况。因此，我们有必要真正理解大数据这个极其重要的议题。

然而，仅有数据是不够的。对于身处大数据时代的企业而言，成功的关键还在于找出大数据所隐含的真知灼见。“以前，人们总说信息就是力量，但如今，对数据进行分析、利用和挖掘才是力量之所在。”

大数据可视化这种新的视觉表达形式是应信息社会蓬勃发展而出现的——因为我们不仅要呈现世界，更重要的是通过呈现来处理更庞大的数据，理解各种各样的数据集合，表现多维数据之间的关联。换句话说，就是归纳数据内在的模式、关联和结构。复杂数据可视化既涉及科学也有关设计，它的艺术性实际上是使用独特手法展示万千世界的某个局部，从而提出问题。大数据可视化是位于科学、设计和艺术三学科的交叉领域（准确地说，应该是位于三个不同维度的人类活动的交叉领域），蕴藏着无限的可能性。

对于在校大学生来说，大数据及其可视化的理念、技术与应用是一门理论性和实践性都很强的“必修”课程。在长期的教学实践中，我们体会到，坚持“因材施教”的重要原则，把实践环节与理论教学相融合，抓实践教学促进理论知识的学习，是有效地改善教学效果和提高教学水平的重要方法之一。本书的主要特色是理论联系实际，结合一系列了解和熟悉大数据可视化理念、技术与应用的学习和实践活动，把大数据可视化的相关概念、基础知识和技术技巧融入在实践当中，使学生保持浓厚的学习热情，加深对大数据及其可视化技术的兴趣、认识、理解和掌握。

本书是为高等院校相关专业，尤其是计算机、信息管理、经济管理类专业开设“大数据”相关课程而全新设计编写的，具有丰富实践特色的主教材，也可供有一定实践经验的IT应用人员、管理人员作为参考和继续教育的教材。

本书系统、全面地介绍了大数据可视化的基本知识和应用技能，详细介绍了大数据与大数据时代、数据可视化之美、数据可视化工具、Excel 数据可视化方法、Excel 数据可视化应用、数据引导可视化设计、数据可视化的过程、数据可视化组织、Tableau 数据可视化入门、Tableau 数据可视化设计以及课程设计与实验总结等内容，共 11 章，具有较强的系统性、可读性和实用性。

结合课堂教学方法改革的要求，全书设计了课程教学过程，每章教学内容都有针对性地安排了导读案例、延伸阅读和课后实验与思考等环节，要求和指导学生在课前、课后阅读课文，网络搜索浏览的基础上，延伸阅读，深入理解课程知识内涵。

本课程的教学进度设计见“课程教学进度表”。实际执行时，应按照教学大纲编排教学进度，按照校历考虑本学期节假日安排，实际确定本课程的教学进度。

本课程的教学评测可以从以下几个方面入手，即：

(1) 每章的导读案例(10 次)；

(2) 每章的实验与思考(10 次)；

(3) 课程设计与实验总结(第 11 章)；

(4) 平时考勤；

(5) 任课老师认为必要的其他考核方法。

与本书配套的教学 PPT 课件等文档可从清华大学出版社网站(www.tup.com.cn)的下载区下载，欢迎教师与作者交流并索取为本书教学配套的相关资料。邮编：zhousu@qq.com，QQ：81505050，个人博客：http://blog.sina.com.cn/zhousu58。

本书的编写得到了浙江大学城市学院、浙江商业职业技术学院等多所院校的支持，吴林华、阚晓初等参与了本书的部分编写工作，在此一并表示感谢！

周　苏

2016 年春节于西子湖畔

课程教学进度表

（20　—20　学年第　学期）

课程号：________　课程名称：大数据可视化　学分：2　周学时：2

总学时：34　（其中理论学时(课内)：34　课外实践学时：34　）

主讲教师：________________

序号	校历周次	章节(或实验、习题课等)名称与内容	学时	教学方法	课后作业布置
1	1	引言与第 1 章　大数据与大数据时代	2	导读案例 课堂教学 延伸阅读	
2	2	第 1 章　大数据与大数据时代	2		实验与思考
3	3	第 2 章　数据可视化之美	2		实验与思考
4	4	第 3 章　数据可视化工具	2		实验与思考
5	5	第 4 章　Excel 数据可视化方法	2		实验与思考
6	6	第 5 章　Excel 数据可视化应用	2		
7	7	第 5 章　Excel 数据可视化应用	2		实验与思考
8	8	第 6 章　数据引导可视化设计	2		
9	9	第 6 章　数据引导可视化设计	2		实验与思考
10	10	第 7 章　数据可视化的过程	2		
11	11	第 7 章　数据可视化的过程	2		实验与思考
12	12	第 8 章　数据可视化组织	2		
13	13	第 8 章　数据可视化组织	2		实验与思考
14	14	第 9 章　Tableau 数据可视化入门	2		实验与思考
15	15	第 10 章　Tableau 数据可视化设计	2		
16	16	第 10 章　Tableau 数据可视化设计	2		实验与思考
17	17	第 11 章　课程设计与实验总结	2		课程设计与实验总结

填表人(签字)：　　　　　　　　　　　　　　日期：

系(教研室)主任(签字)：　　　　　　　　　　日期：

目录

CONTENTS

第1章

大数据与大数据时代

【导读案例】

亚马逊推荐系统

虽然亚马逊的故事大多数人都耳熟能详，但只有少数人知道它早期的书评内容其实是由人工完成的。当时，亚马逊公司聘请了一个由二十多名书评家和编辑组成的团队，他们写书评、推荐新书，挑选非常有特色的新书标题放在亚马逊的网页上。这个团队创立了"亚马逊的声音"这个版块，成为当时公司皇冠上的一颗宝石，是其竞争优势的重要来源。《华尔街日报》的一篇文章中热情地称他们为全美最有影响力的书评家，因为他们使得书籍销量猛增。

亚马逊公司的创始人及总裁杰夫·贝索斯决定尝试一个极富创造力的想法：根据客户个人以前的购物喜好，为其推荐相关的书籍。

从一开始，亚马逊就从每一个客户那里收集了大量的数据。比如说：他们购买了什么书籍？哪些书他们只浏览却没有购买？他们浏览了多久？哪些书是他们一起购买的？客户的信息数据量非常大，所以亚马逊必须先用传统的方法对其进行处理，通过样本分析找到客户之间的相似性。但这些推荐信息是非常原始的，就如同你在买一件婴儿用品时，会被淹没在一堆差不多的婴儿用品中一样。詹姆斯·马库斯回忆说："推荐信息往往为你提供与你以前购买物品有微小差异的产品，并且循环往复。"

亚马逊的格雷格·林登很快就找到了一个解决方案。他意识到，推荐系统实际上并没有必要把顾客与其他顾客进行对比，这样做在技术上也比较繁琐。它需要做的是找到产品之间的关联性。1998 年，林登和他的同事申请了著名的 item-to-item 协同过滤技术的专利。方法的转变使技术发生了翻天覆地的变化。

因为估算可以提前进行，所以推荐系统不仅快，而且适用于各种各样的产品。因此，当亚马逊跨界销售除书以外的其他商品时，也可以对电影或烤面包机这些产品进行推荐。由于系统中使用了所有的数据，推荐会更理想。林登回忆道："在组里有句玩笑话，说的是如果系统运作良好，亚马逊应该只推荐你一本书，而这本书就是你将要买的下一本书。"

现在，公司必须决定什么应该出现在网站上，是亚马逊内部书评家写的个人建议和评论，还是由机器生成的个性化推荐和畅销书排行榜？

林登做了一个关于评论家所创造的销售业绩和计算机生成内容所产生的销售业绩的对比测试，结果他发现两者之间相差甚远。他解释说，通过数据推荐产品所增加的销售远远超过书评家的贡献。计算机可能不知道为什么喜欢海明威[①]作品的客户会购买菲茨杰拉德[②]的书。但是这似乎并不重要，重要的是销量。最后，编辑们看到了销售额分析，亚马逊也不得不放弃每次的在线评论，最终，书评组被解散了。林登回忆说："书评团队被打败、被解散，我感到非常难过。但是，数据没有说谎，人工评论的成本是非常高的。"

如今，据说亚马逊销售额的三分之一都来自于它的个性化推荐系统。有了它，亚马逊不仅使很多大型书店和音乐唱片商店歇业，而且当地数百个自认为有自己风格的书商也难免受转型之风的影响。

知道人们为什么对这些信息感兴趣可能是有用的，但这个问题目前并不是很重要，而知道"是什么"可以创造点击率，这种洞察力足以重塑很多行业，不仅仅只是电子商务。所有行业中的销售人员早就被告知，他们需要了解是什么让客户做出了选择，要把握客户做决定背后的真正原因，因此专业技能和多年的经验受到高度重视。大数据却显示，还有另外一个在某些方面更有用的方法。亚马逊的推荐系统梳理出了有趣的相关关系，但不知道背后的原因——知道是什么就够了，没必要知道为什么。

阅读上文，请思考、分析并简单记录：

(1) 你了解亚马逊等电商网站的推荐系统吗？请列举一个这样的实例(你选择购买什么商品，网站又给你推荐了其他什么商品)。

答：______________________________

____

____

____

____

(2) 亚马逊书评组和林登推荐系统各自成功的基础是什么？

答：______________________________

____

____

____

____

(3) 为什么书评组最终输给了推荐系统？请说说你的观点。

答：______________________________

____

____

---

① 欧内斯特·米勒尔·海明威(1899 年 7 月 21 日—1961 年 7 月 2 日)，美国小说家，被誉为美利坚民族的精神丰碑。出生于美国伊利诺伊州芝加哥市郊区的奥克帕克，晚年在爱达荷州凯彻姆的家中自杀身亡。海明威的代表作有《老人与海》、《太阳照样升起》、《永别了，武器》、《丧钟为谁而鸣》等，他凭借《老人与海》获得 1953 年普利策奖及 1954 年诺贝尔文学奖。海明威的作品标志着他独特创作风格的形成，在美国文学史乃至世界文学史上都占有重要地位。

② 菲茨杰拉德，美国小说家。1920 年出版了长篇小说《人间天堂》，从此出名。1925 年《了不起的盖茨比》问世，奠定了他在现代美国文学史上的地位，他成为了 20 世纪 20 年代"爵士时代"的发言人和"迷惘的一代"的代表作家之一。

(4) 请简单描述你所知道的上一周内发生的国际、国内或者身边的大事。

答：

1.1 什么是大数据

信息社会所带来的好处是显而易见的：每个人口袋里都揣有一部手机，每台办公桌上都放着一台计算机，每间办公室内都连接到局域网甚至互联网。半个世纪以来，随着计算机技术全面和深度地融入社会生活，信息爆炸已经积累到了一个开始引发变革的程度。它不仅使世界充斥着比以往更多的信息，而且其增长速度也在加快。信息总量的变化还导致了信息形态的变化——量变引起了质变。

最先经历信息爆炸的学科，如天文学和基因学，创造出了“大数据”(Big Data)这个概念。如今，这个概念几乎应用到了所有人类致力于发展的领域中。

1.1.1 数据与信息

数据是反映客观事物属性的记录，是信息的具体表现形式。数据经过加工处理之后，就成为信息；而信息需要经过数字化，转变成数据才能存储和传输。所以，数据和信息之间是相互联系的。

数据和信息也是有区别的。从信息论的观点来看，描述信源的数据是信息和数据冗余之和，即数据=信息+数据冗余。数据是数据采集时提供的，信息是从采集的数据中获取的有用信息，即信息可以简单地理解为数据中包含的有用的内容。

那么，数据量和信息量之间会有什么联系呢？是不是数据量越大，其中包含的信息量就越多呢？不一定。例如，有人说“人的嘴巴上方有鼻子，鼻子上方有眼睛”，因为这是预料中的事，所以你从这个消息中得到的信息量很少。但如果有人说“人的鼻子上方有嘴巴，嘴巴上方有眼睛”，就会让人很震惊，因为这是预料之外的，这样的信息量就很大。这说明了：一个消息越不可预测，它所含的信息量就越大。

事实上，信息的基本作用就是消除人们对事物了解的不确定性。信息量是指从 N 个相等的可能事件中选出一个事件所需要的信息度量和含量。从这个定义看，信息量与概率是密切相关的。

1.1.2 天文学——信息爆炸的起源

综合观察社会各个方面的变化趋势，我们能真正意识到信息爆炸或者说大数据的时代已经到来。以天文学为例，2000 年斯隆数字巡天[①]项目（图 1-1）启动的时候，位于新墨西哥州的望远镜在短短几周内收集到的数据，就比世界天文学历史上总共收集的数据还要多。到了 2010 年，信息档案已经高达 1.4×2^{42} 字节。不过，预计 2016 年在智利投入使用的大型视场全景巡天望远镜能在五天之内就获得同样多的信息。

图 1-1　美国斯隆数字巡天望远镜

天文学领域发生的变化在社会各个领域都在发生。2003 年，人类第一次破译人体基因密码的时候，辛苦工作了十年才完成了三十亿对碱基对的排序。大约十年之后，世界范围内的基因仪每 15 分钟就可以完成同样的工作。在金融领域，美国股市每天的成交量高达 70 亿股，而其中 2/3 的交易都是由建立在数学模型和算法之上的计算机程序自动完成的，这些程序运用海量数据来预测利益和降低风险。

互联网公司更是要被数据淹没了。谷歌公司每天要处理超过 24 拍字节（PB，2^{50} 字节）的数据，这意味着其每天的数据处理量是美国国家图书馆所有纸质出版物所含数据量的上千倍。Facebook（脸书）这个创立不过十来年的公司，每天更新的照片量超过 1000 万张，每天人们在网站上单击“喜欢”（Like）按钮或者写评论大约有三十亿次，这就为 Facebook 公司挖掘用户喜好提供了大量的数据线索。与此同时，谷歌子公司 YouTube[②] 每月接待多达 8 亿的访客，平均每一秒钟就会有一段长度在一小时以上的视频上传。推特（Twitter）[③]上的信息量几乎每年翻一番，每天都会发布超过 4 亿条微博。

从科学研究到医疗保险，从银行业到互联网，各个不同的领域都在讲述着一个类似的故事，那就是爆发式增长的数据量。这种增长超过了我们创造机器的速度，甚至超过了我们的想象。人类存储信息量的增长速度比世界经济的增长速度快 4 倍，而计算机数据处

---

① 斯隆数字巡天：是位于新墨西哥州阿帕奇山顶天文台的 2.5 米口径望远镜红移巡天项目。计划观测 25% 的天空，获取超过一百万个天体的多色测光资料和光谱数据。2006 年，斯隆数字巡天进入了名为 SDSS-Ⅱ的新阶段，进一步探索银河系的结构和组成，而斯隆超新星巡天计划搜寻Ⅰa 型超新星爆发，以测量宇宙学尺度上的距离。

② YouTube 是世界上最大的视频网站，于 2005 年 2 月 15 日注册，早期总部位于加利福尼亚州的圣布鲁诺。2006 年 11 月，Google 公司以 16.5 亿美元收购了 YouTube，并把其当做一间子公司来经营。

③ Twitter（推特）是一家美国社交网络及微博客服务的网站，是全球互联网上访问量最大的十个网站之一，其消息也被称作“推文（Tweet）”。Twitter 被形象地称为“互联网的短信服务”。

理能力的增长速度则比世界经济的增长速度快 9 倍。难怪人们会抱怨信息过量,因为每个人都受到了这种极速发展的冲击。

以纳米技术为例。纳米技术专注于把东西变小而不是变大。其原理就是当事物到达分子级别时,它的物理性质就会发生改变。一旦知道这些新的性质,就可以用同样的原料来做以前无法做的事情。铜本来是用来导电的物质,但它一旦到达纳米级别就不能在磁场中导电了。银离子具有抗菌性,但当它以分子形式存在的时候,这种性质会消失。一旦到达纳米级别,金属可以变得柔软,陶土可以具有弹性。同样,当我们增加所利用的数据量时,也就可以做很多在小数据量的基础上无法完成的事情。

有时候,我们认为约束自己生活的那些限制,对于世间万物都有着同样的约束力。事实上,尽管规律相同,但是我们能够感受到的约束很可能只对我们这样尺度的事物起作用。对于人类来说,唯一一个最重要的物理定律便是万有引力定律,这个定律无时无刻不在控制着我们。但对于细小的昆虫来说,重力却可能无关紧要。对它们而言,物理宇宙中有效的约束是表面张力,这个张力可以让它们在水上自由行走而不会掉下去,但人类对于表面张力毫不在意。

大数据的科学价值和社会价值正是体现在这里。一方面,对大数据的掌握程度可以转化为经济价值的来源。另一方面,大数据已经撼动了世界的方方面面,从商业科技到医疗、政府、教育、经济、人文以及社会的其他各个领域。尽管我们还处在大数据时代的初期,但我们的日常生活已经离不开它了。

1.1.3 大数据的定义

所谓大数据,狭义上可以定义为:用现有的一般技术难以管理的大量数据的集合。对大量数据进行分析,并从中获得有用观点,这种做法在一部分研究机构和大企业中过去就已经存在了。现在的大数据和过去相比,主要有三点区别:第一,随着社交媒体和传感器网络等的发展,在我们身边正产生出大量且多样的数据;第二,随着硬件和软件技术的发展,数据的存储、处理成本大幅下降;第三,随着云计算的兴起,大数据的存储、处理环境已经没有必要自行搭建。

所谓"用现有的一般技术难以管理",一般是指用目前在企业数据库占据主流地位的关系型数据库无法进行管理的、具有复杂结构的数据。或者也可以说,是指由于数据量的增大,导致对数据的查询(Query)响应时间超出允许范围的庞大数据。

研究机构 Gartner 给出了这样的定义:"大数据"是需要新处理模式才能具有更强的决策力、洞察发现力和流程优化能力的海量、高增长率和多样化的信息资产。

麦肯锡①说:"大数据指的是所涉及的数据集规模已经超过了传统数据库软件获取、

① 麦肯锡公司:是世界级领先的全球管理咨询公司。自 1926 年成立以来,公司的使命就是帮助领先的企业机构实现显著、持久的经营业绩改善,打造能够吸引、培育和激励杰出人才的优秀组织机构。

麦肯锡在全球 52 个国家有 94 个分公司。在过去十年中,麦肯锡在大中华区完成了 800 多个项目,涉及公司整体与业务单元战略、企业金融、营销/销售与渠道、组织架构、制造/采购/供应链、技术、产品研发等领域。

麦肯锡的经验是:关键是找那些企业的领导们,使他们能够认识到公司必须不断变革以适应环境变化,并且愿意接受外部的建议,这些建议在帮助他们决定做何种变革和怎样变革方面大有裨益。

存储、管理和分析的能力。这是一个被故意设计成主观性的定义，并且是一个关于多大的数据集才能被认为是大数据的可变定义，即并不定义大于一个特定数字的 TB 才叫大数据。因为随着技术的不断发展，符合大数据标准的数据集容量也会增长；并且定义随不同的行业也有变化，这依赖于在一个特定行业通常使用何种软件和数据集有多大。因此，大数据在今天不同行业中的范围可以从几十 TB 到几 PB。"

随着"大数据"的出现，数据仓库、数据安全、数据分析、数据挖掘等围绕大数据商业价值的利用正逐渐成为行业人士争相追捧的利润焦点，在全球引领了又一轮数据技术革新的浪潮。

1.1.4 用 3V 描述大数据特征

从字面来看，"大数据"这个词可能会让人觉得只是容量非常大的数据集合而已。但容量只不过是大数据特征的一个方面，如果只拘泥于数据量，就无法深入理解当前围绕大数据所进行的讨论。因为"用现有的一般技术难以管理"这样的状况，并不仅仅是由于数据量增大这一个因素所造成的。

IBM 提出："可以用三个特征相结合来定义大数据：数量(Volume，或称容量)、种类(Variety，或称多样性)和速度(Velocity)，或者说就是简单的 3V，即庞大容量、极快速度和种类丰富的数据。"如图 1-2 所示。

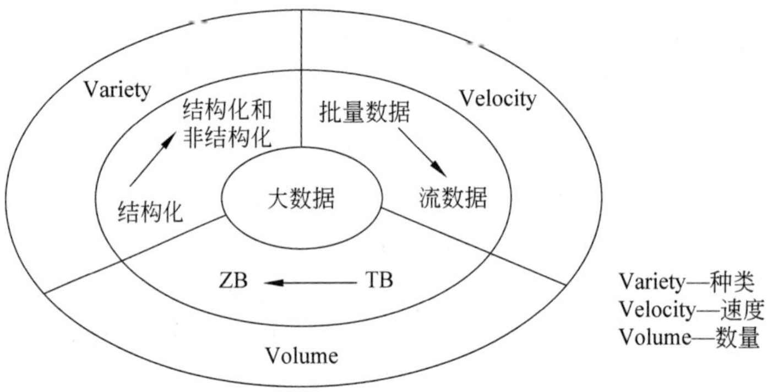

图 1-2 按数量、种类和速度来定义大数据

1. Volume(数量)

用现有技术无法管理的数据量，从现状来看，基本上是指从几十 TB 到几 PB 这样的数量级。当然，随着技术的进步，这个数值也会不断变化。

如今，存储的数据数量正在急剧增长中，我们存储所有事物，包括环境数据、财务数据、医疗数据、监控数据等。有关数据量的对话已从 TB 级别转向 PB 级别，并且不可避免地会转向 ZB 级别。可是，随着可供企业使用的数据量不断增长，可处理、理解和分析的数据的比例却不断下降。

2. Variety(种类、多样性)

随着传感器、智能设备以及社交协作技术的激增，企业的数据也变得更加复杂，因为它不仅包含传统的关系型数据，还包含来自网页、互联网日志文件(包括单击流数据)、搜索索引、社交媒体论坛、电子邮件、文档、主动和被动系统的传感器数据等原始、半结构化和非结构化的数据。

种类表示所有的数据类型。其中，爆发式增长的一些数据，如互联网上的文本数据、位置信息、传感器数据、视频等，用企业中主流的关系型数据库是很难存储的，它们都属于非结构化数据。

当然，在这些数据中，有一些是过去一直存在并保存下来的。和过去不同的是，除了存储，还需要对这些大数据进行分析，并从中获得有用的信息。例如监控摄像机中的视频数据。近年来，超市、便利店等零售企业几乎都配备了监控摄像机，最初目的是为了防范盗窃，但现在也出现了使用监控摄像机的视频数据来分析顾客购买行为的案例。

例如，美国高级文具制造商万宝龙(Montblane)过去是凭经验和直觉来决定商品陈列布局的，现在尝试利用监控摄像头对顾客在店内的行为进行分析。通过分析监控摄像机的数据，将最想卖出去的商品移动到最容易吸引顾客目光的位置，使得销售额提高了20%。

3. Velocity(速度)

数据产生和更新的频率，也是衡量大数据的一个重要特征。就像我们收集和存储的数据量和种类发生了变化一样，生成和需要处理数据的速度也在变化。不要将速度的概念限定为与数据存储相关的增长速率，应动态地将此定义应用到数据，即数据流动的速度。有效处理大数据需要在数据变化的过程中对它的数量和种类执行分析，而不只是在它静止后执行分析。

例如，遍布全国的便利店在24小时内产生的POS机数据、电商网站中由用户访问所产生的网站点击流数据、高峰时达到每秒近万条的微信短文、全国公路上安装的交通堵塞探测传感器和路面状况传感器(可检测结冰、积雪等路面状态)等，每天都在产生着庞大的数据。

IBM在3V的基础上又归纳总结了第4个V——Veracity(真实和准确)。“只有真实而准确的数据才能让对数据的管控和治理真正有意义。随着社交数据、企业内容、交易与应用数据等新数据源的兴起，传统数据源的局限性被打破，企业愈发需要有效的信息治理以确保其真实性及安全性。”

IDC(互联网数据中心)说：“大数据是一个貌似不知道从哪里冒出来的大的动力，但是实际上，大数据并不是新生事物。然而，它确实正在进入主流，并得到重大关注，这是有原因的。廉价的存储、传感器和数据采集技术的快速发展、通过云和虚拟化存储设施增加的信息链路，以及创新软件和分析工具，正在驱动着大数据。大数据不是一个‘事物’，而是一个跨多个信息技术领域的动力/活动。大数据技术描述了新一代的技术和架构，其被设计用于通过使用高速(Velocity)的采集、发现和/或分析，从超大容量(Volume)的多样

(Variety)数据中经济地提取价值(Value)。”

这个定义除了揭示大数据传统的3V基本特征,即Volume(大数据量)、Variety(多样性)和Velocity(高速),还增添了一个新特征:Value(价值)。

大数据实现的主要价值可以基于下面三个评价准则中的一个或多个进行评判:

(1) 它提供了更有用的信息吗?

(2) 它改进了信息的精确性吗?

(3) 它改进了响应的及时性吗?

总之,大数据是个动态的定义,不同行业根据其应用的不同有着不同的理解,其衡量标准也在随着技术的进步而改变。

狭义上,大数据的定义着眼点于数据的性质上,我们在广义层面上再为大数据下一个定义(图1-3):“所谓大数据,是一个综合性的概念,它包括因具备3V(Volume、Variety、Velocity)特征而难以进行管理的数据,对这些数据进行存储、处理、分析的技术,以及能够通过分析这些数据获得实用意义和观点的人才和组织。”

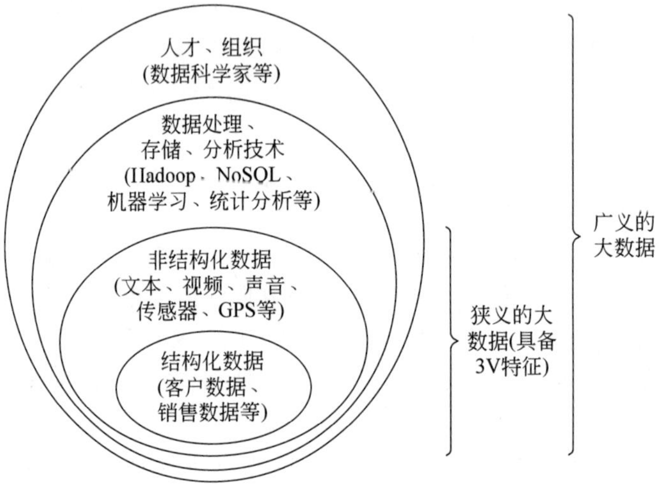

图1-3　广义的大数据

“存储、处理、分析的技术”指的是用于大规模数据分布式处理的框架Hadoop、具备良好扩展性的NoSQL数据库,以及机器学习和统计分析等;“能够通过分析这些数据获得实用意义和观点的人才和组织”指的是目前十分紧俏的“数据科学家”这类人才,以及能够对大数据进行有效运用的组织。

1.1.5　大数据的结构类型

大数据具有多种形式,从高度结构化的财务数据,到文本文件、多媒体文件和基因定位图等任何数据,都可以称为大数据。由于数据自身的复杂性,作为一个必然的结果,处理大数据的首选方法就是在并行计算的环境中进行大规模并行处理(Massively Parallel Processing,MPP),这使得同时发生的并行摄取、并行数据装载和分析成为可能。实际上,大多数的大数据都是非结构化或半结构化的,这需要不同的技术和工具来处理和分析。

大数据最突出的特征是它的结构。图 1-4 显示了几种不同数据结构类型数据的增长趋势,由图可知,未来数据增长的 80%~90%将来自于不是结构化的数据类型(半结构化、准结构化和非结构化)。

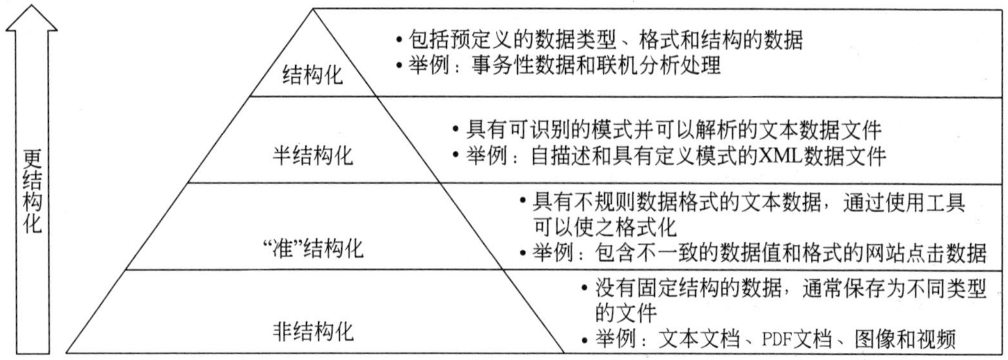

图 1-4 数据增长日益趋向非结构化

虽然图 1-4 显示了 4 种不同的、相分离的数据类型,实际上,有时这些数据类型是可以被混合在一起的。例如,有一个传统的关系数据库管理系统保存着一个软件支持呼叫中心的通话日志,这里有典型的结构化数据,如日期/时间戳、机器类型、问题类型、操作系统,这些都是在线支持人员通过图形用户界面上的下拉式菜单输入的。另外,还有非结构化数据或半结构化数据,如自由形式的通话日志信息,这些可能来自包含问题的电子邮件,或者技术问题和解决方案的实际通话描述。另外一种可能是与结构化数据有关的实际通话的语音日志或者音频文字实录。即使是现在,大多数分析人员还无法分析这种通话日志历史数据库中的最普通和高度结构化的数据,因为挖掘文本信息是一项强度很大的工作,并且无法简单地实现自动化。

人们通常最熟悉结构化数据的分析,然而,半结构化数据(XML)、"准"结构化数据(网站地址字符串)和非结构化数据代表了不同的挑战,需要不同的技术来分析。

1.2 思维变革之一:样本=总体

如今,人们不再认为数据是静止和陈旧的。但在以前,一旦完成了收集数据的目的之后,数据就会被认为已经没有用处了。比方说,在飞机降落之后,票价数据就没有用了(对谷歌而言,则是一个检索命令完成之后)。譬如某城市的公交车因为价格不依赖于起点和终点,所以能够反映重要通勤信息的数据被工作人员"自作主张"地丢弃了——设计人员如果没有大数据的理念,就会丢失掉很多有价值的数据。

今天,大数据是人们获得新的认知、创造新的价值的源泉,大数据还是改变市场、组织机构,以及政府与公民关系的方法。大数据时代对我们的生活,以及与世界交流的方式都提出了挑战。实际上,大数据的精髓在于我们分析信息时的三个转变,这些转变将改变我们理解和组建社会的方法,这三个转变是相互联系和相互作用的。

大数据时代的第一个转变，是要分析与某事物相关的更多的数据，有时候甚至可以处理和某个特别现象相关的所有数据，而不再是只依赖于分析随机采样的少量的数据样本。

19 世纪以来，当面临大量数据时，社会都依赖于采样分析。但是采样分析是信息缺乏时代和信息流通受限制的模拟数据时代的产物。以前我们通常把这看成是理所当然的限制，但高性能数字技术的流行让我们意识到，这其实是一种人为的限制。与局限在小数据范围相比，使用一切数据为我们带来了更高的精确性，也让我们看到了一些以前样本无法揭示的细节信息。

在某些方面，人们依然没有完全意识到自己拥有了能够收集和处理更大规模数据的能力，还是在信息匮乏的假设下做很多事情，假定自己只能收集到少量信息，为此人们甚至发展了一些使用尽可能少的信息的技术。例如，统计学的一个目的就是用尽可能少的数据来证实尽可能重大的发现。事实上，我们形成了一种习惯，那就是在制度、处理过程和激励机制中尽可能地减少数据的使用。

1.2.1 小数据时代的随机采样

数千年来，政府一直都试图通过收集信息来管理国民，只是到最近，小企业和个人才有可能拥有大规模收集和分类数据的能力，而此前，大规模的计数都是政府的事情。

以人口普查为例。据说古代埃及曾进行过人口普查，《旧约》和《新约》中对此都有所提及。那次由奥古斯都恺撒[①](图 1-5)主导实施的人口普查，提出了“每个人都必须纳税”。

图 1-5 奥古斯都恺撒

1086 年的《末日审判书》对当时英国的人口、土地和财产做了一个前所未有的全面记载。皇家委员穿越整个国家对每个人、每件事都做了记载，后来这本书用《圣经》中的《末日审判书》命名，因为每个人的生活都被赤裸裸地记载下来的过程就像接受“最后的审判”

① 盖乌斯·屋大维，全名盖乌斯·尤里乌斯·恺撒·奥古斯都(前 63 年 9 月 23 日—14 年 8 月 19 日)，罗马帝国的开国君主，元首政制的创始人，统治罗马长达 43 年，是世界历史上最重要的人物之一。他是恺撒的甥孙，公元前 44 年被恺撒收为养子并指定为继承人，恺撒被刺后登上政治舞台。公元前 1 世纪，他平息了企图分裂罗马共和国的内战，被元老院赐封为“奥古斯都”，并改组罗马政府，给罗马世界带来了两个世纪的和平与繁荣。14 年 8 月，在他去世后，罗马元老院决定将他列入“神”的行列。

一样。然而，人口普查是一项耗资且费时的事情，尽管如此，当时收集的信息也只是一个大概情况，实施人口普查的人也知道他们不可能准确记录下每个人的信息。实际上，“人口普查”这个词来源于拉丁语的 censere，本意就是推测、估算。

三百多年前，一个名叫约翰·格朗特的英国缝纫用品商提出了一个很有新意的方法，来推算出鼠疫时期①伦敦的人口数，这种方法就是后来的统计学，这个方法不需要一个人一个人地计算。虽然这个方法比较粗糙，但采用这个方法，人们可以利用少量有用的样本信息来获取人口的整体情况。虽然后来证实他能够得出正确的数据仅仅是因为运气好，但在当时他的方法大受欢迎。样本分析法一直都有较大的漏洞，因此，无论是进行人口普查还是其他大数据类的任务，人们还是一直使用清点这种“野蛮”的方法。

考虑到人口普查的复杂性以及耗时耗费的特点，政府极少进行普查。古罗马在拥有数十万人口的时候每五年普查一次。美国宪法规定每十年进行一次人口普查，而随着国家人口越来越多，只能以百万计数。但是到 19 世纪为止，即使这样不频繁的人口普查依然很困难，因为数据变化的速度超过了人口普查局统计分析的能力。

新中国建立后，先后于 1953、1964 和 1982 年举行过三次人口普查，这三次人口普查是不定期进行的，自 1990 年第 4 次全国人口普查开始改为定期进行。根据《中华人民共和国统计法实施细则》和国务院的决定以及国务院 2010 年颁布的《全国人口普查条例》规定，人口普查每十年进行一次，尾数逢 0 的年份为普查年度。两次普查之间，进行一次简易人口普查。2020 年为第七次全国人口普查的时间。

新中国第一次人口普查的标准时间是 1953 年 6 月 30 日 24 时，所谓人口普查的标准时间，就是规定一个时间点，无论普查员入户登记在哪一天进行，登记的人口及其各种特征都是反映那个时间点上的情况。根据上述规定，不管普查员在哪天进行入户登记，普查对象所申报的都应该是标准时间的情况。通过这个标准时间，所有普查员普查登记完成后，经过汇总就可以得到全国人口的总数和各种人口状况的数据。1953 年 11 月 1 日发布了人口普查的主要数据，当时全国人口总数为 601 938 035 人。

第六次人口普查的标准时间是 2010 年 11 月 1 日零时。2011 年 4 月，发布了第六次全国人口普查主要数据。此次人口普查登记的全国总人口为 1 339 724 852 人。与 2000 年第五次人口普查相比，十年增加 7390 万人，增长 5.84%，年平均增长 0.57%，比 1990 年到 2000 年年均 1.07%的增长率下降了 0.5 个百分点。

美国在 1880 年进行的人口普查，耗时 8 年才完成数据汇总。因此，他们获得的很多数据都是过时的。1890 年进行的人口普查，预计要花费 13 年的时间来汇总数据。然而，因为税收分摊和国会代表人数确定都是建立在人口的基础上的，必须获得正确且及时的数据。很明显，人们已有的数据处理工具已经难以应付了。后来，美国人口普查局就委托发明家赫尔曼·霍尔瑞斯（被称为现代自动计算之父）用他的穿孔卡片制表机（图 1-6）来

---

① 鼠疫时期：鼠疫也称黑死病，它第一次袭击英国是在 1348 年，此后断断续续延续了 300 多年，当时英国有近 1/3 的人口死于鼠疫。到 1665 年，这场鼠疫肆虐了整个欧洲，几近疯狂。仅伦敦地区，就死亡六七万人以上。仅仅 1665 年的 6 月至 8 月这三个月内，伦敦的人口就减少了十分之一。到 1665 年 8 月，每周死亡达 2000 人，9 月竟达 8000 人。鼠疫由伦敦向外蔓延，英国王室逃出伦敦，市内的富人也携家带口匆匆出逃，居民纷纷疏散到了乡间。

完成 1890 年的人口普查。

图 1-6　霍尔瑞斯普查机

经过大量的努力，霍尔瑞斯成功地在一年时间内完成了人口普查的数据汇总工作。这在当时简直就是一个奇迹，它标志着自动处理数据的开端，也为后来 IBM 公司的成立奠定了基础。但是，将其作为收集处理大数据的方法依然过于昂贵。毕竟，每个美国人都必须填一张可制成穿孔卡片的表格，然后再进行统计。对于一个跨越式发展的国家而言，十年一次的人口普查的滞后性已经让普查失去了大部分意义。

这就是问题所在，是利用所有的数据还是仅仅采用一部分呢？最明智的自然是得到有关被分析事物的所有数据，但是当数量无比庞大时，这又不太现实。那如何选择样本呢？事实证明，问题的关键是选择样本时的随机性。

统计学家们证明：采样分析的精确性随着采样随机性的增加而大幅提高，但与样本数量的增加关系不大。虽然听起来很不可思议，但事实上，研究表明，当样本数量达到了某个值之后，我们从新个体身上得到的信息会越来越少，就如同经济学中的边际效应递减一样。

认为样本选择的随机性比样本数量更重要，这种观点是非常有见地的。这种观点为我们开辟了一条收集信息的新道路。通过收集随机样本，可以用较少的花费做出高精准度的推断。因此，政府每年都可以用随机采样的方法进行小规模的人口普查。当收集和分析数据都不容易时，随机采样就成为应对信息采集困难的办法。

在商业领域，随机采样被用来监管商品质量。这使得监管商品质量和提升商品品质变得更容易，花费也更少。以前，全面的质量监管要求对生产出来的每个产品进行检查，而现在只需从一批商品中随机抽取部分样品进行检查就可以了。从本质上来说，随机采样让大数据问题变得更加切实可行。同理，它将客户调查引进了零售行业，将焦点讨论引进了政治界，也将许多人文问题变成了社会科学问题。

随机采样取得了巨大的成功，成为现代社会、现代测量领域的主心骨。但这只是一条捷径，是在不可收集和分析全部数据的情况下的选择，它本身存在许多固有的缺陷。它的成功依赖于采样的绝对随机性，但是实现采样的随机性非常困难。一旦采样过程中存在任何偏见，分析结果就会相去甚远。此外，随机采样不适合考察子类别的情况。因为一旦继续细分，随机采样结果的错误率会大大增加。因此，在宏观领域起作用的方法在微观领域失去了作用。

1.2.2 大数据与乔布斯的癌症治疗

由于技术成本大幅下跌以及在医学方面的广阔前景，个人基因排序（DNA 分析）成为了一门新兴产业（图 1-7）。从 2007 年起，硅谷的新兴科技公司 23andMe 就开始分析人类基因，价格仅为几百美元。这可以揭示出人类遗传密码中一些会导致其对某些疾病抵抗力差的特征，如乳腺癌和心脏病。23andme 希望能通过整合顾客的 DNA 和健康信息，了解到用其他方式不能获取的新信息。公司对某人的一小部分 DNA 进行排序，标注出几十个特定的基因缺陷。这只是该人整个基因密码的样本，还有几十亿个基因碱基对未排序。最后，23andme 只能回答其标注过的基因组表现出来的问题。发现新标注时，该人的 DNA 必须重新排列，更准确地说，是相关的部分必须重新排列。只研究样本而不是整体，有利有弊：能更快更容易地发现问题，但不能回答事先未考虑到的问题。

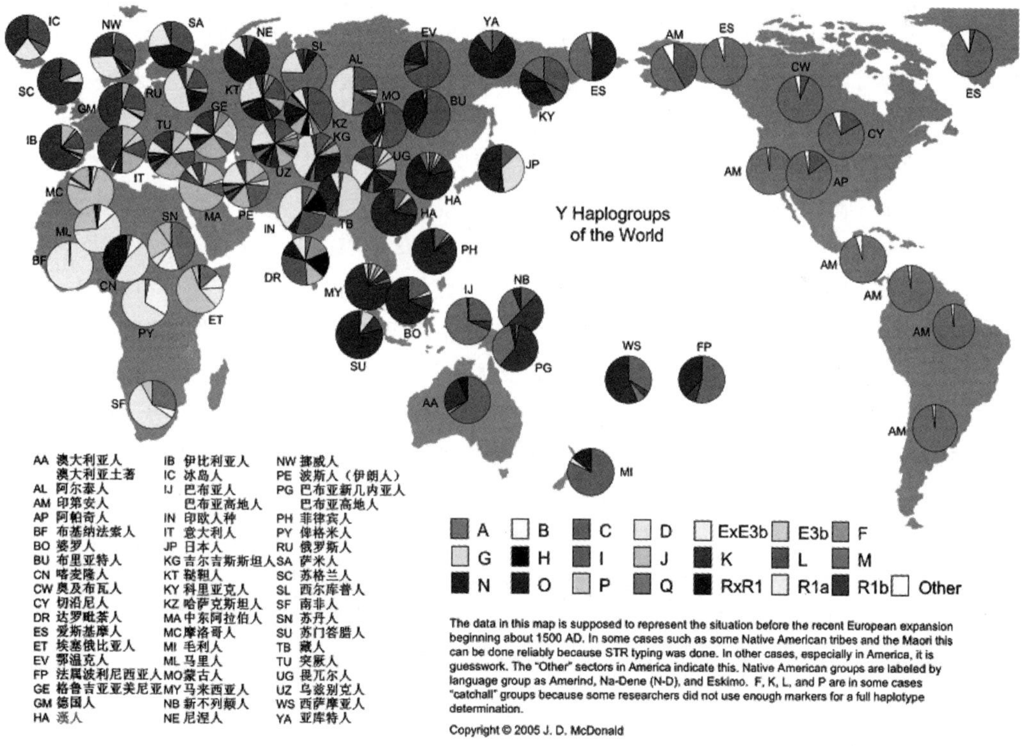

图 1-7 世界各民族基因总图（美国）

苹果公司的传奇总裁史蒂夫·乔布斯在与癌症斗争的过程中采用了不同的方式，成为世界上第一个对自身所有 DNA 和肿瘤 DNA 进行排序的人。为此，他支付了高达几十万美元的费用，这是 23andMe 报价的几百倍之多。所以，他得到了包括整个基因密码的数据文档。

对于一个普通的癌症患者，医生只能期望他的 DNA 排列同试验中使用的样本足够相似。但是，史蒂夫·乔布斯的医生们能够基于乔布斯的特定基因组成，按所需效果用药。如果癌症病变导致药物失效，医生可以及时更换另一种药。乔布斯曾经开玩笑地说："我要么是第一个通过这种方式战胜癌症的人，要么就是最后一个因为这种方式死于癌症的人。"虽然他的愿望都没有实现，但是这种获得所有数据而不仅是样本的方法还是将他的生命延长了好几年。

1.2.3 全数据模式：样本＝总体

采样的目的是用最少的数据得到最多的信息，当我们可以获得海量数据的时候，它就没有什么意义了。如今，感应器、手机导航、网站点击和微信等被动地收集了大量数据，而计算机可以轻易地对这些数据进行处理——数据处理技术已经发生了翻天覆地的改变。

在很多领域，从收集部分数据到收集尽可能多的数据的转变已经发生了。如果可能的话，我们会收集所有的数据，即"样本＝总体"，这是指我们能对数据进行深度探讨。

分析整个数据库，而不是对一个小样本进行分析，能够提高微观层面分析的准确性。所以，我们现在经常会放弃样本分析这条捷径，选择收集全面而完整的数据。我们需要足够的数据处理和存储能力，也需要最先进的分析技术。同时，简单廉价的数据收集方法也很重要。过去，这些问题中的任何一个都很棘手。在一个资源有限的时代，要解决这些问题需要付出很高的代价。但是现在，解决这些难题已经变得简单容易得多。曾经只有大公司才能做到的事情，现在绝大部分的公司都可以做到了。

通过使用所有的数据，我们可以发现如若不然则将会在大量数据中淹没掉的情况。例如，信用卡诈骗是通过观察异常情况来识别的，只有掌握了所有的数据才能做到这一点。在这种情况下，异常值是最有用的信息，你可以把它与正常交易情况进行对比。这是一个大数据问题。而且，因为交易是即时的，所以你的数据分析也应该是即时的。

因为大数据是建立在掌握所有数据，至少是尽可能多的数据的基础上的，所以我们就可以正确地考察细节并进行新的分析。在任何细微的层面，我们都可以用大数据去论证新的假设。当然，有些时候，我们还是可以使用样本分析法，毕竟我们仍然活在一个资源有限的时代。但是更多时候，利用手中掌握的所有数据成为了最好也是可行的选择。

1.3 思维变革之二：接受数据的混杂性

大数据时代的第二个转变，是我们乐于接受数据的纷繁复杂，而不再一味追求其精确性。

在越来越多的情况下，使用所有可获取的数据变得更为可能，但为此也要付出一定的代价。数据量的大幅增加会造成结果的不准确，与此同时，一些错误的数据也会混进数据库。然而，重点是我们能够努力避免这些问题，适当忽略微观层面上的精确度会让我们在宏观层面拥有更好的洞察力。

当我们拥有海量即时数据时，绝对的精准不再是我们追求的主要目标。大数据纷繁多样，优劣掺杂，分布在全球多个服务器上。拥有了大数据，我们不再需要对一个现象刨根究底，只要掌握大体的发展方向即可。当然，我们也不是完全放弃了精确度，只是不再沉迷于此。

1.3.1　允许不精确

对“小数据”而言，最基本、最重要的要求就是减少错误，保证质量。因为收集的信息量比较少，所以我们必须确保记录下来的数据尽量精确。无论是确定天体的位置还是观测显微镜下物体的大小，为了使结果更加准确，很多科学家都致力于优化测量的工具，发展了可以准确收集、记录和管理数据的方法。在采样的时候，对精确度的要求就更高更苛刻了。因为收集信息的有限意味着细微的错误会被放大，甚至有可能影响整个结果的准确性。

然而，在不断涌现的新情况里，允许不精确的出现已经成为一个亮点。因为放松了容错的标准，人们掌握的数据也多了起来，还可以利用这些数据做更多新的事情。这样就不是大量数据优于少量数据那么简单了，而是大量数据创造了更好的结果。

同时，我们需要与各种各样的混乱做斗争。混乱，简单地说就是随着数据的增加，错误率也会相应增加。所以，如果桥梁的压力数据量增加 1000 倍的话，其中的部分读数就可能是错误的，而且随着读数量的增加，错误率可能也会继续增加。在整合来源不同的各类信息的时候，因为它们通常不完全一致，所以也会加大混乱程度。

混乱还可以指格式的不一致性，因为要达到格式一致，就需要在进行数据处理之前仔细地清洗数据，而这在大数据背景下很难做到。

当然，在萃取或处理数据的时候，混乱也会发生。因为在进行数据转化的时候，我们是在把它变成另外的事物。例如，葡萄是温带植物，温度是葡萄生长发育的重要因素，假设你要测量一个葡萄园的温度，但是整个葡萄园只有一个温度测量仪，那你就必须确保这个测量仪是精确的而且能够一直工作。反过来，如果每 100 棵葡萄树就有一个测量仪，有些测试的数据可能会是错误的，可能会更加混乱，但众多的读数合起来就可以提供一个更加准确的结果。因为这里面包含了更多的数据，而它不仅能抵消掉错误数据造成的影响，还能提供更多的额外价值。

再来想想增加读数频率的这个事情。如果每隔一分钟就测量一下温度，至少还能够保证测量结果是按照时间有序排列的。如果变成每分钟测量十次甚至百次的话，不仅读数可能出错，连时间先后都可能搞混掉。试想，如果信息在网络中流动，那么一条记录很可能在传输过程中被延迟，在其到达的时候已经没有意义了，甚至干脆在奔涌的信息洪流中彻底迷失。虽然我们得到的信息不再那么准确，但收集到的数量庞大的信息让我们放弃严格精确的选择变得更为划算。

可见，为了获得更广泛的数据而牺牲了精确性，也因此看到了很多如若不然无法被关注到的细节。或者，为了高频率而放弃了精确性，结果观察到了一些本可能被错过的变化。虽然如果我们能够下足够多的工夫，这些错误是可以避免的，但在很多情况下，与致力于避免错误相比，对错误的包容会带给我们更多好处。

大数据在多大程度上优于算法，这个问题在自然语言处理上表现得很明显。2000 年，微软研究中心的米歇尔·班科和埃里克·布里尔一直在寻求改进 Word 程序中语法检查的方法，但是他们不能确定是努力改进现有的算法、研发新的方法，还是添加更加细腻精致的特点更有效。所以,在实施这些措施之前,他们决定往现有的算法中添加更多的数据,看看会有什么不同的变化。很多对计算机学习算法的研究都建立在百万字左右的语料库基础上。最后,他们决定往 4 种常见的算法中逐新添加数据,先是一千万字,再到一亿字,最后到十亿。

结果有点令人吃惊。他们发现,随着数据的增多,4 种算法的表现都大幅提高了。当数据只有 500 万的时候,有一种简单的算法表现得很差,但当数据达 10 亿的时候,它变成了表现最好的,准确率从原来的 75%提高到了 95%以上。与之相反的,在少量数据情况下运行得最好的算法,当加入更多的数据时,也会像其他的算法一样有所提高,但是却变成了在大量数据条件下运行得最不好的。它的准确率会从 86%提高到 94%。

后来,班科和布里尔在他们发表的研究论文中写到,"如此一来,我们得重新衡量一下更多的人力物力是应该消耗在算法发展上还是在语料库发展上。"

1.3.2 大数据的简单算法与小数据的复杂算法

20 世纪 40 年代,计算机由真空管制成,要占据整个房间这么大的空间,而机器翻译也只是计算机开发人员的一个想法。在冷战时期,美国掌握了大量关于苏联的各种资料,但缺少翻译这些资料的人手。所以,计算机翻译也成了亟待解决的问题。

最初,计算机研发人员打算将语法规则和双语词典结合在一起。1954 年,IBM 以计算机中的 250 个词语和 6 条语法规则为基础,将 60 个俄语词组翻译成了英语,结果振奋人心。IBM 701 通过穿孔卡片读取了一句话,并将其译成了"我们通过语言来交流思想"。在庆祝这个成就的发布会上,一篇报道就有提到,这 60 句话翻译得很流畅。这个程序的指挥官利昂·多斯特尔特表示,他相信"在三五年后,机器翻译将会变得很成熟"。

事实证明,计算机翻译最初的成功误导了人们。1966 年,一群机器翻译的研究人员意识到,翻译比他们想象的更困难,他们不得不承认自己的失败。机器翻译不能只是让计算机熟悉常用规则,还必须教会计算机处理特殊的语言情况。毕竟,翻译不仅仅只是记忆和复述,也涉及选词,而明确地教会计算机这些非常不现实。

在 20 世纪 80 年代后期,IBM 的研发人员提出了一个新的想法。与单纯教给计算机语言规则和词汇相比,他们试图让计算机自己估算一个词或一个词组适合于用来翻译另一种语言中的一个词和词组的可能性,然后再决定某个词和词组在另一种语言中的对等词和词组。

20 世纪 90 年代,IBM 这个名为 Candide 的项目花费了大概十年的时间,将大约有 300 万句之多的加拿大议会资料译成了英语和法语并出版。由于是官方文件,翻译的标准就非常高。用那个时候的标准来看,数据量非常庞大。统计机器学习从诞生之日起,就聪明地把翻译的挑战变成了一个数学问题,而这似乎很有效!计算机翻译能力在短时间内就提高了很多。然而,在这次飞跃之后,IBM 公司尽管投入了很多资金,但取得的成效不大。最终,IBM 公司停止了这个项目。

2006 年,谷歌公司也开始涉足机器翻译,这被当作实现"收集全世界的数据资源,并让人人都可享受这些资源"这个目标的一个步骤。谷歌翻译开始利用一个更大更繁杂的数据库,也就是全球的互联网,而不再只利用两种语言之间的文本翻译。

为了训练计算机，谷歌翻译系统会吸收它能找到的所有翻译。它从各种各样语言的公司网站上寻找对译文档，还会去寻找联合国和欧盟这些国际组织发布的官方文件和报告的译本。它甚至会吸收速读项目中的书籍翻译。谷歌翻译部的负责人弗朗兹·奥齐是机器翻译界的权威，他指出，“谷歌的翻译系统不会像 Candide 一样只是仔细地翻译 300 万句话，它会掌握用不同语言翻译的质量参差不齐的数十亿页的文档。”不考虑翻译质量的话，上万亿的语料库就相当于 950 亿句英语。

尽管其输入源很混乱，但较其他翻译系统而言，谷歌的翻译质量是最好的，而且可翻译的内容更多。到 2012 年，谷歌数据库涵盖了 60 多种语言，甚至能够接受 14 种语言的语音输入，并有很流利的对等翻译。之所以能做到这些，是因为它将语言视为能够判别可能性的数据，而不是语言本身。如果要将印度语译成加泰罗尼亚语，谷歌就会把英语作为中介语言。因为在翻译的时候它能适当增减词汇，所以谷歌的翻译比其他系统的翻译灵活很多。

谷歌的翻译之所以更好并不是因为它拥有一个更好的算法机制。和微软的班科和布里尔一样，这是因为谷歌翻译增加了各种各样的数据。从谷歌的例子来看，它之所以能比 IBM 的 Candide 系统多利用成千上万的数据，是因为它接受了有错误的数据。2006 年，谷歌发布的上万亿的语料库，就是来自于互联网的一些废弃内容。这就是“训练集”，可以正确地推算出英语词汇搭配在一起的可能性。

谷歌公司人工智能专家彼得·诺维格在一篇题为《数据的非理性效果》的文章中写道，“大数据基础上的简单算法比小数据基础上的复杂算法更加有效。”他们指出——混杂是关键。

“由于谷歌语料库的内容来自于未经过滤的网页内容，所以会包含一些不完整的句子、拼写错误、语法错误以及其他各种错误。况且，它也没有详细的人工纠错后的注解。但是，谷歌语料库的数据优势完全压倒了缺点。”

1.3.3 纷繁的数据越多越好

通常传统的统计学家都很难容忍错误数据的存在，在收集样本的时候，他们会用一整套的策略来减少错误发生的概率。在结果公布之前，他们也会测试样本是否存在潜在的系统性偏差。这些策略包括根据协议或通过受过专门训练的专家来采集样本。但是，即使只是少量的数据，这些规避错误的策略实施起来还是耗费巨大。尤其是当我们收集所有数据的时候，在大规模的基础上保持数据收集标准的一致性不太现实。

如今，人们已经生活在信息时代，掌握的数据库越来越全面，它包括了与这些现象相关的大量甚至全部数据。我们不再需要那么担心某个数据点对整套分析的不利影响，我们要做的就是接受这些纷繁的数据并从中受益，而不是以高昂的代价消除所有的不确定性。

在华盛顿州布莱恩市的英国石油公司(BP)切里波因特炼油厂(图 1-8)里，无线感应器遍布于整个工厂，形成无形的网络，能够产生大量实时数据。在这里，酷热的恶劣环境和电气设备的存在有时会对感应器读数有所影响，形成错误的数据。但是数据生成的数量之多可以弥补这些小错误。随时监测管道的承压使得 BP 能够了解到，有些种类的原油比其他种类更具有腐蚀性。以前，这都是无法发现也无法防止的。

图 1-8 炼油厂

有时候，当我们掌握了大量新型数据时，精确性就不那么重要了，我们同样可以掌握事情的发展趋势。除了一开始会与我们的直觉相矛盾之外，接受数据的不精确和不完美，反而能够更好地进行预测，也能够更好地理解这个世界。

值得注意的是，错误性并不是大数据本身固有的特性，而是一个急需我们去处理的现实问题，并且有可能长期存在。它只是我们用来测量、记录和交流数据的工具的一个缺陷。因为拥有更大数据量所能带来的商业利益远远超过增加一点精确性，所以通常我们不会再花大力气去提升数据的精确性。这又是一个关注焦点的转变，正如以前，统计学家们总是把他们的兴趣放在提高样本的随机性而不是数量上。如今，大数据给我们带来的利益，让我们能够接受不精确的存在了。

1.3.4 5%的数字数据与95%的非结构化数据

据估计，只有 5%的数字数据是结构化的且能适用于传统数据库。如果不接受混乱，剩下 95%的非结构化数据都无法被利用，例如网页和视频资源。

我们怎么看待使用所有数据和使用部分数据的差别，以及我们怎样选择放松要求并取代严格的精确性，将会对我们与世界的沟通产生深刻的影响。随着大数据技术成为日常生活中的一部分，我们应该开始从一个比以前更大更全面的角度来理解事物，也就是说应该将“样本＝总体”植入我们的思维中。

相比依赖于小数据和精确性的时代，大数据因为更强调数据的完整性和混杂性，帮助我们进一步接近事实的真相。当我们的视野局限在我们可以分析和能够确定的数据上时，我们对世界的整体理解就可能产生偏差和错误。不仅失去了去尽力收集一切数据的动力，也失去了从各个不同角度来观察事物的权利。所以，局限于狭隘的小数据中，我们可以自豪于对精确性的追求，但是就算我们可以分析得到细节中的细节，也依然会错过事物的全貌。

大数据要求我们有所改变，我们必须能够接受混乱和不确定性。精确性似乎一直是我们生活的支撑，但认为每个问题只有一个答案的想法是站不住脚的。

1.4 思维变革之三：数据的相关关系

在传统观念下，人们总是致力于找到一切事情发生背后的原因。然而在很多时候，寻找数据间的关联并利用这种关联就足够了。这些思想上的重大转变导致了第三个变革：**我们尝试着不再探求难以捉摸的因果关系，转而关注事物的相关关系**。相关关系也许不能准确地告知我们某件事情为何会发生，但是它会提醒我们这件事情正在发生。在许多情况下，这种提醒的帮助已经足够大了。

如果数百万条电子医疗记录显示橙汁和阿司匹林的特定组合可以治疗癌症，那么找出具体的药理机制就没有这种治疗方法本身来得重要。同样，只要我们知道什么时候是买机票的最佳时机，就算不知道机票价格疯狂变动的原因也无所谓了。大数据告诉我们"是什么"而不是"为什么"。在大数据时代，我们不必知道现象背后的原因，我们只要让数据自己发声。我们不再需要在还没有收集数据之前，就把分析建立在早已设立的少量假设的基础之上。让数据发声，我们会注意到很多以前从来没有意识到的联系的存在。

1.4.1 关联物，预测的关键

虽然在小数据世界中相关关系也是有用的，但如今在大数据的背景下，通过应用相关关系，我们可以比以前更容易、更快捷、更清楚地分析事物。

所谓相关关系，其核心是指量化两个数据值之间的数理关系。相关关系强是指当一个数据值增加时，另一个数据值很有可能也会随之增加。我们已经看到过这种很强的相关关系，例如谷歌流感趋势：在一个特定的地理位置，越多的人通过谷歌搜索特定的词条，该地区就有更多的人患了流感。相反，相关关系弱就意味着当一个数据值增加时，另一个数据值几乎不会发生变化。例如，我们可以寻找关于个人的鞋码和幸福的相关关系，但会发现它们几乎扯不上什么关系。

相关关系通过识别有用的关联物来帮助我们分析一个现象，而不是通过揭示其内部的运作机制。当然，即使是很强的相关关系也不一定能解释每一种情况，例如两个事物看上去行为相似，但很有可能只是巧合。相关关系没有绝对，只有可能性。也就是说，不是亚马逊推荐的每本书都是顾客想买的书。但是，如果相关关系强，一个相关链接成功的概率是很高的。这一点很多人可以证明，他们的书架上有很多书都是因为亚马逊推荐而购买的。

通过找到一个现象的良好的关联物，相关关系可以帮助我们捕捉现在和预测未来。如果A和B经常一起发生，我们只需要注意到B发生了.就可以预测A也发生了。这有助于我们捕捉可能和A一起发生的事情，即使我们不能直接测量或观察到A。更重要的是，它还可以帮助我们预测未来可能发生什么。当然，相关关系是无法预知未来的，他们只能预测可能发生的事情。但是，这已经极其珍贵了。

在大数据时代，建立在相关关系分析法基础上的预测是大数据的核心。这种预测发生的频率非常高，以至于我们经常忽略了它的创新性。当然，它的应用会越来越多。

在社会环境下寻找关联物只是大数据分析法采取的一种方式。同样有用的一种方法是：通过找出新种类数据之间的相互联系来解决日常需要。比方说，一种称为预测分析法的方法就被广泛地应用于商业领域，它可以预测事件的发生。这可以指一个能发现可能的流行歌曲的算法系统——音乐界广泛采用这种方法来确保它们看好的歌曲真的会流行；也可以指那些用来防止机器失效和建筑倒塌的方法。现在，在机器、发动机和桥梁等基础设施上放置传感器变得越来越平常了，这些传感器被用来记录散发的热量、振幅、承压和发出的声音等。

一个东西要出故障，不会是瞬间的，而是慢慢地出问题的。通过收集所有的数据，我们可以预先捕捉到事物要出故障的信号，比方说发动机的嗡嗡声、引擎过热都说明它们可能要出故障了。系统把这些异常情况与正常情况进行对比，就会知道什么地方出了毛病。通过尽早地发现异常，系统可以提醒我们在故障之前更换零件或者修复问题。通过找出一个关联物并监控它，我们就能预测未来。

1.4.2 “是什么”，而不是“为什么”

在小数据时代，相关关系分析和因果分析都不容易，耗费巨大，都要从建立假设开始，然后进行实验——这个假设要么被证实要么被推翻。但是，由于两者都始于假设，这些分析就都有受偏见影响的可能，极易导致错误。与此同时，用来做相关关系分析的数据很难得到。

另一方面，在小数据时代，由于计算机能力的不足，大部分相关关系分析仅限于寻求线性关系。而事实上，实际情况远比我们所想象的要复杂。经过复杂的分析，我们能够发现数据的“非线性关系”。

多年来，经济学家和政治家一直认为收入水平和幸福感是成正比的。从数据图表上可以看到，虽然统计工具呈现的是一种线性关系，但事实上，它们之间存在一种更复杂的动态关系。例如，对于收入水平在一万美元以下的人来说，一旦收入增加，幸福感会随之提升；但对于收入水平在一万美元以上的人来说，幸福感并不会随着收入水平的提高而提升。如果能发现这层关系，我们看到的就应该是一条曲线，而不是统计工具分析出来的直线。

这个发现对决策者来说非常重要。如果只看到线性关系的话，那么政策重心应完全放在增加收入上，因为这样才能增加全民的幸福感。而一旦察觉到这种非线性关系，策略的重心就会变成提高低收入人群的收入水平，因为这样明显更划算。

大数据时代，专家们正在研发能发现并对比分析非线性关系的技术工具。一系列飞速发展的新技术和新软件也从多方面提高了相关关系分析工具发现非因果关系的能力。这些新的分析工具和思路为我们展现了一系列新的视野被有用地预测，我们看到了很多以前不曾注意到的联系，还掌握了以前无法理解的复杂技术和社会动态。但最重要的是，通过去探求“是什么”而不是“为什么”，相关关系帮助我们更好地了解了这个世界。

1.4.3 通过因果关系了解世界

传统情况下，人类是通过因果关系了解世界的。首先，我们的直接愿望就是了解因果关系。即使无因果联系存在，我们也还是会假定其存在。研究证明，这只是我们的认知方式，与每个人的文化背景、生长环境以及教育水平无关。当我们看到两件事情接连发生的时候,我们会习惯性地从因果关系的角度来看待它们。

在小数据时代,很难证明由直觉而来的因果联系是错误的。现在,情况不一样了。将来,大数据之间的相关关系将经常会用来证明直觉的因果联系是错误的。最终也能表明,统计关系也不蕴含多少真实的因果关系。总之,我们的快速思维模式将会遭受各种各样的现实考验。

为了更好地了解世界,我们会因此更加努力地思考。但是,即使是我们用来发现因果关系的第二种思维方式——慢性思维,也将因为大数据之间的相关关系迎来大的改变。

日常生活中,我们习惯性地用因果关系来考虑事情,所以会认为,因果联系是浅显易寻的。但事实却并非如此。与相关关系不一样,即使用数学这种比较直接的方式,因果联系也很难被轻易证明。我们也不能用标准的等式将因果关系表达清楚。因此,即使我们慢慢思考,想要发现因果关系也是很困难的。因为我们已经习惯了信息的匮乏,故此亦习惯了在少量数据的基础上进行推理思考,即使大部分时候很多因素都会削弱特定的因果关系。

与相关关系一样,因果关系被完全证实的可能几乎是没有的,我们只能说,某两者之间很有可能存在因果关系。

1.4.4 通过相关关系了解世界

不像因果关系,证明相关关系的实验耗资少,费时也少。与之相比,分析相关关系,我们既有数学方法,也有统计学方法,同时,数字工具也能帮我们准确地找出相关关系。

相关关系分析本身意义重大,同时它也为研究因果关系奠定了基础。通过找出可能相关的事物,我们可以在此基础上进行进一步的因果关系分析。如果存在因果关系的话,我们再进一步找出原因。这种便捷的机制通过实验降低了因果分析的成本。我们也可以从相互联系中找到一些重要的变量,这些变量可以用到验证因果关系的实验中去。

例如,Kaggle公司举办了关于二手车的质量竞赛。二手车经销商将二手车数据提供给参加比赛的统计学家,统计学家们用这些数据建立一个算法系统来预测经销商拍卖的哪些车有可能出现质量问题。相关关系分析表明,橙色的车有质量问题的可能性只有其他车的一半。

这难道是因为橙色车的车主更爱车,所以车被保护得更好吗?或是这种颜色的车子在制造方面更精良些吗?还是因为橙色的车更显眼、出车祸的概率更小,所以转手的时候.各方面的性能保持得更好?

马上,我们就陷入了各种各样谜一样的假设中。若要找出相关关系,可以用数学方法,但如果是因果关系的话,这却是行不通的。所以,我们没必要一定要找出相关关系背后的原因,当我们知道了"是什么"的时候,"为什么"其实没那么重要了,否则就会催生一些滑稽的想法。比方说上面提到的例子里,我们是不是应该建议车主把车漆成橙色呢?毕竟,这样就说明车子的质量更过硬啊!

考虑到这些,如果把以确凿数据为基础的相关关系和通过快速思维构想出的因果关系相比的话,前者就更具有说服力。但在越来越多的情况下,快速清晰的相关关系分析甚至比慢速的因果分析更有用和更有效。慢速的因果分析集中体现为通过严格控制的实验来验证的因果关系,而这必然是非常耗时耗力的。

在大多数情况下，一旦我们完成了对大数据的相关关系分析，而又不再满足于仅仅知道“是什么”时，我们就会继续向更深层次研究因果关系，找出背后的“为什么”。

因果关系还是有用的，但是它将不再被看成是意义来源的基础。在大数据时代，即使很多情况下，我们依然指望用因果关系来说明我们所发现的相互联系，但是，我们知道因果关系只是一种特殊的相关关系。相反，大数据推动了相关关系分析。相关关系分析通常情况下能取代因果关系起作用，即使不可取代的情况下，它也能对指导因果关系起作用。

【延伸阅读】

美国百亿美元望远镜主镜安装完毕

哈勃太空望远镜(Hubble Space Telescope，HST，图 1-9)是以天文学家爱德温·哈勃为名，在轨道上环绕着地球的望远镜，它的位置在地球的大气层之上，因此影像不会受到大气湍流的扰动，视相度绝佳又没有大气散射造成的背景光，还能观测会被臭氧层吸收的紫外线。它于 1990 年成功发射，弥补了地面观测的不足，帮助天文学家解决了许多天文学上的基本问题，使得人类对天文物理有更多的认识。2013 年 12 月，天文学家利用哈勃太空望远镜在太阳系外发现 5 颗行星，它们的大气层中都有水存在的迹象，是首次能确定性地测量多个系外行星的大气光谱信号特征与强度，并进行比较。

图 1-9　哈勃太空望远镜

据国外媒体报道，美国宇航局即将在 2018 年发射的詹姆斯-韦伯太空望远镜是哈勃望远镜的继承者，这具价值 88 亿美元的空间望远镜有望揭开宇宙的奥秘，因此它素有“时间机器”的美名。这架巨大的空间望远镜于美国当地时间 2016 年 2 月 4 日，由美国宇航局成功完成最后一片镜片的安装，这也成为了该望远镜十余载建造史上的一座重要的里程碑。

在位于马里兰州的美国宇航局戈达德航天飞行中心的洁净室内，研究团队使用机械手对韦伯望远镜进行组装。经过机械臂测量，韦伯望远镜的每一片六角形镜片的对角线都大于 4.2 英尺，相当于 1.3 米，这个尺寸大约和咖啡桌一般大小，每片镜片的重量大约重 88 磅，相当于 40 千克(图 1-10)。

美国宇航局副局长约翰一格伦费尔德表示，工程师们孜孜不倦地完成了这些不可思议、

图 1-10 詹姆斯-韦伯太空望远镜

近乎完美的镜片的安装，人类距离解开宇宙形成奥秘的神秘面纱又近了一步(图 1-11)。

图 1-11 安装镜片

美国宇航局韦伯望远镜的最大特点是它拥有一个网球场大小的五层遮阳板，能够将太阳的灼热减弱至一百万分之一。为了保证科学探索的成功，韦伯望远镜的镜片需要精确排列。在极寒条件下，当温度介于零下 406 到零下 343 华氏度时，望远镜的底板位移不得超过 38nm，大约是人类毛发直径的千分之一。

韦伯望远镜预计于 2018 年发射，它将成为世界规模最大、功能最强的望远镜。它的能力将达到哈勃望远镜的 100 倍，能够观察到宇宙大爆炸后两亿年的场景。一旦完成太空全面部署，18 片基本镜片将和一片直径为 21.3 英尺(6.5 米)的大镜片一道运作。

与目前在地球近地轨道上运行的哈勃望远镜不同，韦伯望远镜的目的地更加遥远。它将被发射到一个被称为 L2 的地方，即日地拉格朗日点 2，该点位于距离地球表面大约 930 000 英里(150 万千米)的高度(图 1-12)。

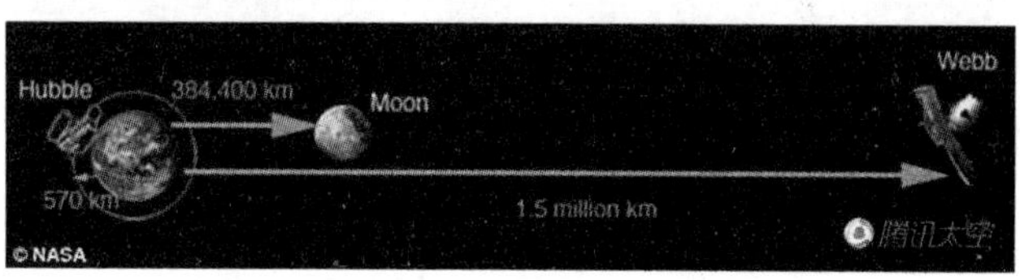

图 1-12 韦伯望远镜的目的地

美国宇航局表示，韦伯太空望远镜是一部拥有红外视觉的强大的时间机器，它能够回到135亿年前的宇宙，探索在早期宇宙的黑暗中形成的第一批星球与星系。150万千米的超远轨道使得它能够保持低温运作，以免其观测受到自身红外线和外界辐射的影响（图1-13）。

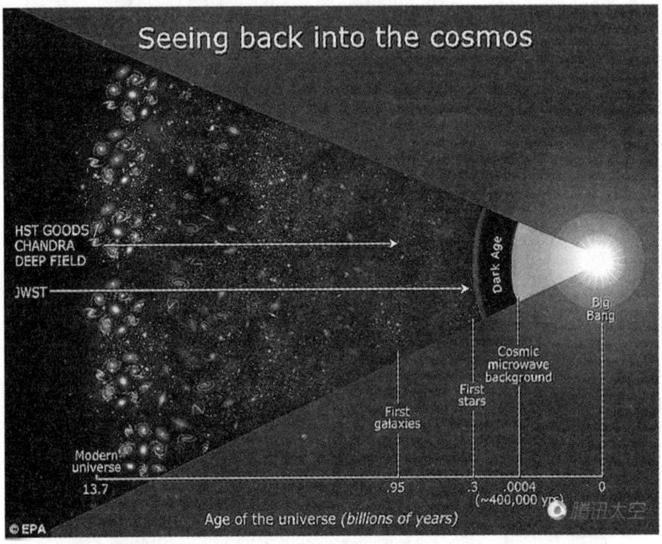

图1-13　超远轨道

尽管韦伯望远镜拥有许多科技成果，它的总体造价高达88亿美元，远远超过了最初的3.5亿美元，接近2.33亿英镑的预算，此事也引起了立法者的关注，堪称是史上最昂贵的空间望远镜（图1-14）。

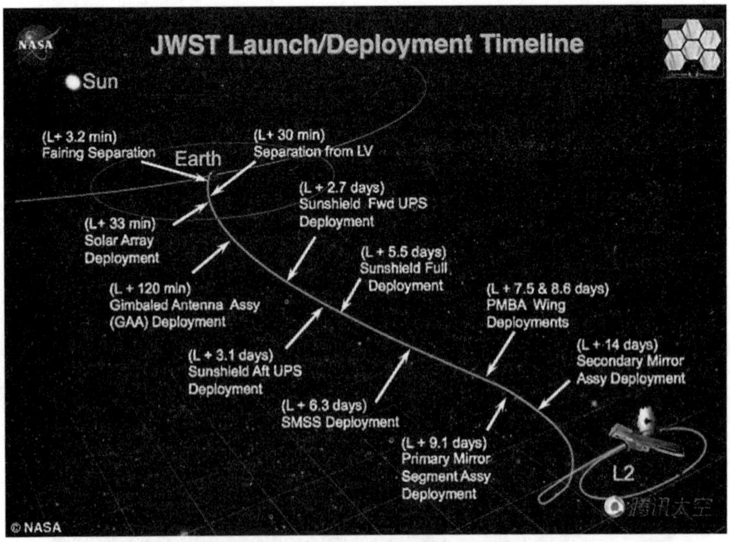

图1-14　韦伯望远镜登陆计划

资料来源：罗辑编译，腾讯太空，2016年2月7日

【实验与思考】

深入理解大数据时代

1. 实验目的

(1) 熟悉大数据时代思维变革的基本概念和主要内容;

(2) 理解在传统情况下,人们分析信息了解世界的主要方法;分析大数据时代人们思维变革的三大转变。

2. 工具/准备工作

在开始本实验之前,请认真阅读课程的相关内容。

需要准备一台带有浏览器,能够访问因特网的计算机。

3. 实验内容与步骤

(1) 大数据时代人们分析信息、理解世界的三大转变是指什么?

答:

① ______________________________

____

____

② ______________________________

____

____

③ ______________________________

____

____

(2) 请简述,在大数据时代,为什么要"分析与某事物相关的所有数据,而不是依靠分析少量的数据样本"?

答: ______________________________

____

____

____

____

____

(3) 请简述,在大数据时代,为什么"我们乐于接受数据的纷繁复杂,而不再一味追求其精确性"?

答: ______________________________

____

____

(4) 什么是数据的因果关系？什么是数据的相关关系？

答：

(5) 请简述，在大数据时代，为什么"我们不再探求难以捉摸的因果关系，转而关注事物的相关关系"？

答：

(6) 网络搜索和浏览：看看哪些网站在支持大数据技术或者数据科学的技术工作，请在表 1-1 中记录你的搜索结果。

表 1-1 数据科学专业网站实验记录

网站名称	网 址	主要内容描述

提示：一些大数据或者数据科学的专业网站：

http://www.thebigdata.cn/(中国大数据)

http://www.shujukexuejia.com/(数据科学家)

http://www.51bdtime.com/(大数据时代)

http://www.moojnn.com/(大数据魔镜)

你习惯使用的网络搜索引擎是：

你在本次搜索中使用的关键词主要是：

请记录：在本实验中你感觉比较重要的两个大数据或者数据科学专业网站是：

① 网站名称：______

② 网站名称：______

请分析：你认为各大数据专业网站当前的技术热点是什么(例如从培训项目中得知)?

① 名称：______

技术热点：______

______

______

______

② 名称：______

技术热点：______

(3) 名称：______

技术热点：______

4. 实验总结

______

______

______

______

5. 实验评价(教师)

______

______

______

第2章

数据可视化之美

【导读案例】

南丁格尔"极区图"

弗洛伦斯·南丁格尔(1820 年 5 月 12 日—1910 年 8 月 13 日,图 2-1)是世界上第一位真正意义上的女护士,被誉为现代护理业之母,"5·12"国际护士节就是为了纪念她,这一天是南丁格尔的生日。除了在医学和护理界的辉煌成就,实际上,南丁格尔还是一名优秀的统计学家——她是英国皇家统计学会的第一位女性会员,也是美国统计学会的会员。据说南丁格尔早期大部分声望都来自其对数据清楚且准确的表达。

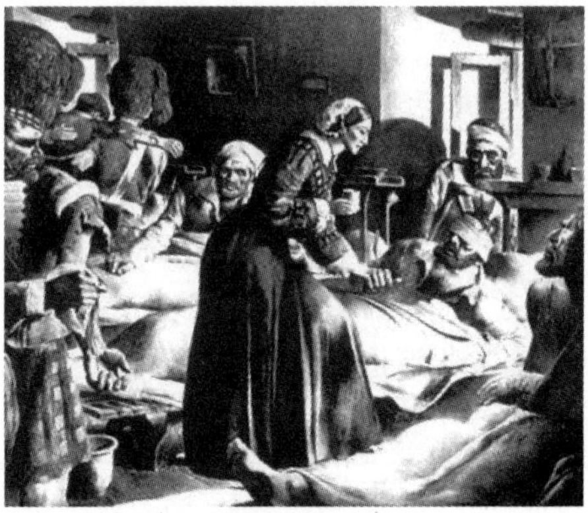

图 2-1 南丁格尔

南丁格尔生活的时代各个医院的统计资料非常不精确,也不一致,她认为医学统计资料有助于改进医疗护理的方法和措施。于是,在她编著的各类书籍、报告等材料中使用了大量的统计图表,其中最为著名的就是极区图(Polar Area Chart),也叫南丁格尔玫瑰图(图 2-2)。南丁格尔发现,战斗中阵亡的士兵数量少于因为受伤却缺乏治疗的士兵。为了挽救更多的士兵,她画了这张《东部军队(战士)死亡原因示意图》(1858 年)。

这张图描述了 1854 年 4 月—1856 年 3 月期间的士兵死亡情况,右侧的图是 1854 年 4 月—1855 年 3 月的数据,左侧的图是 1855 年 4 月—1856 年 3 月的数据,用蓝、红、黑三种颜色表示三种不同的情况,蓝色代表可预防和可缓解的疾病治疗不及时造成的死亡、红色代表战场阵亡、黑色代表其他死亡原因。图表各个扇区角度相同,用半径及扇区面积来表示死亡人数,可以清晰地看出每个月因各种原因死亡的人数。显然,1854—1855 年,因医疗条件而造成的死亡人数远远大于战死沙场的人数,这种情况直到 1856 年初才得到缓解。南丁格尔的这张图表以及其他图表生动有力地说明了在战地开展医疗救护和促进伤兵医疗工作的必要性,打动了当局者,增加了战地医院,改善了军队医院的条件,为挽救士兵生命做出了巨大贡献。

南丁格尔"极区图"是统计学家对利用图形来展示数据进行的早期探索,南丁格尔的

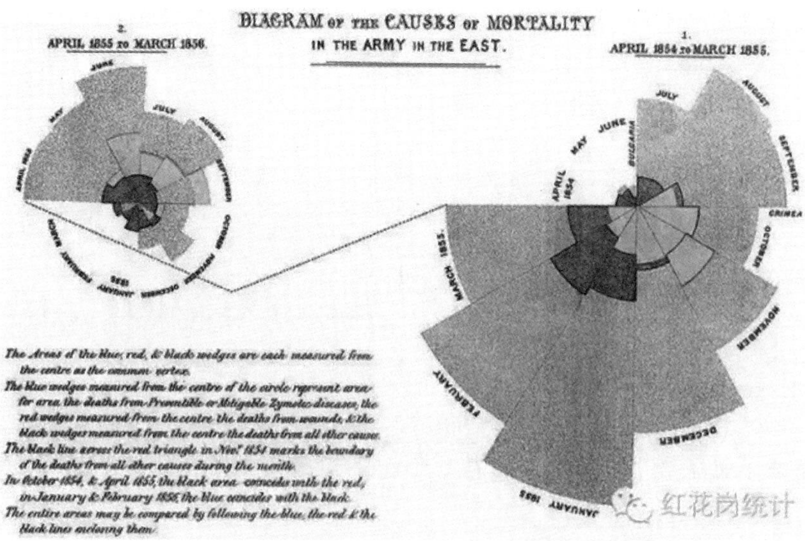

图 2-2　南丁格尔“极区图”

贡献，充分说明了数据可视化的价值，特别是在公共领域的价值。

图 2-3 是社交网站(Facebook vs. 推特)对比信息图，是一张典型的南丁格尔玫瑰图(极区图)的导读案例。极区图在数据统计类信息图表中是常见到的一类图表形式。

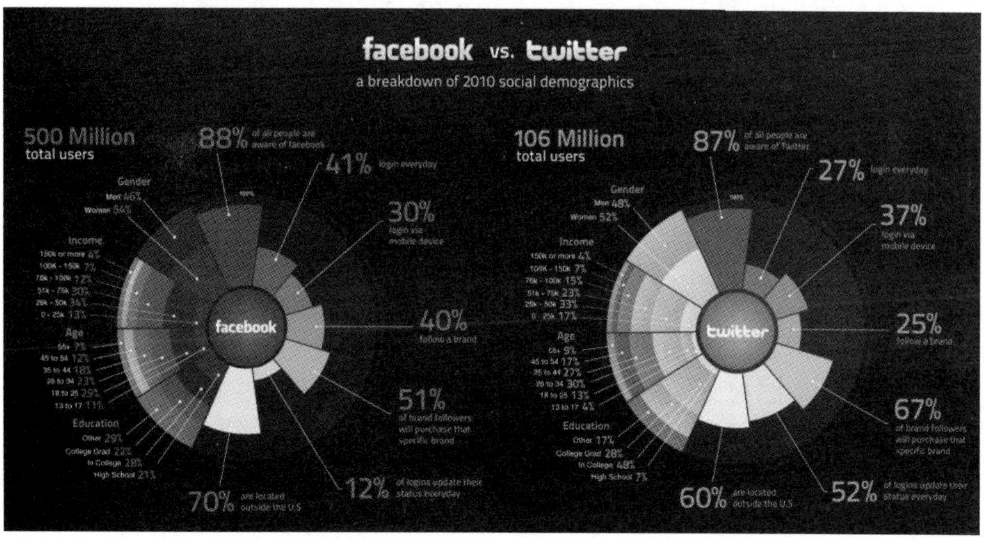

图 2-3　极区图：Facebook vs. 推特

阅读上文，请思考、分析并简单记录：

(1) 你看到过且印象深刻的数据可视化的案例有哪些？

答：____

____

____

(2) 你此前知道南丁格尔吗? 你此前是否知道南丁格尔玫瑰图?

答:

(3) 发展大数据可视化,那么传统的数据或信息的表示方式是否还有意义? 请简述你的看法。

答:

(4) 请简单记述你所知道的上一周发生的国际、国内或者身边的大事。

答:

2.1 数据与可视化

数据是什么? 大部分人会含糊地回答说,数据是一种类似电子表格的东西,或者一大堆数字。有点儿技术背景的人会提及数据库或者数据仓库。然而,这些回答只说明了获取数据的格式和存储数据的方式,并未说明数据的本质是什么,以及特定的数据集代表着什么。

2.1.1 数据是什么

数据不仅仅是数字,要想把数据可视化,就必须知道它表达的是什么。事实上,数据是现实世界的一个快照,会传递给我们大量的信息。一个数据点可以包含时间、地点、人物、事件、起因等因素,因此,一个数字不再只是沧海一粟。可是,从一个数据点中提取信息并不像一张照片那么简单。你可以猜到照片里发生的事情,但如果对数据心存侥幸,认为它非常精确,并和周围的事物紧密相关,就有可能曲解真实的数据。你需要观察数据产生的来龙去脉,并把数据集作为一个整体来理解。关注全貌,比只注意到局部更容易做出准确的判断。

通常在实施记录时,由于成本太高或者缺少人力,人们不大可能记录下一切,而是只能获取零碎的信息,然后寻找其中的模式和关联,凭经验猜测数据所表达的含义,数据是对现实世界的简化和抽象表达。当你可视化数据的时候,其实是在将对现实世界的抽象表达可视化,或至少是将它的一些细微方面可视化。可视化能帮助你从一个个独立的数据点中解脱出来,换一个不同的角度去探索它们。

数据和它所代表的事物之间的关联既是把数据可视化的关键,也是全面分析数据的关键，同样还是深层次理解数据的关键。计算机可以把数字批量转换成不同的形状和颜色，但是你必须建立数据和现实世界的联系，以便使用图表的人能够从中得到有价值的信息。数据会因其可变性和不确定性而变得复杂，但放入一个合适的背景信息中，就会变得容易理解了。

2.1.2 数据的可变性

德国物理学家兼业余摄影师克里斯蒂安·克维塞克经常晚上带着相机到小镇的森林里，用长时间曝光摄影，抓拍萤火虫在树丛中飞舞的情景。这种昆虫特别小，在白天几乎看不见，但是在晚上，除了树林里，又很难在别的地方看到。

虽然对观察者来说，萤火虫飞行中的每个时刻都像是空间中随机的点，但克维塞克的照片中还是出现了一个模式。如图 2-4 所示，看上去萤火虫们好像沿着小径，环绕着大树，朝既定的方向飞舞。

图 2-4 萤火虫之路

(http://quit007.deviantart.com/)

然而，这些依然是随机的。下一次你可以根据这条飞行路线图猜测萤火虫会往哪儿飞吗？一只萤火虫随时上下左右地飞蹿，这种变化使得萤火虫的每次飞行都是独一无二的。也正因为如此，观察萤火虫才那么有趣，拍出来的照片才那么漂亮。你关心的是萤火虫飞行的路径，而它们的起点、终点和平均位置并没有那么重要。

从这些数据中，我们可以发现一些模式、趋势和周期，但从 A 点到 B 点往往都不是一条平滑的线路(实际上，几乎从来都不是)。总数、平均值和聚合测量可能很有趣，但它们都只揭示了冰山一角而已。数据中的波动才是最有趣、最重要的部分。

我们以美国国家公路交通安全管理局发布的公路交通事故数据为例，来了解数据的可变性。

从 2001 年到 2010 年，根据美国国家公路交通安全管理局发布的数据，全美共发生了 363 839 起致命的公路交通事故。这个总数代表着那部分逝去的生命，图 2-5 把所有注意力放在这个数字上，能让你深思，甚至反省自己的一生。

然而，除了安全驾驶之外，从这个数据中你还能学到什么呢？美国国家公路交通安全管理局提供的数据具体到了每一起事故及其发生的时间和地点，我们可以从中了解到更多的信息。

如果在地图中画出 2001—2010 年间全美国发生的每一起致命的交通事故，用一个点代表一起事故，就可以看到事故多集中发生在大城市和高速公路主干道上，而人烟稀少的地方和道路几乎没有事故发生过。这样，这幅图除了告诉我们对交通事故不能掉以轻心之外，还告诉了我们关于美国公路网络的情况。

观察这些年里发生的交通事故，人们会把关注焦点切换到这些具体的事故上。图 2-6 显示了每年发生的交通事故数，所表达的内容与简单告诉你一个总数完全不同。虽然每年仍会发生成千上万起交通事故，但通过观察可以看到，2006 年到 2010 年间事故呈显著下降趋势。

图 2-5　2001　2010 年全美公路致命交通事故总数

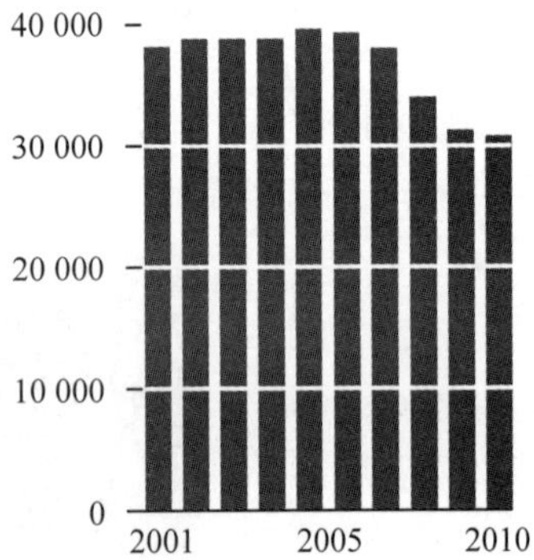

图 2-6　每年的致命交通事故数

从图 2-7 中可以看出，交通事故发生的季节性周期很明显。夏季是事故多发期，因为此时外出旅游的人较多。而在冬季，开车出门旅行的人相对较少，事故就会少很多。每年都是如此。同时，还可以看到 2006 年到 2010 年呈下降趋势。

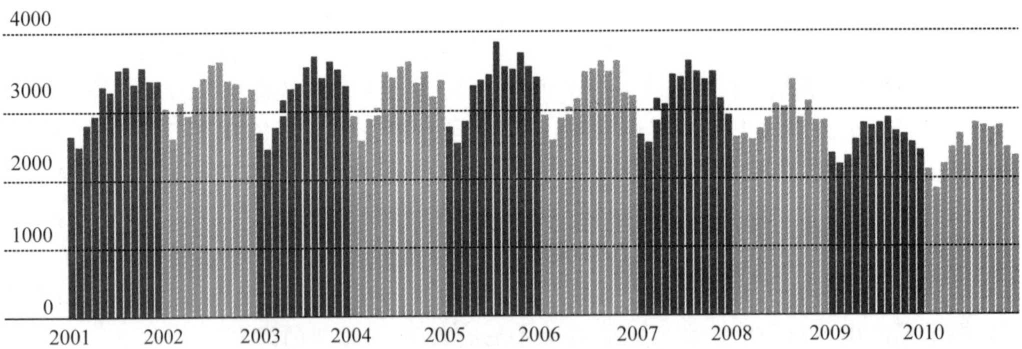

图 2-7　月度致命交通事故数

如果比较那些年的具体月份，还有一些变化。例如，在 2001 年，8 月份的事故最多，9 月份相对回落。从 2002 年到 2004 年每年都是这样。从 2005 年到 2007 年，每年 7 月份的事故最多。从 2008 年到 2010 年又变成了 8 月份。另一方面，因为每年 2 月份的天数最少，事故数也就最少，只有 2008 年例外。因此，这里存在着不同季节的变化和季节内的变化。

我们还可以更加详细地观察每日的交通事故数，例如看出高峰和低谷模式，可以看出周循环周期，就是周末比周中事故多，每周的高峰日在周五、周六和周日间的波动。可以继续增加数据的粒度，即观察每小时的数据。

重要的是，查看这些数据比查看平均数、中位数和总数更有价值，那些测量值只是告诉了你一小部分信息。大多数时候，总数或数值只是告诉了你分布的中间在哪里，而未能显示出你应该关注的细节。

一个独立的离群值可能是需要修正或特别注意的。也许在你的体系中随着时间推移发生的变化预示有好事（或坏事）将要发生。周期性或规律性的事件可以帮助你为将来做好准备，但面对那么多的变化，它往往就失效了，这时应该退回到整体和分布的粒度来进行观察。

2.1.3 数据的不确定性

通常，大部分数据都是估算的，并不精确。分析师会研究一个样本，并据此猜测整体的情况。你会基于自己的知识和见闻来猜测，即使大多数时候你确定猜测是正确的，但仍然存在着不确定性。例如，笔记本电脑上的电池寿命估计会按小时增量跳动，地铁预告说下一班车将会在10分钟内到达，但实际上是11分钟，或者预计在周一送达的一份快件往往周三才到。

如果你的数据是一系列平均数和中位数，或者是基于一个样本群体的一些估算，就应该时时考虑其存在的不确定性。当人们基于类似全国人口或世界人口的预测数做影响广泛的重大决定时，这一点尤为重要，因为一个很小的误差可能会导致巨大的差异。

换个角度，想象一下你有一罐彩虹糖，你想猜猜罐子里每种颜色的彩虹糖各有多少颗。如果把一罐彩虹糖统统倒在桌子上，一颗颗数过去，就不用估算了，你已经得到了总数。但是你只能抓一把，然后基于手里的彩虹糖推测整罐的情况。这一把越大估计值就越接近整罐的情况，也就越容易猜测。相反，如果只能拿一颗彩虹糖，那你几乎就无法推测罐子里的情况。

只拿一颗彩虹糖，误差会很大；而拿一大把彩虹糖，误差会小很多；如果把整罐都数一遍，误差就是零。当有数百万个彩虹糖装在上千个大小不同的罐子里时，分布各不相同，每一把的大小也不一样，估算就会变得更复杂了。接下来，把彩虹糖换成人，把罐子换成城、镇和县，把那一把彩虹糖换成随机分布的调查，误差的含义就有分量多了。

如果不考虑数据的真实含义，很容易产生误解，要始终考虑到不确定性和可变性。这也就到了背景信息发挥作用的时候了。

2.1.4 数据所依存的背景信息

仰望夜空，满天繁星看上去就像平面上的一个个点（图2-8）。你感觉不到视觉深度，会觉得星星都离你一样远，很容易就能把星空直接搬到纸面上，于是星座也就不难想象了，把一个个点连接起来即可。然而，实际上不同的星星与你的距离可能相差许多光年。假如你能飞得比星星还远，星座看起来又会是什么样子呢？

如果切换到显示实际距离的模式，星星的位置转移了，原先容易辨别的星座几乎认不出了。从新的视角出发，数据看起来就不同了，这就是背景信息的作用。背景信息可以完全改变你对某一个数据集的看法，它能帮助你确定数据代表着什么以及如何解释。在确切了解数据的含义之后，你的理解会帮你找出有趣的信息，从而带来有价值的可视化效果。

图 2-8　星空视图

使用数据而不了解除数值本身之外的任何信息，就好比拿断章取义的片段作为文章的主要论点引用一样。这样做或许没有问题，但却可能完全误解说话人的意思。你必须首先了解何人、如何、何事、何时、何地以及何因，即元数据，或者说关于数据的数据，然后才能了解数据的本质是什么。

何人(who)："谁收集了数据"和"数据是关于谁的"同样重要。

如何(how)：大致了解怎样获取你感兴趣的数据。如果数据是你收集的，那一切都好，但如果数据只是从网上获取到的，这样，你不需要知道每种数据集背后精确的统计模型，但要小心小样本，样本小，误差率就高，也要小心不合适的假设，例如包含不一致或不相关信息的指数或排名等。

何事(what)：你还要知道自己的数据是关于什么的，你应该知道围绕在数字周围的信息是什么。你可以跟学科专家交流，阅读论文及相关文件。

何时(when)：数据大都以某种方式与时间关联。数据可能是一个时间序列，或者是特定时期的一组快照。不论是哪一种，你都必须清楚知道数据是什么时候采集的。由于只能得到旧数据，于是很多人便把旧数据当成现在的对付一下，这是一种常见的错误。事在变，人在变，地点也在变，数据自然也会变。

何地(where)：正如事情会随着时间变化，它们也会随着城市、地区和国家的不同而变化，例如，不要将来自少数几个国家的数据推及整个世界。同样的道理也适用于数字定位。来自推特或 Facebook 之类网站的数据能够概括网站用户的行为，但未必适用于物理世界。

为何(why)：最后，你必须了解收集数据的原因，通常这是为了检查数据是否存在偏颇。有时人们收集甚至捏造数据只是为了应付某项议程，应当警惕这种情况。

首要任务是竭尽所能地了解自己的数据，这样，数据分析和可视化会因此而增色。可视化通常被认为是一种图形设计或破解计算机科学问题的练习，但是最好的作品往往来源于数据。要可视化数据，你必须理解数据是什么，它代表了现实世界中的什么，以及你应该在什么样的背景信息中解释它。

在不同的粒度上，数据会呈现出不同的形状和大小，并带有不确定性，这意味着总数、平均数和中位数只是数据点的一小部分。数据是曲折的、旋转的，也是波动的、个性化的，甚至是富有诗意的。因此，你可以看到多种形式的可视化数据。

2.1.5 挑战图像的多变性

麻省理工学院和哈佛大学的科学家们在他们所著的一篇《为什么现实生活中识别可视物体这么困难?》的论文中说道："人们可以轻松识别可视物体，这种轻松正是计算机识别的难处。主要挑战就是图像的多变性——例如物体的位置、大小、方位、姿势、亮度等，任何一个物体都可以在视网膜上投射下无数个不同的图像。"简单说来，图像变化多端，因此很难分辨不同的图片是否包含了相同的人或物。而且，图案识别也更加困难。尽管要在一个句子中找出"总统"这个单词很容易，在上百万个句子中找出它来也相对简单，但要在图片中找出拥有"总统"这个头衔的人却困难重重。

让某个人描述一张图片的特征很容易，但要描述上百万张图片该怎么办呢？为了解决图片特征问题，像亚马逊和 Facebook 这样的公司开始向众包市场①，如 oDesk 平台和亚马逊土耳其机器人②寻求帮助。在这些市场中，满足特定条件的版主在通过了某项测试之后便有权使用图片，并对这些图片进行描绘和过滤。如今的计算机比较擅长帮我们制作可视化效果。而在将来，随着像谷歌眼镜这样的产品不断演变，它们能更好地帮我们理解实时的可视化信息。

2.1.6 打造最好的可视化效果

当然存在计算机不需要人为干涉就能单独处理数据的例子。例如，当要处理数十亿条搜索查询的时候，要想人为地找出与查询结果相匹配的文本广告是根本不可能的。同样，计算机系统非常善于自动定价，并在百万多个交易中快速判断出哪些具有欺骗性。

但是，人类可以根据数据做出更好的决策。事实上，我们拥有的数据越多，从数据中提取出具有实践意义的见解就显得越发重要。可视化和数据是相伴而生的，将这些数据可视化，可能是指导我们行动的最强大的机制之一。

可视化可以将事实融入数据，并引起情感反应，它可以将大量数据压缩成便于使用的知识。因此，可视化不仅是一种传递大量信息的有效途径，它还和大脑直接联系在一起，并能触动情感，引起化学反应。可视化可能是传递数据信息最有效的方法之一。研究表明，不仅可视化本身很重要，何时、何地、以何种形式呈现对可视化来说也至关重要。

通过设置正确的场景，选择恰当的颜色甚至选择一天中合适的时间，可视化可以更有效地传达隐藏在大量数据中的真知灼见。科学证据证明了在传递信息时环境和传输的重

---

① **众包**(crowdsourcing)指的是一个公司或机构把过去由员工执行的工作任务，以自由自愿的形式外包给非特定的(而且通常是大型的)大众网络的做法。众包的任务通常是由个人来承担，但如果涉及到需要多人协作完成的任务，也有可能以依靠开源的个体生产的形式出现。众包植根于一个平等主义原则：每个人都拥有对别人有价值的知识或才华。众包作为桥梁将"我"和"他人"联系起来。

② **亚马逊土耳其机器人**(Amazon Mechanical Turk)是一个 Web 服务应用程序接口(API)，开发商通过它将人的智能与远程过程调用(RPC)整合，用来完成计算机很难完成但人工智能容易执行的任务，如写产品描述等。

要性。

2.2 数据与图形

将信息可视化能有效地抓住人们的注意力。有的信息如果通过单纯的数字和文字来传达。可能需要花费数分钟甚至几小时，甚至可能无法传达。但是通过颜色、布局、标记和其他元素的融合，图形却能够在几秒钟之内就把这些信息传达给我们。

2.2.1 地图传递信息

假设你是第一次来到华盛顿，你很兴奋，想到处跑跑，参观白宫和各处的纪念碑、博物馆，为此，你需要利用当地的交通系统——地铁。这看上去挺简单，但如果你没有地图，不知道怎么走，那么即使遇上个把好心人热情指点，要弄清楚搭哪条线路，在哪个站上车、下车，这简直就是一场噩梦。不过，幸运的是，华盛顿地铁图(图 2-9)可以用来传达这些数据信息。

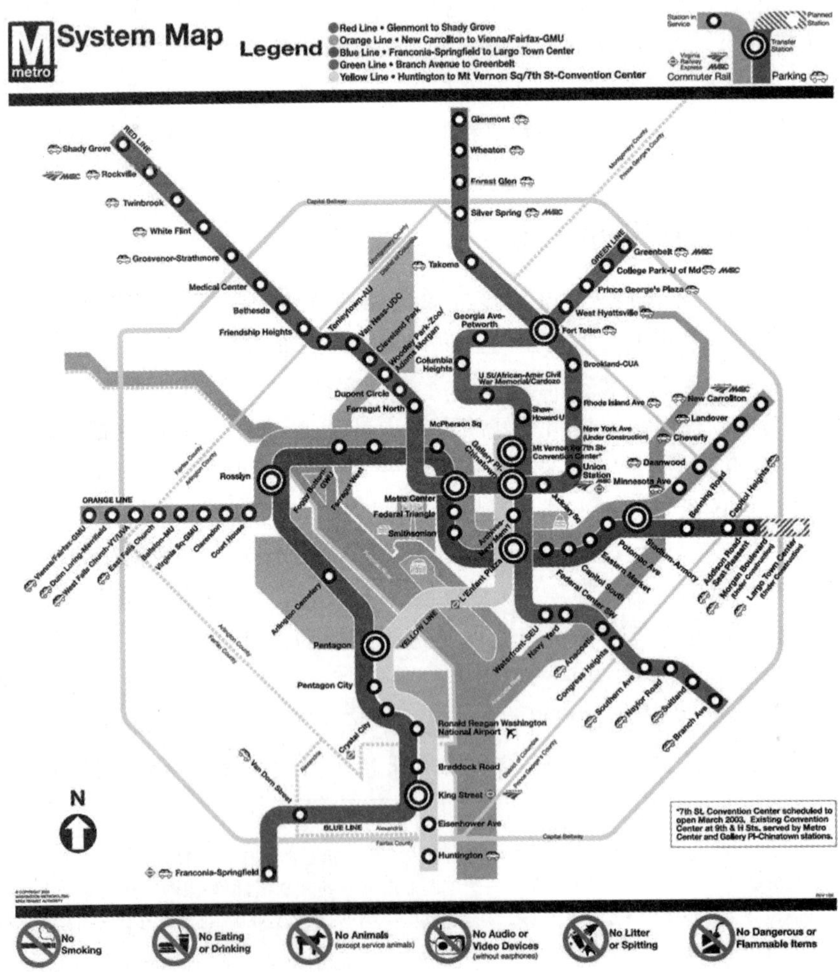

图 2-9 华盛顿地铁图

地图上每条线路的所有站点都是按照顺序用不同颜色标记出来的，你还可以在上面看到线路交叉的站点。这样一来，要知道在哪里换乘就很容易了。可以说突然之间，弄清楚如何搭乘地铁变成了轻而易举的事情。地铁图呈献给你的不仅是数据信息，更是清晰的认知。

你不仅知道了该搭乘哪条线路，还大概知道了到达目的地需要花多长时间。无须多想，你就能知道到达目的地有几站，每个站之间大概需要几分钟。除此之外，地铁图上的路线不仅标注了名字或终点站，还用了不用的颜色——红、黄、蓝、绿、橙来帮助你辨认。这样一来，不管是在地图上还是地铁外的墙壁上，只要你想查找地铁线路，都能通过颜色快速辨别。

通过仔细阅读华盛顿地铁图，理清了头绪，你发现其实华盛顿特区只有 86 个地铁站。日本东京地铁系统包括东京地铁公司（Tokyo Metro）和都营地铁公司（the Toei）两大地铁运营系统，一共有 274 个站。算上东京更大片区的所有铁路系统，东京一共有 882 个车站（图 2-10）。要是没有地图的话，人们将很难了解这么多的站台信息。

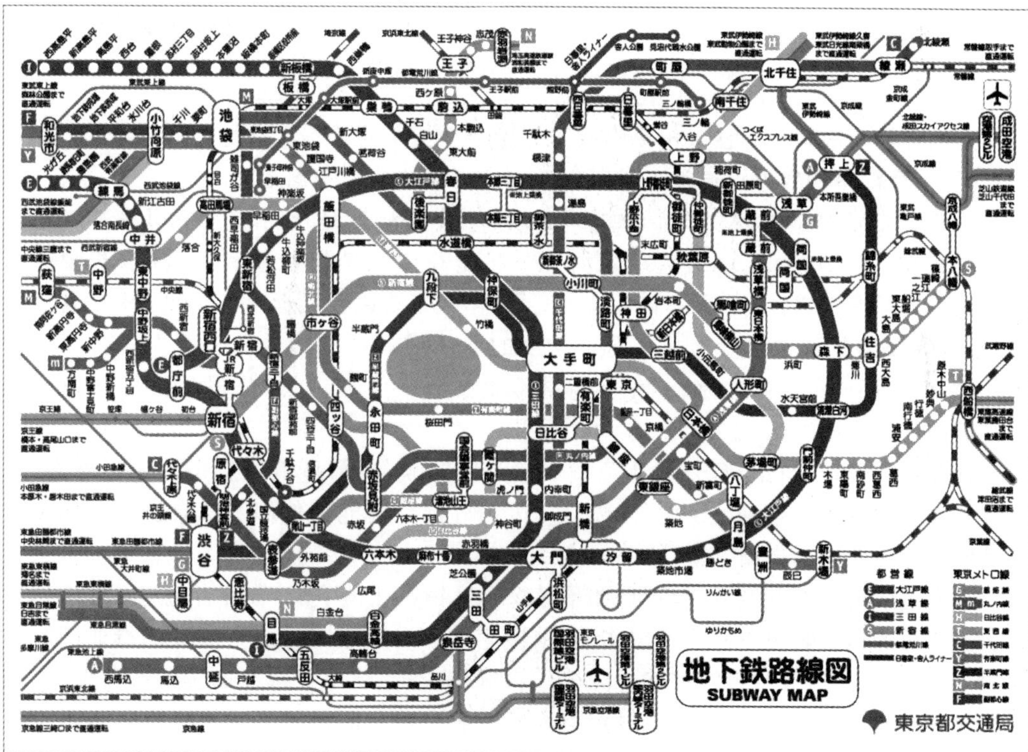

图 2-10　东京地铁图

2.2.2　数据与走势

我们在使用电子表格软件处理数据时会发现，要从填满数字的单元格中发现走势是困难的，这就是诸如微软电子表格（Microsoft Excel）这类软件内置图表生成功能的原因之一。一般来说，我们在看一个折线图、饼状图或条形图的时候，更容易发现事物的变化走势(图 2-11)。

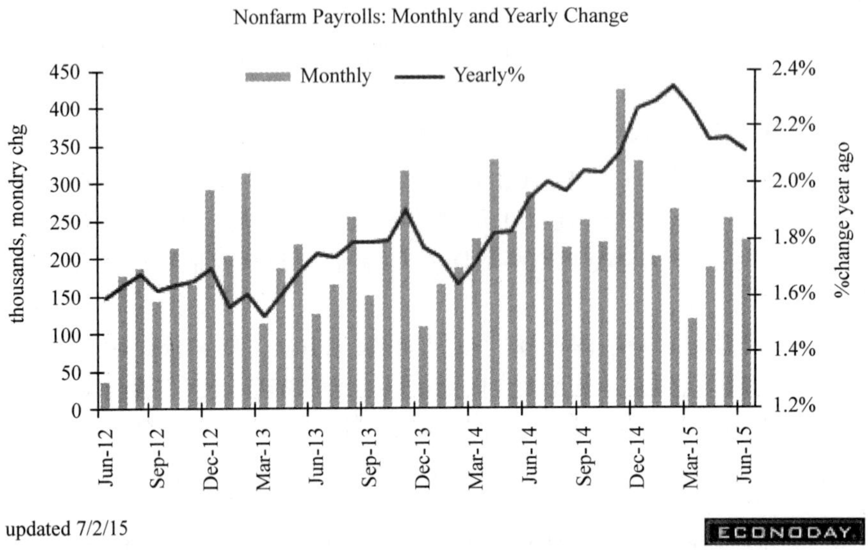

图 2-11　美国 2015 年 7 月非农就业人口走势

人们在制定决策的时候了解事物的变化走势至关重要。不管是讨论销售数据还是健康数据，一个简单的数据点通常不足以告诉我们事情的整个变化走势。

投资者常常要试着评估一个公司的业绩，一种方法就是及时查看公司在某一特定时刻的数据。比方说，管理团队在评估某一特定季度的销售业绩和利润时，若没有将之前几个季度的情况考虑进去的话，他们可能会总结说公司运营状况良好。但实际上，投资者没有从数据中看出公司每个季度的业绩增幅都在减少。表面上看公司的销售业绩和利润似乎还不错，而事实上如果不想办法来增加销量，公司甚至可能很快就会走向破产。

管理者或投资者在了解公司业务发展趋势的时候，内部环境信息是重要指标之一。管理者和投资者同时也需要了解外部环境，因为外部环境能让他们了解自己的公司相对于其他公司运营情况如何。

在不了解公司外部运营环境时，如果某个季度销售业绩下滑，管理者就有可能会错误地认为公司的运营情况不好。可事实上，销售业绩下滑的原因可能是由大的行业问题引起的，例如房地产行业受房屋修建量减少的影响、航空业受出行减少的影响等。但是，即使管理者了解了内部环境和外部环境，但要想仅通过抽象的数字来看出端倪还是很困难的，而图形可以帮助他们解决这一问题。

大卫·麦克坎德莱斯说："可视化是压缩知识的一种方式。"减少数据量是一种压缩方式，如采用速记、简写的方式来表示一个词或者一组词。但是，数据经过压缩之后，虽然更容易存储，却让人难以理解。然而，图片不仅可以容纳大量信息，还是一种便于理解的表现方式。在大数据里，这样的图片就叫做"可视化"。

地铁图、饼状图和条形图都是可视化的表现方式。乍一看，可视化似乎很简单。但由于种种原因，要理解起来并不容易。首先，它很难满足人们希望将所有数据相互衔接并出现在同一个地方的愿望。

其次，内部环境和外部环境的数据信息可能存储在两个不同的地方。行业数据可能存储在市场调查报告之中，而公司的具体销售数据则存储在公司的数据库中。而且，这两种数据的存储模式也有细微的差别。公司的销售数据可能是按天更新存储的，而可用的行业数据可能只有季度数据。

最后，数据信息不统一的表达方式也使我们难以理解数据真正想传达的信息。但是，通过获取所有这些数据信息，并将之绘制成图表，数据就不再是简单的数据了，它变成了知识。可视化是一种压缩知识的形式，因为看似简单的图片却包含了大量结构化或非结构化的数据信息。它用不同的线条、颜色将这些信息进行压缩，然后快速、有效地传达出数据表示的含义。

2.2.3 视觉信息的科学解释

在数据可视化领域，爱德华·塔夫特被誉为“数据界的列奥纳多·达·芬奇”。他的一大贡献就是：聚焦于将每一个数据都做成图示物——无一例外。塔夫特的信息图形不仅能传达信息，甚至被很多人看作是艺术品。塔夫特指出，可视化不仅能作为商业工具发挥作用，还能以一种视觉上引人入胜的方式传达数据信息。

通常情况下，人们的视觉能吸纳多少信息呢？根据美国宾夕法尼亚大学医学院的研究人员估计，人类视网膜“视觉输入(信息)的速度可以和以太网的传输速度相媲美”。在研究中，研究者将一只取自豚鼠的完好视网膜和一台叫做“多电极阵列”的设备连接起来，该设备可以测量神经节细胞中的电脉冲峰值。神经节细胞将信息从视网膜传达到大脑。基于这一研究，科学家们能够估算出所有神经节细胞传递信息的速度。其中一只豚鼠视网膜含有大概 1 00 000 个神经节细胞，然后，相应地，科学家们就能够计算出人类视网膜中的细胞每秒能传递多少数据。人类视网膜中大约包含 1 000 000 个神经节细胞，算上所有的细胞，人类视网膜能以大约每秒 10 兆的速度传达信息。

丹麦的著名科学作家陶·诺瑞钱德证明了人们通过视觉接收的信息比其他任何一种感官都多。如果人们通过视觉接收信息的速度和计算机网络相当，那么通过触觉接收信息的速度就只有它的 1/10。人们的嗅觉和听觉接收信息的速度更慢，大约是触觉接收速度的 1/10。同样，我们通过味蕾接收信息的速度也很慢。

换句话说，我们通过视觉接收信息的速度比其他感官接收信息的速度快了 10～100 倍。因此，可视化能传达庞大的信息量也就容易理解了。如果包含大量数据的信息被压缩成了充满知识的图片，那我们接收这些信息的速度会更快。但这并不是可视化数据表示法如此强大的唯一原因。另一个原因是我们喜欢分享，尤其喜欢分享图片。

2.2.4 图片和分享的力量

人们喜欢照片(图片)的主要原因之一是，现在拍照很容易。数码相机、智能手机和便宜的存储设备使人们可以拍摄多得数不清的数码照片，几乎每部智能手机都有内置摄像头。这就意味着不但可以随意拍照，还可以轻松地上传或分享这些照片。这种轻松、自在的拍摄和分享图片的过程充满了乐趣和价值，自然想要分享它们。

和照片一样，如今制作信息图也要比以前容易得多。公司制作这类信息图的动机也多了。公司的营销人员发现，一个拥有有限信息资源的营销人员该做些什么来让搜索更加吸引人呢，答案是制作一张信息图。信息图可以吸纳广泛的数据资源，使这些数据相互吻合，甚至编造一个引人入胜的故事。博主和记者们想方设法地在自己的文章中加入类似的图片，因为读者喜欢看图片，同时也乐于分享这些图片。

最有效的信息图还是被不断重复分享的图片。其中有一些图片在网上疯传，它们在社交网站如 Facebook、推特、领英、微信以及我们传统但实用的邮件里，被分享了数千次甚至上百万次。由于信息图制作需求的增加，帮助制作这类图形的公司和服务也随之增多。

2.2.5 公共数据集

公共数据集是指可以公开获取的政府或政府相关部门经常搜集的数据。人口普查是收集数据的一种形式(图 2-12)，这些数据对于人们了解人口变化、国家兴衰以及战胜婴儿死亡率与其他流行病的进程尤为重要。

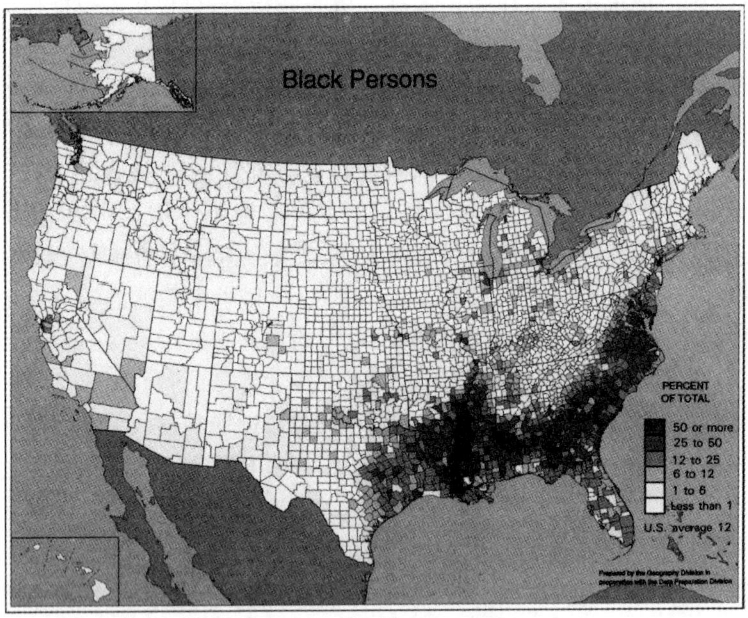

图 2-12 美国人口密度分布图

一直以来，很多著名的可视化信息中所使用的公共数据都是通过新颖、吸引人的方式来呈现的。一些可视化图片表明，恰当的图片可以非常有效地传达信息。例如，1854 年伦敦爆发霍乱，10 天内有 500 人死去，但比死亡更加让人恐慌的是“未知”，人们不知道霍乱的源头和感染分布。只有流行病专家约翰·斯诺意识到，源头来自市政供水。约翰在地图上用黑杠标注死亡案例，最终地图“开口说话”(图 2-13)，形象地解释了大街水龙头是传染源，被污染的井水是霍乱传播的罪魁祸首。这张信息图还使公众意识到城市地下水系统的重要性并采取切实行动。

图 2-13 1854 年伦敦爆发霍乱

2.3 实时可视化

很多信息图提供的信息从本质上看是静态的。通常制作信息图需要花费很长的时间和精力：它需要数据，需要展示有趣的故事，还需要以图标将数据以一种吸引人的方式呈现出来。但是工作到这里还没结束。图表只有经过发布、加工、分享和查看之后才具有真正的价值。当然，到那时，数据已经成了几周或几个月前的旧数据了。那么，在展示可视化数据时要怎样在吸引人的同时又保证其时效性呢？

数据要具有实时性价值，必须满足以下三个条件：

(1) 数据本身必须要有价值；

(2) 必须有足够的存储空间和计算机处理能力来存储和分析数据；

(3) 必须要有一种巧妙的方法及时将数据可视化，而不用花费几天或几周的时间。

想了解数百万人如何看待实时性事件，并将他们的想法以可视化的形式展示出来的想法看似遥不可及，但其实很容易达成。

在过去几十年里，美国总统选举过程中的投票民意测试，需要测试者打电话或亲自询问每个选民的意见。通过将少数选民的投票和统计抽样方法结合起来，民意测试者就能预测选举的结果，并总结出人们对重要政治事件的看法。但今天，大数据正改变我们的调查方法。

捕捉和存储数据只是像推特这样的公司所面临的大数据挑战中的一部分。为了分析这些数据，公司开发了推特数据流(tweet stream)，即支持每秒发送 5000 条或更多推文的功能。在特殊时期，如总统选举辩论期间，用户发送的推文更多，大约每秒 2 万条。然后公司又要分析这些推文所使用的语言，找出通用词汇，最后将所有的数据以可视化的形式呈现出来。

要处理数量庞大且具有时效性的数据很困难，但并不是不可能。推特为大家熟知的数据流入口配备了编程接口。像推特一样，Gnip 公司也开始提供类似的渠道。其他公司如 BrightContext，提供了实时情感分析工具。在 2012 年总统选举辩论期间，《华盛顿邮报》在观众观看辩论的时候使用 BrightContext 的实时情感模式来调查和绘制情感图表。实时调查公司 Topsy 将大约 2000 亿条推文编入了索引，为推特的政治索引提供了被称为 Twindex 的技术支持。Vizzuality 公司专门绘制地理空间数据，并为《华尔街日报》选举图提供技术支持。

与电话投票耗时长且每场面谈通常要花费大约 20 美元相比，上述所采用的实时调查只需花费几个计算周期，并且没有规模限制。另外，它还可以将收集到的数据及时进行可视化处理。

但信息实时可视化并不只是在网上不停地展示实时信息而已。“谷歌眼镜”(图 2-14)被《时代周刊》称为 2012 年最好的发明。“它被制成一副眼镜的形状，增强了现实感，使之成为我们日常生活的一部分。”将来，我们不仅可以在计算机和手机上看可视化呈现的数据，还能边四处走动边设想或理解这个物质世界。

图 2-14　谷歌眼镜

2.4　数据可视化的运用

人类对图形的理解能力非常独到，往往能够从图形当中发现数据的一些规律，而这些规律用常规的方法是很难发现的。在大数据时代，数据量变得非常大，而且非常繁琐，要想发现数据中包含的信息或者知识，可视化是最有效的途径之一(图 2-15)。

数据可视化要根据数据的特性，如时间信息和空间信息等，找到合适的可视化方式，例如图表(Chart)、图(Diagram)和地图(Map)等，将数据直观地展现出来，以帮助人们理解数据，同时找出包含在海量数据中的规律或者信息。数据可视化是大数据生命周期管理的最后一步，也是最重要的一步。

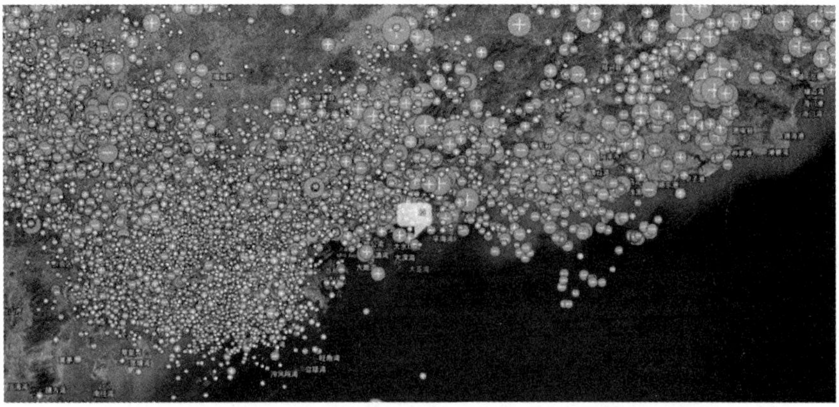

图 2-15 深圳受大面积雷电影响,图为某日 18 时至次日 0 时共记录到的 9119 次闪电

数据可视化起源于图形学、计算机图形学、人工智能、科学可视化以及用户界面等领域的相互促进和发展,是当前计算机科学的一个重要研究方向,它利用计算机对抽象信息进行直观的表示,以利于快速检索信息和增强认知能力。

数据可视化系统并不是为了展示给用户已知的数据之间的规律,而是为了帮助用户通过认知数据,有新的发现,发现这些数据所反映的实质。如图 2-16 所示,CLARITY 成像技术使科学家们不需要切片就能够看穿整个大脑。

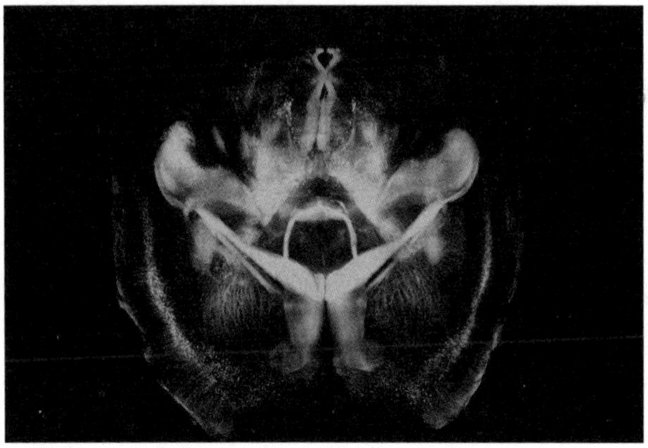

图 2-16 CLARITY 成像技术

斯坦福大学生物工程和精神病学负责人 Karl Deisseroth 说:"以分子水平和全局范围观察整个大脑系统,曾经一直都是生物学领域一个无法实现的重大目标。"也就是说,用户在使用信息可视化系统之前往往没有明确的目标。信息可视化系统在探索性任务(例如包含大数据量信息)中有突出的表现,它可以帮助用户从大量的数据空间中找到关注的信息来进行详细的分析。因此,数据可视化主要应用于下面几种情况:

(1) 当存在相似的底层结构、相似的数据可以进行归类时。

(2) 当用户处理自己不熟悉的数据内容时。

(3) 当用户对系统的认知有限,并且喜欢用扩展性的认知方法时。

(4) 当用户难以了解底层信息时。

(5) 当数据更适合感知时。

2.5 数据可视化的挑战

按任务分类的数据类型有助于组织我们对问题范围的理解,但为了创建成功的工具,信息可视化的研究人员仍有很多挑战需要去面对,这些挑战如下。

(1) 导入和清理数据。决定如何组织输入数据以获得期望的结果,它所需要的思考和工作经常比预期得多。使数据有正确的格式、滤掉不正确的条目、使属性值规格化和处理丢失的数据也能够是繁重的任务。

(2) 把视觉表示与文本标签结合在一起。视觉表示是强有力的,但有意义的文本标签起到很重要的作用。标签应该是可见的,不应遮盖显示或使用户困惑。屏幕提示和偏心标签等用户控制的方法经常能够提供帮助。

(3) 查找相关信息。经常需要多个信息源来做出有意义的判断。专利律师想要看到相关的专利,基因组学研究人员想要看到基因簇在细胞过程的各个阶段如何一致地工作等。在发现过程中对意义的追寻需要对丰富的相关信息源进行快速访问,这需要对来自多个源的数据进行整合。

(4) 查看大量数据。信息可视化的一般挑战是处理大量的数据。很多创新的原型仅能处理几千个条目,或者当处理数量更大的条目时难以保持实时交互性。显示数百万条目的动态可视化证明,信息可视化尚未接近于达到人类视觉能力的极限,用户控制的聚合机制将进一步突破性能极限。较大的显示器能够有帮助,因为额外的像素使用户能够看到更多细节的同时保持合理的概览。

(5) 集成数据挖掘。信息可视化和数据挖掘起源于两条独立的研究路线。信息可视化的研究人员相信让用户的视觉系统引导他们形成假设的重要性,而数据挖掘的研究人员则相信能够依赖统计算法和机器学习来发现有趣的模式。一些消费者的购买模式,诸如商品选择之间的相关性,适当可视化就会突显出来。然而,统计实验有助于发现在产品购买的顾客需要或人口统计的连接方面的更微妙趋势。研究人员正在逐渐把这两种方法结合在一起。就其客观本性来说,统计汇总是有吸引力的,但它们能够隐藏异常值或不连续性(像冰点或沸点)。另一方面,数据挖掘可能把用户指到数据的更有趣部分,然后它们能够在视觉上被检查。

(6) 与分析推理技术集成。为了支持评估、计划和决策,视觉分析领域强调信息可视化与分析推理工具的集成。业务与智能分析师使用来自搜索和可视化的数据和洞察力作为支持或否认有竞争性的假设的证据。他们还需要工具来快速产生他们分析的概要和与决策者交流他们的推理,决策者可能需要追溯证据的起源。

(7) 与他人协同。发现是一个复杂的过程,它依赖于知道要寻找什么、通过与他人协同来验证假设、注意异常和使其他人相信发现的意义。因为对社交过程的支持对信息可视化是至关重要的,所以软件工具应该使记录当前状态、带注释和数据把它发送给同事或张贴到网站上更容易。

(8) 实现普遍可用性。当可视化工具打算被公众使用时，必须使该工具可被多种多样的用户使用而不管他们的生活背景、工作背景、学习背景或技术背景如何，但它仍是对设计人员的巨大挑战。

(9) 评估。信息可视化系统是十分复杂的。分析很少是一个孤立的短期过程，用户可能需要长期地从不同视角察看相同的数据。他们或许还能阐述和回答他们在查看可视化之前未预料会有的问题(使得难以使用典型的实证研究技术)，而受试者被征募来短期从事所承担的任务。虽然最后发现能够产生巨大的影响，但它们极少发生且不太可能在研究过程中被观察到。基于洞察力的研究是第一步。案例研究报告在其自然环境中完成真实任务的用户。他们能够描述发现用户之间的协同、数据清理的挫折和数据探索的兴奋，并且他们能报告使用频率和获得的收益。案例研究的不足是，它们非常耗费时间且可能不是可重复的或可应用于其他领域。

【延伸阅读】

以往人们如何谈论互联网思维

时下，“互联网思维”正轰轰烈烈地颠覆着各行各业的传统生态。事实上，早在1994年，互联网时代的多数境况就在凯文·凯利(图2-17)的书《新经济，新规则》中被预测过。有人形容这是一本“值得每年一看的书”。Esquire摘取了书中每一章的要义，邀你一起看看近20年前互联网思维的十大法则。

图2-17 凯文·凯利(Kevin Kelly)

法则一：相信集群的力量。

网络经济依赖的是简易信息连接成集群时所产生的伟大力量。

单一功能的元件，以适合的方式联接起来，会产生奇妙的效果。

法则二：回报递增：赢家与赢家相连。

工业经济的规模效应对经济来说是线性的，投入低，产出低，投入高，产出也高；并且，在工业经济中，成功往往会自我设限，遵循回报递减的原理。在网络经济中，成功是自我增强的，新加入的成员会提升网络本身的价值，而网络自身价值的升高又反过来吸引更多的成员，从而形成了一条优势的螺旋曲线。互联网经济的价值是指数级别的增长，小投入与小投入之间相互增强，效益和效益之间像滚雪球一样越滚越大。更确切地说，网络价值随着成员关系的激增而成倍增加。许许多多网络的代理商和竞争者在一起共同创造了网络的价值。尽管回报递增所产生的利益会有相当一部分由某一组织占有，但利益的价值却是存在于更大范围的网络之中。

硅谷的发展与成长就是典型的例子。像硅谷一样的高新技术园区本身就是人才、资源和机会紧密联系的网络。它的成功不是其中一家公司的成功，而是整个关系网络的成功。一些技术人才调侃说，自己在硅谷虽然频频跳槽，身边拼车的小伙伴却一次也没换过。也有人说，他们一早醒来，第一个想到的不是“我为某家公司卖命”，而是“我为整个硅谷工作”。

法则三：普及效应。

在网络里，把握的机会越多，新的机会就能越快地出现。普及效应的概念就是要创造某种由尽可能多的系统和标准来管理它的事物。一个事物接触的网越多，它的价值就越高。无论是一个发明、一家公司或者一项技术，随着它参与的系统数量呈线性增加，它的价值呈指数增加。

举一个传统的例子：第一台电报机的发明哪怕耗费几百万美金，也是不值钱的。但第二台一旦卖出，就意味着一个信息网络的构建。随着电报机进入千家万户，你只要花一台电报机的钱，就可以融入千千万万台电报机所建构的网络关系之中，这就是网络普及效应的价值所在。

法则四：追随免费之道。

网络经济遵循一个悖论：最好的东西越来越便宜。其中的道理很简单：只要消费者订制的基本服务趋近免费，他们很快会订制附加服务和高端服务。

你可以想象下面的过程：普通电话业务几乎不要钱。那么，消费者的每个房间都会安装电话线。然后，你的汽车也会安装电话线，接着使用移动电话，再然后，你的每个家人都会使用移动电话。然后，消费者又会订制接听电话服务、电话转接、呼叫等待、来电显示、传真和调制解调器。接下来，所有的电器和其他物体都会联网……总之，“唯有慷慨才能在网络中胜出”。

法则五：要想自身繁荣，先培育自身所在的网络。

这个法则可以分为如下几个部分。

(1) 网络价值最大化：令多元主体平等参与网络；不要执着与你认为的最优标准，而采用其他人的标准来发挥网络效应的杠杆作用。

(2) 激活你的产品和服务：无论什么时候做科技决策，如果你选择更多的连接、更开放的系统、应用更广的标准，那么你总是正确的。

(3) 寻找最大公约数：最有价值的发明不是性能最优越的，而是那些在最广泛客户基础上性能最优越的(性能与普及兼优)。

(4) 利用好那些根深蒂固的标准。在一些伟大的故事中，公司的向前发展都是先掌握一个网络，然后利用它根深蒂固的标准来改造一个已经存在的网络。这个过程被称为“内部转化”。

(5) 重视推广传播,在产品推广初期不要忽视推广人员的作用。

法则六:激流勇退或寻找另一个山峰。

经济学家迈克尔·波特(Michael Porter)调查了10个国家的100个行业后发现创新的源泉通常都来自于"局外人"或其他相对局外人——一个行业的龙头公司进入另一个新的行业。

在新经济中,外面的风景显得更为重要,因为完美不再是独奏表演。成功是一个相互依赖的过程,包括一个由供应商、顾客,甚至竞争对手组成的网络。

在山顶退回并不是反对完美,而是反对短视。

(作者还警告说,这山头望向那山头,看起来很近,实际距离却很远,有可能需要经历难以想象的低谷。)

法则七:创立中间市场。

幽默的管理大师汤姆·彼得斯常说,美国CEO时刻面临着"八分之一秒的噩梦":"想想亚洲、拉美、东欧吧!那里的人聪明、反应快、又廉价,而且他们离你这么近,只需八分之一秒就能联系上!"八分之一秒是任何信号从地球一端抵达另一端所需的最长时间。这个玩笑实际上在说,距离已成为伪命题,全球化趋势势在必行。

随着电子环境的不断延展,地域的影响力减弱,空间的影响力增加。经济渗透进各个网络媒介,传统的交易市场转换成为概念性的虚拟市场(marketspace)。这种市场依托赛博空间(cyberspace)存在,它的优势不在于非地理的虚拟性,而是更多地根植于它们无限地吸纳连接与关系的能力。网络经济推动了中间市场的形成。网络中成员之间连接越多,可成为中介的节点就越多,网络中的任何对象都充当了其他对象的中介。在中间市场中,海量的信息被筛选、分类、索引。

法则八:在失衡中寻找持续性。

改变意为快速的变化,尽管有时候是惊人的。流变更像是印度教中的湿婆神,它是一股充满破坏与新生的力量。流变推翻既有事物,为更多创新的诞生提供温床。这种动态或许会被看作复合再生,它源于混乱的边缘。

同流变的道理一样,创新也是一种颠覆,永恒的创新即持续的颠覆。运转良好的网络希望达到一个目标,那就是保持永恒的失衡状态。

真正的创新要足够与众不同,同时具有危险性。它可能差一点就被视为荒唐事。它在灾难的边缘,但从不会越界。它可以以任何形态呈现,但唯独不会是和谐的。

在创新的时候要遵循一条法则:保留核心价值,让其他部分随时处于变动状态。

法则九:(对话)关系比产能更重要。

互联网经济的核心是增进联系。不应将技术视为管理信息,而应当将其视为关系的中介。现在,生产者和消费者的角色是重叠的,所以有了产销(prosuming)这个词。客户正在变成用户,购买产品和服务的同时也在为它们的改进做贡献。

对话是个理解网络经济不错的模型。这种你来我往首先始于两个人,之后扩展到其他人,随着对话变得愈加多元和多样,它就会吸引越来越多的人参与其中。最终,随着世界中越来越多的非生命造物被连接起来(例如组织之间的对话、技术和物品意义上的交流等),对话的次数、时长和频次也会随着互动的增加而增加。对话这种互动关系的基石是信任。

法则十：机遇优于效率。

效率是针对机器人而言的，但机遇是为人而准备的。每个连接都意味着一个机遇，如果我们把世界越来越多地连接到网络的节点上，我们就相当于在这个神奇的组合游戏中增添了数十亿可用的新组件。可能性的数量会像爆炸一样激增。此外，网络能使已经抓住的机会和已经创造出的发明加速传播，这些机会和发明被散播到网络和地球的每一个角落，引发出更多建构于它们之上的新的机遇。

技术永远无法根治社会的弊端与不公，技术只能为我们做一件事，就是捕捉更多的机遇。寻求机遇、创造更多新的机遇，比优化已有的东西，能使你收获更多。一直以来的商业理念都是发现问题，然后去解决它。但是，那些被发现了的问题通常都是一些已经停止了运作的存在（譬如目标清晰但执行不力，甚至是“物流速度慢”等琐碎的细节）。这个时候，耗费人力和时间去改善“平庸的不足”，会让你在竞争激烈的全球舞台失去立足之地。

资料来源：Kevin Kelly，编译：杨奕，编辑：杜强，部分编译参考了《新经济，新规则》，电子工业出版社 2014

【实验与思考】

熟悉大数据可视化

1. 实验目的

(1) 熟悉大数据可视化的基本概念和主要内容；

(2) 通过绘制南丁格尔极区图，尝试了解大数据可视化的设计与表现技术。

2. 工具/准备工作

在开始本实验之前，请认真阅读课程的相关内容。

需要准备一台带有浏览器，能够访问因特网的计算机。

3. 实验内容与步骤

(1) 请结合查阅的相关文献资料，简述什么是数据可视化、数据可视化系统的主要目的是什么。

答：______________________________

____

____

____

(2) 随着大数据时代的日渐成熟，用于大数据可视化分析的应用软件系统正在不断涌现、不断发展。在大数据背景下，基于云计算模式，一些大数据可视化软件提供了基于 Web 的应用软件服务形式。请通过网络搜索，回答什么是软件服务的 SaaS 模式。

答：________________

(3) 大数据魔镜网站(http://www.moojnn.com/)是以Web形式提供大数据可视化软件应用服务的专业网站，请通过网络搜索，了解正在发展中的可视化数据分析网站——大数据魔镜。

通过浏览了解，你对大数据魔镜网站的可视化数据分析能力的评价是什么？

答：________________

(4) 未来，你可能通过SaaS服务模式来获取大数据及其可视化软件的应用服务吗？你认为这种服务形式有什么积极或者消极的意义？

答：________________

(5) 南丁格尔极区图是数据统计类信息图表中常见到的一类图表形式，下面，我们来了解这类图表的常见绘制方法。

【设计分析】

最终的效果图如图2-18所示。

① 图表中包括性别、年龄、教育、收入等11个分类的对比信息指标，每个指标占用的圆周的角度相同，即任一指标的扇区角度为(360/11=32.723°)。在CorelDraw中，其表现为“角度相同，半径不等的扇区图”。

② 在Gender、Income、Age、Education四个指标中，又被分别划成几个不同的区段。在CorelDraw中，同一扇区图中不同的区段由“角度相同、半径不等的扇区图”依次叠加而成。

【绘图步骤】

此信息图的绘制，主要应用CorelDraw软件中的“旋转”和“分层叠加”两个功能。Facebook极区信息图在CorelDraw中的具体绘制步骤如下。

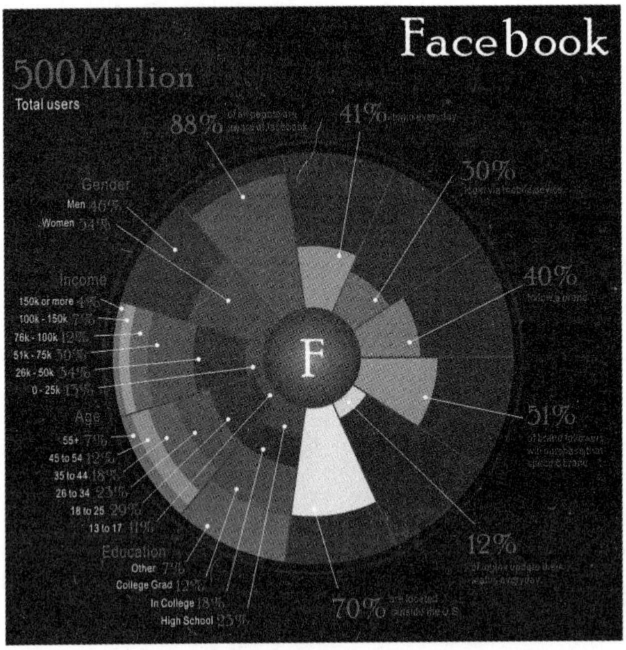

图 2-18　Facebook 极区图

步骤 1：绘制定位圆环和背景圆，以及 11 等分扇形。

步骤 2～3：依次绘制 11 个指标对应的不同长度的扇区图。

步骤 4～6：依次绘制四个指标中的不同区段的扇区图(图 2-19)。

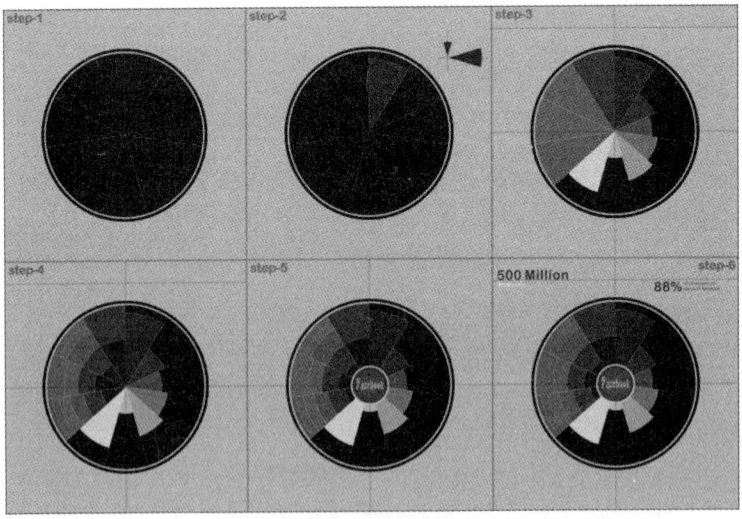

图 2-19　绘制极区图的步骤 1～6

读者也可尝试用自己熟悉的其他作图软件工具绘制此图。

4. 实验总结

5. 实验评价(教师)

第3章

数据可视化工具

【导读案例】

全球最大的电子商务公司——eBay

eBay(EBAY,图 3-1)是全球最大的电子商务公司之一,于 1995 年 9 月 4 日由皮埃尔·奥米迪亚以Auctionweb的名称创立于加利福尼亚州圣荷西。1997 年 9 月该公司正式更名为 eBay。

图 3-1　eBay

当时奥米迪亚的女朋友酷爱 Pez 糖果盒(图 3-2)①,却为无法与同道中人交流而苦恼。于是 Omidyar 建立起一个拍卖网站,希望能帮助女友和 Pez 糖果盒爱好者交流。令 Omidyar 没有想到的是,eBay 非常受欢迎,很快网站就被收集 Pez 糖果盒、芭比娃娃等物品的爱好者挤爆。

如今 eBay 已有 1.471 亿注册用户,有来自全球 29 个国家的卖家,每天都有涉及几千个分类的几百万件商品销售,成为世界上最大的电子集市。eBay 的主要竞争对手是亚马逊、雅虎拍卖和阿里巴巴集团。

eBay 和 PayPal(全球化海淘支付平台)类似于国内的淘宝和支付宝,一个用于开店,一个用于付款。2015 年 4 月 10 日,PayPal 从 eBay 分拆,协议规定,eBay 在 5 年内不得推出支付服务,而 PayPal 则不能为实体产品开发自主的在线交易平台。

---

① Pez 糖果公司于 1927 年在奥地利创立,其产品最大特色就是装糖果的小盒子都会安上一个人物的头像,具体人物五花八门,从超级英雄、星球大战到圣诞老人、米老鼠……应有尽有,据统计每年仅在美国一地 Pez 糖果的销量就超过了 30 亿颗。

(a)　　(b)

图 3-2　Pez 糖果盒

每天都有数以百万的家具、收藏品、计算机、车辆在 eBay 上被刊登、贩售、卖出。有些物品稀有且珍贵，然而大部分的物品可能只是个满布灰尘、看起来毫不起眼的小玩意。这些物品常被他人给忽略，但如果能在全球性的大市场贩售，那么其身价就有可能水涨船高。只要物品不违反法律或是在 eBay 的禁止贩售清单之内，即可以在 eBay 刊登贩售。服务及虚拟物品也在可贩售物品的范围之内。可以说，eBay 推翻了以往那种规模较小的跳蚤市场，将买家与卖家拉在一起，创造一个永不休息的市场。大型的跨国公司，像是 IBM 会利用 eBay 的固定价或竞价拍卖来销售他们的新产品或服务。资料库的区域搜寻使得运送更加迅捷、便宜。软体工程师们借着加入 eBay Developers Program，得以使用 eBay API，创造许多与 eBay 相整合的软体。

在 eBay 上也有时也会有一些具争议性且违反道德标准的拍卖。1999 年时，有位仁兄看中了庞大(但却违法)的器官移植市场，在 eBay 刊登一则肾脏的拍卖，想借此获利。在某些场合，一些贩售人还是一个小镇的拍卖布告，都仅仅只是个笑话。只要 eBay 接获检举，这些拍卖布告就会立即被关闭，因为 eBay 不允许任何违反其政策的拍卖项目。如今，eBay 公司的经营策略在于增加使用 eBay 系统的跨国交易。eBay 已经将领域延伸至包括中国及印度在内的国家。

eBay 扩张失败的国家和地区是中国大陆、中国台湾及日本。雅虎在日本经营的拍卖业务在日本国内已占据领导地位，迫使 eBay 铩羽而归。而中国台湾的 eBay 亦敌不过雅虎奇摩拍卖网站而退出中国台湾市场。eBay 最初通过收购易趣的方式进入中国大陆市场，但之后在与淘宝的竞争中落败，退出中国大陆市场。2015 年 4 月 15 日，eBay 效仿亚马逊入驻天猫国际和京东全球购，京东与 eBay 合作的“eBay 海外精选”频道正式上线。

对于线上拍卖及购物网站 eBay 而言，下一个发展契机可能是可穿戴设备领域。该公司已经在内部组建了工程师和设计师团队。作为创新和新经济项目集团的一部分，该团队会专注于研究把商务与可穿戴设备结合的发展模式。

时至今日，已有超过 620 亿美元巨值的商品在 eBay 卖出。换算一下，相当于每秒超过 2000 美元的销售额。而所有这些商业活动共同生成了大量的数据——每天生成记录超过 1500 亿条，某些日志数据表中甚至包括上万亿行数据。为了对这些数据有所理解，eBay 拥抱了大数据和数据可视化，在这过程中，eBay 发展成为重要的国际化可视化组织。

总体来说，数据可视化——尤其是 Tableau（一款著名的将数据运算与美观图表完美结合的商业智能软件）——促进了数据在 eBay 的民主化和开放进度。在 eBay，数据探索、数据可视化和数据分析并非可选项，或说可依个人喜好而选择使用，它们是工作必需。eBay 的员工使用大量数据可视化工具支撑、理解和完善业务——个中原因其实不难理解。用这家公司分析平台前高级经理 David Stone 的话说，"你不可能站在 eBay 的店中，张望行来往去的顾客，那些对业务的观察和洞见全部来自 ebay.com 的网络日志。通过了解这些网络日志，我们不仅可以看到顾客正在干什么，我们的所见更超越了一个常规零售商所能见的。"

如 eBay 这样的可视化组织并非只是简单买个单一应用程序，然后机械地运行应用。相反，他们首先提出如何才能更方便地访问数据库这一问题，然后看有哪种工具可以帮助他们达到这一目的。例如，eBay 创建了名为 Joomla 门户网站的数据路由（Data Hub），以此拓展 Tableau 的核心功能。数据路由是能够让 eBay 员工浏览现有数据库并对虚拟数据集市发出请求的安全且集中的资源，访问数据很大程度上帮 eBay 优化了其运营，并对客户行为获得了宝贵的洞见。

阅读上文，请思考、分析并简单记录：

（1）eBay 是一家国际化的重要的电子商务企业。请通过网络搜索，了解 eBay 企业开展的重要业务，并请扼要记录。

答：______________________________

____

____

____

（2）请通过网络搜索，尝试了解 eBay 与中国的淘宝、阿里巴巴等知名企业的相关性、发展历程和竞争活动，了解它们的异同。如果可能，请简述你的评价。

答：______________________________

____

____

____

（3）除了 eBay，你还知道国外哪些重量级的国际化电子商务企业？

（答）：______________________________

____

____

____

（4）请简单描述你所知道的上一周内发生的国际、国内或者身边的大事。

答：______________________________

____

____

____

3.1 传统的数据分析图表

当前，基于搜索的数据发现工具还没达到令人耳熟能详的程度，但是类似宣传正在引起技术追捧。大数据需要新的数据发现工具，自然其中很多应该是有关可视化的(图 3-3)。

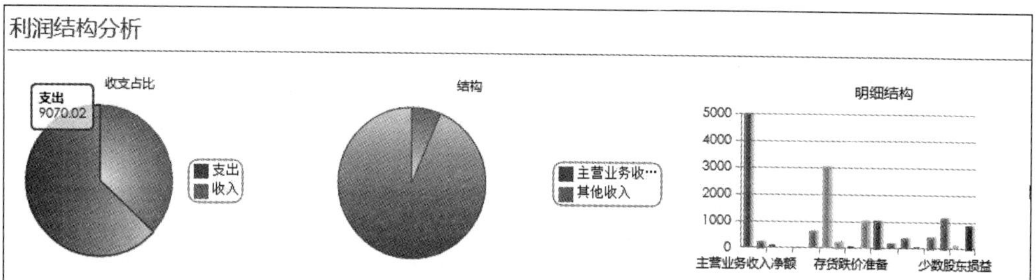

行次	资产项目	2011年	2012年	变动趋势	行次	负债项目	2011年	2012年
1	主营业务收入净额	3342.83	4969.76	↑	6	折扣与折让	300	600
2	投资收益	152.6	234	↑	7	主营业务成本	2398.71	3016.41
3	补贴收入	20.3	78.55	↑	8	主营业务税金及附加	456.26	221.46
4	营业外收入	83	6.95	↓	9	存货跌价准备	238.97	65.41
5	所得税返还	12	14	↑	10	营业费用(销售费用)	1626.91	1011.07
					11	管理费用	2067.48	1021.34
					12	财务费用	162.84	162.6
					13	进货费用	324	358
					14	营业外支出	238.76	44.63

图 3-3 可视化数据分析

在如数据可视化、数据发现、商业智能、数据分析以及企业级报表等称谓之间存在着很多重叠，这些商业表达之间的交叉并不仅仅体现在概念上，交叉还延伸到企业组织当前正在使用的成熟报表和数据管理应用之上。其中，Netflix(美国一家著名的在线影片租赁提供商)在很多方面已遥遥领先于其他很多公司。Netflix 的员工不会仅仅依赖一个单一应用对数据进行管理和解释，相反，他们利用多种工具对内外部数据进行理解。例如，eBay 使用的主要工具包括 Teradata、Hadoop、SAS、Tableau 以及 Excel 等。

这里要强调的是，对于小数据，企业很可能已经在使用至少一种报表应用，并实现了一定程度的数据可视化。大数据并不意味着传统报表的作废，许多工具在可视化组织仍然可用，甚至还能发挥出更大价值。

但是，可视化组织的价值和目标通常是两个不同的方面。在大数据时代，这意味着员工需要学习新的应用、专业和技能，他们需要以直观、交互性和可视化的形式常规化地展示来自不同数据源的更大量数据。通常，大多数传统报表和 BI 工具不能有效处理大数据，不能指望它们顺利处理 PB 级的非结构化数据流。

每个人都相信大型软件厂商会继续完善传统报表和数据可视工具，并推出新的产品。但是，可视化组织也意识到，要制订更好的决策，他们需要的不仅仅是一套标准报表、即席查询能力、仪表盘、分析及 KPI 工具，实时数据发现应用的匮乏，已经阻碍了很多企业及其员工在其生产力、客户、供应链和业务方面发现数据驱动的隐性新洞见。也正因为此，可视化组织才会拥抱新的实时数据可视化工具。

报表、分析和数据可视化等不同工具存在着本质的不同，如表 3-1 所示。

表 3-1　报表、分析和数据可视三者的比较

传统报表工具	分　析	实时数据可视工具
提供数据	提供答案	可以提供答案，但更重要的是，允许用户提出更深也更好的数据问题
提供所要求的	提供所需要的	可以提供所需要的
通常是标准化的	通常是定制化的	极度定制化；因具备交互式的数据可视，每个用户都可能发现不同
不以个体能力为转移	跟个体能力有关	虽与个体相关，但数据可视化依然受制于解释能力
非常不灵活	非常灵活	依靠数据可视化，可非常灵活；静态信息图则不灵活
传统上处理小数据	传统上处理小数据	既能处理大数据也能处理小数据

从表 3-1 可以看出，传统报表和分析工具仍然在起作用，并且支持着大量基本商业职能。因此，它们将继续在企业中得到广泛应用。但是，要有效处理以及理解大数据，可视化组织意识到他们需要实时并且交互式的数据可视应用，而原有的工具对此却无能为力。

3.2　数据可视化的 5 个方面

实时数据可视化应用分为以下 5 个方面：

(1) 大型企业软件供应商应用；

(2) 专有的最优性能应用；

(3) 流行的开源工具；

(4) 设计公司；

(5) 创业公司、网络服务以及其他资源。

这 5 种类别完全不同，但它们之间可能存在一定程度的重叠，例如，设计公司利用开源工具 D3. js 为其客户建立交互性可视化应用；统计学家用 R 抓取数据，然后用 Teradata 美化它；最优性能数据可视应用联合其他工具，从传统数据库、数据仓库和 API 频繁抽取数据等。

3.2.1　大型企业软件供应商应用

长期以来，诸如 IBM、Oracle、SAP、Microsoft、SAS 等公司已经开发了相关产品，帮助客户管理和理解企业信息。除了打造自身产品，在不同程度上，他们也在积极并购具有竞争性或补充性的数据管理、报表和可视化产品。即使没有推出数据可视化相关产品品牌，但是几乎每个企业都已经能够图形化地呈现他们的原始数据。表 3-2 反映的是主要软件厂商提供的一些成熟有效的应用软件产品。

表 3-2 主流软件供应商的数据可视化和 BI 产品

厂　商	可选的数据可视产品
Actuate	创建基于网络交互性的 BI 报表工具。Actuate 也是著名的跨平台的自由集成开发环境(商业智能和报表工具)Eclipse 项目的创始者和共同领导者
IBM	Cognos PowerPlay 和 Impromptu,SPSS Modeler,ManyEyes
微软	包括 SQL 服务器报表服务、Excel 和 Access
MicroStrategy	可视化洞察(Visual Insight)和同名的 BI 平台
SAP	BusinessObjects BI OnDemand,SAP Lumira Cloud
SAS	SAS 的可视化分析及不同的传统 BI 工具,统计分析与动态数据可视结合的 JMP
Teradata	Aster 可视化模块

我们已经看到大型企业软件供应商们在数据可视化及其相关产品方面多年来所做出的大量创新,更重要的是,随着数据可视化变得越来越重要以及数据流的不断增长,这种趋势还在不断加速发展。例如,微软的 Excel 几乎是每台企业计算机上必备的基本配置。在其 2013 版本之前,一张单独的 Excel 工作表只可以容下最多 65 536(2^{16})行记录,而目前这个数字已经超过百万,一些公司甚至还在想办法将这个数字增加到十亿甚至万亿。

除了提高行的数量上限之外,过去几年,微软对 Excel 发布了很多功能补充和完善。总体来说,这些补充和完善为新的数据源提供了新的能力支持。例如 Power Map 是一款三维数据可视化工具,是微软基于云端商业智能解决方案(Power BI)当中的一个组件。这个工具可以对地理和时间数据进行绘图、动态呈现和互动操作,目前可以使用在 Excel 2013 版上,以 COM 加载项的方式提供调用。

Power Map 用来在地图上显示数据,数据中包含的地理信息可以是经纬度数据,也可以是国家、省份、城市等地理名称,甚至可以是街道地址或邮政编码,这些地理信息都能被 Power Map 自动识别。如果同时想要展现数据在时间范围上的变化情况,例如台风云团的形成和移动路径、车辆的移动轨迹等,就还需要在数据中包含日期或时间字段,并且必须使用 Excel 能够识别的日期格式数据。新功能为 Excel 提供了 3D 数据可视化,为人们提供了观察信息的新的强劲方式,使得人们能够发现 2D 表格和图形时代所不可能发现的数据规律。

可见,就像所有软件供应商一样,微软意识到它的工具必须持续改进,并且持续支持不断出现的新数据源。

总体来说,表 3-2 中的数据可视化应用与各厂商现有的企业级数据库和数据仓库基本上能够无缝集成。通常,某个软件厂商的一个产品要与其另一产品进行"对话"应该不会太困难,混搭和匹配也不存在问题。只需单击几下,加上 IT 部门的配合,利用厂商 A 的应用从存储在厂商 B 的数据库中抽取数据,创建一张报表,其实也十分简单。即使在非正常情况下,开发人员和 IT 专业人员也可以通过非常规方式建立联系,实现数据连接。

3.2.2 最优性能应用

20世纪90年代和21世纪初，技术界出现了很多起企业购并行动。例如，IBM、微软、思科(Cisco)、SAP、SAS以及甲骨文(Oracle)等技术巨头公司，在如企业安全、CRM、ERP、BI及其他领域吞并了数百家专业厂商。引发这些交易的原因不同，但是总体而言，可分为三种情况。第一，他们通常通过其他厂商的产品来补充和完善自己的现有产品；第二，在很多情况下，这些交易用来平衡现有客户和厂商间的关系。很多客户喜欢一站式购买和一点接触；第三，资金紧张的厂商通常发现购买竞争性技术以及相关人才，要比自己研究培养容易得多。如果你不能打败他，那么就加入他。

就数据可视化而言，Tableau可以算是业内翘楚，它服务着10 000多家客户，包括Facebook、eBay、Manpower、Pandora及其他著名公司。跟微软不同，Tableau并不销售生产能力应用、游戏机以及关系型数据库，它提供的产品范围并不广，但是产品做得很透彻，Tableau只销售数据可视化应用，至少现在而言是这样(图3-4)。

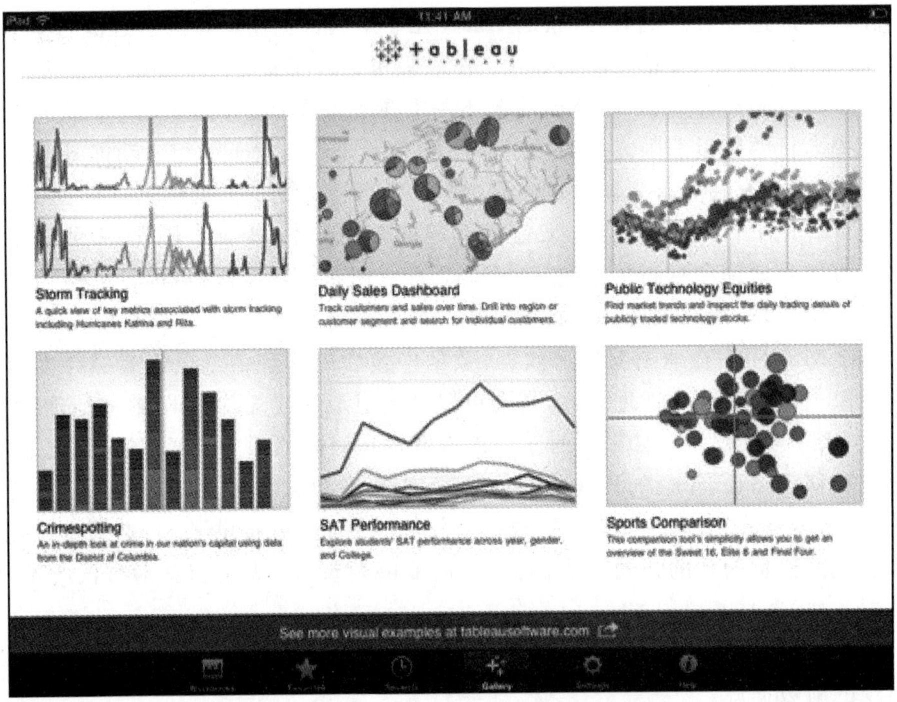

图3-4 用Tableau制作的可视化数据分析图表

Tableau可能是市场上最普及、最好的数据可视化工具，但是它也面临很多竞争。例如，QlikTech通过其旗舰产品推出产品自助服务BI；TIBCO Spotfire为下一代商业智能设计、研发和推广内存分析软件；还有其他企业，如Birst、ChartBeat、Panopticon、GoodData、Indicee、PivotLink以及Visually等，这些公司聚焦于一件事情——数据可视化，虽然它们各自采取不同的方式。

通常，评估一个最佳工具的三个基本要素是成本、易用性和员工培训，以及与大数据世界的整合。

1. 成本

在大型企业软件供应商和诸如 Tableau 等专业公司之间，同样是数据可视化工具，也存在很大的不同。大体而言，前者卖得相当贵，而且通常是大多数小企业和创业公司不可企及的。当然，如今开源软件、SaaS 以及基于云的产品已经大大拉平了竞争差距。新进入的最优性能数据可视化工具通常成本更低，且功能更完善。

2. 方便使用和员工培训

任何一个新项目都需进行一定程度的员工培训。以 Visually 为例(图 3-5)，作为一种工具，Visually 强大直观，能够一站式地创建强大的数据可视化和信息图，且应用广泛，认同者甚多。

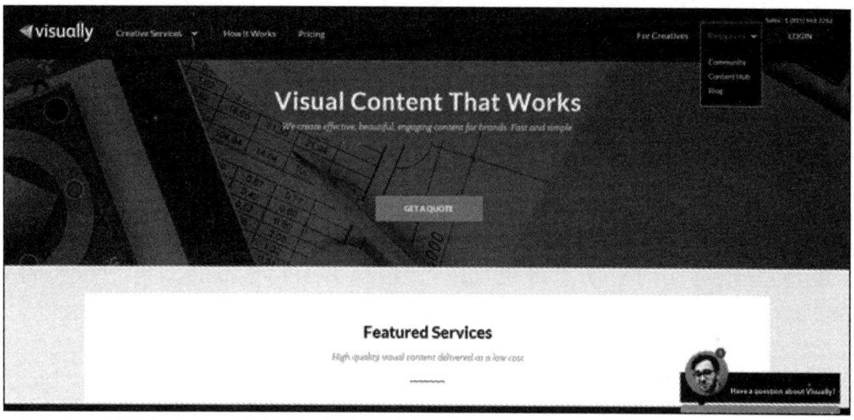

图 3-5　Visually

Visually 的客户寻求的是范围完整的数据可视化类型，大多数客户需要能够用图表呈现数据、以图解或图形化方式表达过程和概念的信息图。一些客户则需要交互式的可视化，范围从地图到时间轴的定制性可视化。动态图形近来大为流行，因为它们特别能吸引观众，讲述故事的能力也极出色。最后，其他的客户则需要借助工具来进行演示陈述、季度报告或其他需要实现数据信息有效传达的内部文档交流。

但是，对于任何新的应用来说，仍然存在一条学习曲线，而 Visually 也不例外。

3. 集成与大数据世界

与大型企业软件供应商所提供的产品相比，最优性能数据可视化应用可能并不能提供同样的本地化、最优化以及与第三方数据库和数据仓库的直接整合能力，因此，这造成了一个严重问题，次优先级别的连接、ETL(抽取、转换、上载)工作、笨拙的方法等，均使得用户采集数据、以可视化方式展现以及制定商业决策等需要更长的时间。然而在大数据时代,需要的是病毒视频营销[①]、限时抢购、热门话题和极速绝杀。

意识到这点局限,最佳数据可视化厂商迅速建立了连接各种数据源之间的桥梁。它们也支持数量越来越多的 API,例如,Tableau 已经与一些世界最大的数据库公司建立了合作伙伴关系,包括大型数据仓库和 BI 厂商 Teradata 等。Tableau 也与 Teradata 重点产品进行直接无缝集成。

与传统企业数据库和数据仓库的集成很重要,但这还不够。至少从传统意义上而言,很多即使是最大型的公司也无须再将"全部"数据存储在企业内部。可视化组织越来越需要能够超越关系型数据并与实时大数据服务密切整合的工具,很多这些工具基于云之上。正因如此,2013 年 7 月,Tableau 就宣布推出在线 Tableau,即基于网络的服务。这种方式使得能够对主要大数据源进行快速便捷的导入以及连接:

(1) 已经放在如 Salesforce.com 在线应用的数据能够被直接复制进 Tableau 内进行抽取;

(2) 可直接查询 Amazon Redshift 和 Google Big Query 里的数据;

(3) 利用厂商提供的工具可将数据中心内部部署的数据导入 Tableau 在线服务。

其实,一些规模远不及 Tableau 的数据可视创业公司也已经意识到与企业数据及外部数据源进行便捷整合的价值和重要性。例如,2013 年 7 月,创业公司 DataHero 宣布其用户能够从他们的 SurvcyMonkcy 账户通过 API 将数据自动导出(DataHero 也支持 MailChimp、Dropbox、BOX. Net、Strip 及其他流行的 API 服务)。通过与调查响应数据的便捷连接,用户能够实时对动态可视化进行观察,并有可能获得对客户行为的关键和实时洞察。

3.2.3 流行的开源工具

成本高昂的企业级解决方案,专用性强的最优性能应用,它们分别代表着完全可行的两种数据可视化情况,这里,还存在着第三种情况,有大量免费开源方案可用来支撑数据可视化应用,例如 D3、R 语言、Gephi 等。

1. D3.js

D3. js 处理的是基于数据文档的 JavaScript 库。D3 利用诸如 HTML、Scalable Vector Graphic 以及 Cascading Style Sheets 等编程语言让数据变得更生动。通过对网络标准的强调,D3 赋予用户当前浏览器的完整能力,而无须与专用架构进行捆绑,将强有力的可视化组件和数据驱动手段与文档对象模型(Document Object Model,DOM)操作实现融合。

D3. js 数据可视化工具的设计很大程度上受到 REST Web APIs 出现的影响。根据

① "病毒视频"(Viral Video)可以看作是"病毒传播"的最新形态。网络爆红视频通常是视频上传到视频分享网站时,观看次数很短时间内就飙升。病毒式营销是利用传播源与传播载体节点在潜在需求上的相似性,将传播源或企业传播信息价值进行的一种像病毒一样以倍增的速度进行扩散并产生群体分享传播的过程。由于它的原理跟病毒的传播类似,经济学上称之为病毒式营销,是网络营销中的一种常见而又非常有效的方法。

以往经验,创建一个数据可视化需要以下过程:

(1) 从多个数据源汇总全部数据;

(2) 计算数据;

(3) 生成一个标准化的/统一的数据表格;

(4) 对数据表格创建可视化。

REST APIs 已将这个过程流程化,使得从不同数据源迅速抽取数据变得非常容易。诸如 D3 等工具就是专门设计来处理源于 JSON API 的数据响应,并将其作为数据可视化流程的输入。这样,可视化能够实时创建并在任何能够呈现网页的终端上展示,使得当前信息能够及时给到每一个人。

2. 其他

Gephi 自称为"开放的图表及可视化平台",支撑用户创建、探索和理解图表。相较于仅仅是图形和数据呈现的 Photoshop,Gephi 能支持各种不同网络和复杂系统,帮助用户创建动态的层次丰富的图表。

Gephi 起创于 2009 年的一个大学生项目,却已迅速成为一个对可视化和分析尤其是大型网络而言,颇具价值的开源软件资源。现在,Gephi 使得成千上万的用户创建并检验假设、深入探寻模式以及观测异常值、偏差值变得十分容易。可以将 Gephi 想象成统计辅助工具(Gephi 还能跟 R 进行整合)。

还有两个著名的开源 BI 解决方案 Jaspersoft 和 Pentaho。确切地说,它们并不完全是数据可视化应用,但是,上百万用户下载这些工具并将它们用于解释数据和理解他们的业务问题。

这些开源工具所代表的仅仅是数据可视化和软件程序的冰山一角。

3.2.4 设计公司

随着大数据的爆发,我们已经看到信息图(尤其在新闻网站)、数据可视化工具以及设计公司的相应兴起,例如 Stamen 和 Lemonly 公司。Stamen 已经因在商业、文化设施等不同领域开发的巧妙且颇具技术难度的项目而打响品牌,完成了一些完美的工作。

Lemonly 制作了生动的信息图、数据可视化、交互式图表甚至视频展示,这家公司的网站也明确地概括了其目标:"我们使得数据更易理解,从信息图到视频再到交互式设计,我们帮您将柠檬调制成柠檬汁。"Lemonly 持续推进着设计的边界,即使非常小的数据集也能将其以生动的方式进行可视化呈现。

当然,要专为数据可视化目的聘请一家设计公司,既有利也有弊。与不同公司的数据可视化专家签订合同,可能能够迅速见到激动人心的结果。确切地说,一家企业若想为实现数据可视化而奋斗,与雇佣一个要价不菲的专家团队这种方式相比,肯定更愿意接受分别与一家家公司签约、进行一家家试水的方式。专业设计师通常能够找到更强有力、更创新的方式来展示数据,原因非常简单,因为他们所具备的技能、经验、工具和视角,经常是企业现有员工所缺乏的。无数企业都是利用设计公司创建了强劲的定制化数据可视化应用。

3.2.5 创业、网站服务及其他资源

一直到最近，大多数企业主要还是利用瀑布式自上而下的方法进行应用部署，因此，对于ERP、CRM、BI以及内部技术的整个部署过程花费上数年也属正常。

如今，我们所处的时代是一个实时连接、宽带接入、创业成本历史最低，社交网络、云计算、SaaS、敏捷软件开发、APIs、SDKs、大数据、开源软件、BYOD的免费增值商业模式时代。确实，今天看起来没完没了的数据流和技术暂时还有点让人惊慌，但是也有好的一面，至少人们从来未曾获得过如此强大、用户友好且极为便宜——即使并非免费——的数据可视化资源。

除新的创业型开源项目外，也不乏有关数据可视化实践的网站和博客。其中非常惹人注目的两个，名称分别是Tableau Love和Tableau Jedi。

留意谁在使用一些特定的工具以及为什么使用，这十分重要。例如，R在统计学团体中十分流行，因为它依赖并帮助这些团体不断发展，所以对于统计学家来说，R更易理解；对于数学家来说，MATLAB更易理解；对于艺术家和设计师来说，Processing更易理解；而对于金融人士和更广泛的公众而言，Excel更易理解。而D3被大量、迅速地推广采用的部分原因在于其灵活性，更重要的是，D3是为一个通用平台，即网络而设计的。无论如何，要成功在大数据时代遨游，不同的受众所需要的工具是不同的。

3.3 可视化工具

通过学习关于数据的知识，你会知道如何表示数据、如何直观地探索数据、如何使数据清晰明了，以及如何针对读者来设计可视化图表。

在可视化方面，如今用户有大量的工具可供选用，但哪一种工具最适合，这将取决于数据以及可视化数据的目的。而最可能的情形是，将某些工具组合起来才是最适合的。有些工具适合用来快速浏览数据，而有些工具则适合为更广泛的读者设计图表。

可视化的解决方案主要有两大类：非程序式和程序式。以前可用的程序很少，但随着数据源的不断增长，涌现出了更多的点击/拖曳型工具，它们可以协助用户理解自己的数据。

3.3.1 Microsoft Excel

Excel是大家熟悉的电子表格软件，已被广泛使用了二十多年，如今甚至有很多数据只能以Excel表格的形式获取到。在Excel中，让某几列高亮显示、做几张图表都很简单，于是也很容易对数据有个大致的了解（图3-6）。

如果要将Excel用于整个可视化过程，应使用其图表功能来增强其简洁性。Excel的默认设置很少能满足这一要求。Excel的局限性在于它一次所能处理的数据量上，而且除非你通晓VBA这个Excel内置的编程语言，否则针对不同数据集来重制一张图表会是一件很繁琐的事情。

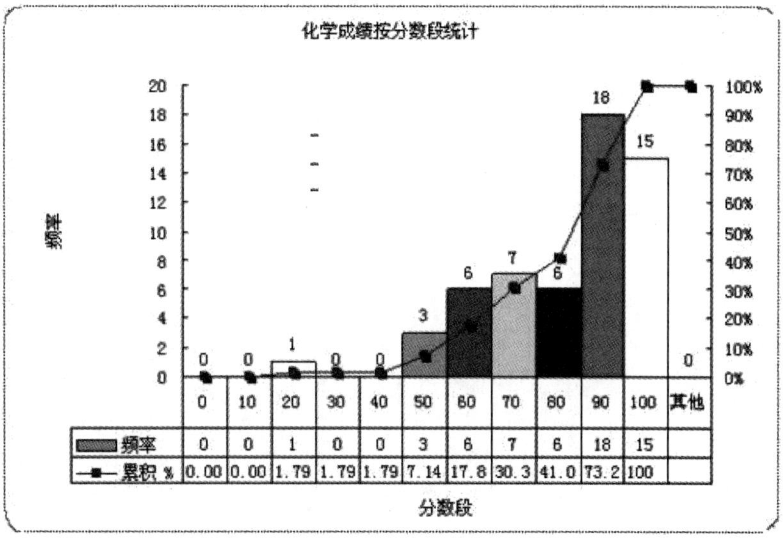

图 3-6　Excel 数据图表

3.3.2　Google Spreadsheets

这个软件基本上是谷歌版的 Excel(图 3-7),但用起来更容易,而且是在线的。在线这一特性是它最大的亮点,因为用户可以跨不同的设备来快速访问自己的数据,而且可以通过内置的聊天和实时编辑功能进行协作。

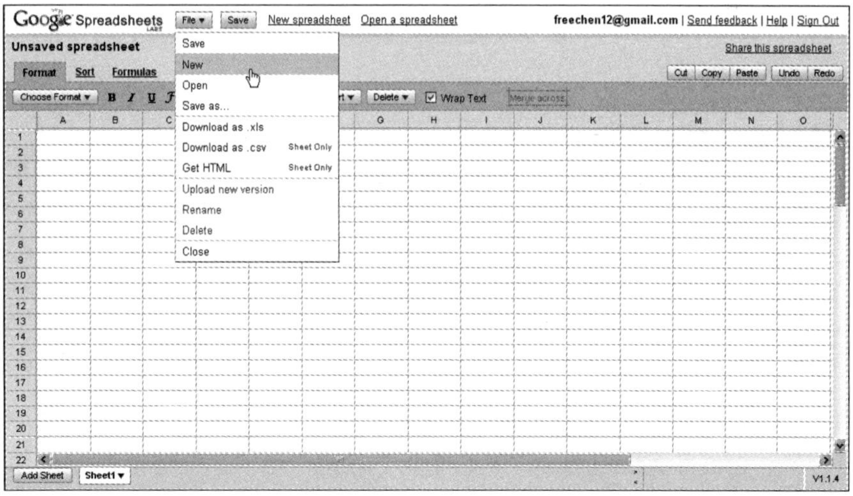

图 3-7　Google Spreadsheets 工作界面

通过 importHTML 和 importXML 函数,可以从网上导入 HTML 和 XML 文件。例如,如果在百度上发现了一张 HTML 表格,但想把数据存成 CSV 文件,就可以用 importHTML,然后再从 Google Spreadsheets 中把数据导出。

3.3.3 Tableau

相对于 Excel,如果想对数据做更深入的分析而又不想编程,那么 Tableau 数据分析软件(也称商务智能展现工具)就很值得一看。例如,Tableau 与 Mapbox 的集成能够生成绚丽的地图背景,并添加地图层和上下文,生成与用户数据相配的地图(图 3-8)。用 Tableau 软件设计的可视化界面,在发现有趣的数据点并想一探究竟时,可以方便地与数据进行交互。

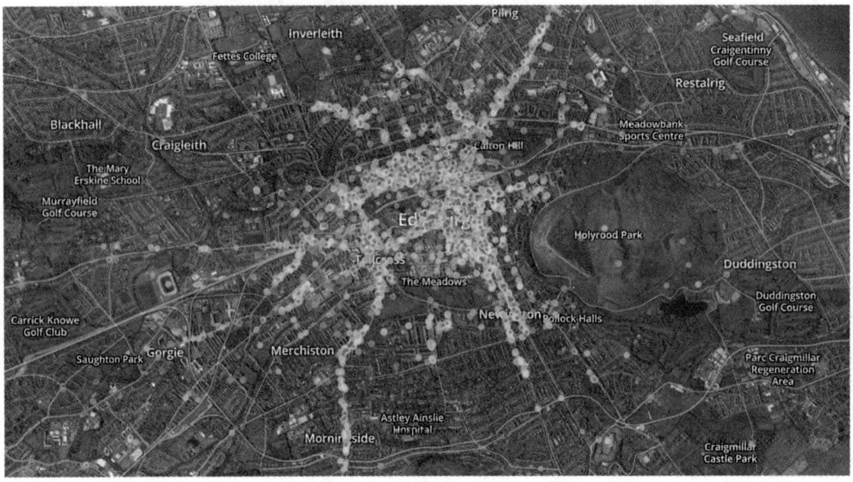

图 3-8 Tableau Software

Tableau 可以将各种图表整合成仪表盘在线发布,但为此必须公开自己的数据,把数据上传到 Tableau 服务器。

3.3.4 针对特定数据的工具

下面这些软件能处理多种类型的数据,并可以提供许多不同的可视化功能。这对于数据的分析和探索大有好处,因为它们能够使用户快速地从不同角度观察自己的数据。不过,有的时候专注地做好一件事也许会更好。

1. Gephi

如果见过一张网络图,或者一个由一条束边线和一个节点构成的视觉形象(有的就像一个毛球),那么它很可能是用 Gephi 画出来的。Gephi 是一款开源的画图软件,支持交互式探索网络与层次结构。

2. TileMill

自定义地图的制作难度较大且技术性强,然而现在已经有多种程序使得基于自己的数据、按喜好和需求设计地图变得相对容易了。地图平台 MapBox 提供的 TileMill 就是一款开源的桌面软件,有不同平台的多个版本。可以下载并安装,然后加载一个

shapefile，就像图 3-9 那样。

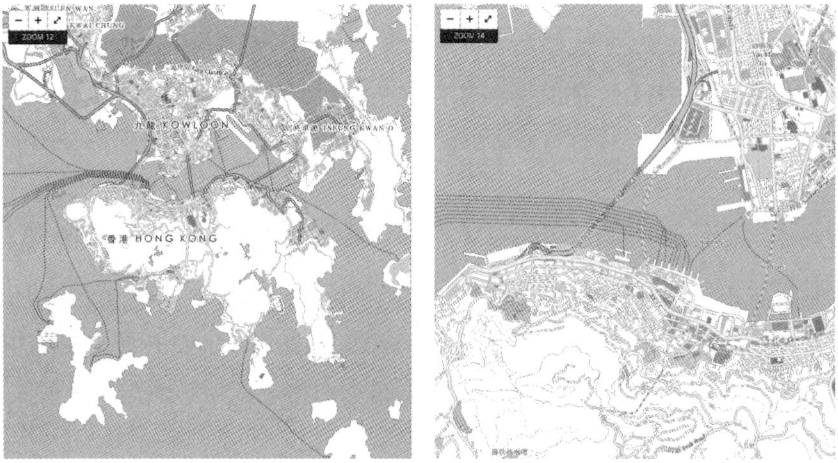

(a) (b)

图 3-9 MapBox 的 TileMill 图例

shapefiles 是用来描述诸如多边形、线和点这种地理空间数据的文件格式，网上很容易找到这种文件。例如，美国人口调查局就提供了道路、水域和街区的 shapefile。

3. ImagePlot

加州电信学院软件研究实验室的 ImagePlot 能将大规模的图像集合作为一组数据点来进行探索。例如，可以根据颜色、时间或数量来绘制图形，从而展现某位艺术家或某一组照片的发展趋势与变化。

4. 树图

绘制树图的方法有很多种，但马里兰大学人机交互实验室的交互式软件是最早的，而且可以免费使用。树图对于探索小空间中的层次式数据非常有用。Hive 小组还开发并维护了一款商用版本。

5. indiemapper

indiemapper 是地图制作小组 Axis Maps 提供的一个免费服务。与 TileMill 类似，它支持创建自定义地图以及用自己的数据制图，但它运行在浏览器中，而不是作为桌面客户端软件运行。indiemapper 使用简单，并且有大量的示例可以帮助用户起步。这款应用最让人喜欢的一点是它可以方便地变换地图投影，这能引导用户找出最适合自己需要的投影方式。

6. GeoCommons

GeoCommons 与 indiemapper 类似，但更专注于数据的探索和分析。用户可以上传自己的数据，也可以从 GeoCommons 数据库中抽取数据，然后与点和区域进行交互。用户还可以将数据以多种常见的格式导出，以便导入其他软件。

7. ArcGIS

在新的地图工具出现之前，对大多数人来说，ArcGIS 都是首选的地图工具。ArcGIS 是个特性丰富的平台，几乎能做与地图有关的任何事情。大多数时候，基本功能已经足够，因此最好还是先尝试一下免费软件，如果不够用，再尝试 ArcGIS。

3.4 编程工具

拿来即用的软件可以让你短时间内上手，代价则是这些软件为了能让更多的人处理自己的数据，总是或多或少进行了泛化。此外，如果想得到新的特性或方法，就得等别人为你实现。相反，如果你会编程，就可以根据自己的需求将数据可视化并获得灵活性。

显然，编码的代价是需要花时间学习一门新语言。当开始构造自己的库并不断学习新的内容，重复这些工作并将其应用到其他数据集上也会变得更容易。

3.4.1 R 语言

由新西兰奥克兰大学 Ross Ihaka 和 Robert Gentleman 开发的 R 是一个用于统计学计算和绘图的语言，它已超越仅仅是流行的强有力开源编程语言的意义，成为统计计算和图表呈现的软件环境，并且还处在不断发展的过程中(图 3-10)。

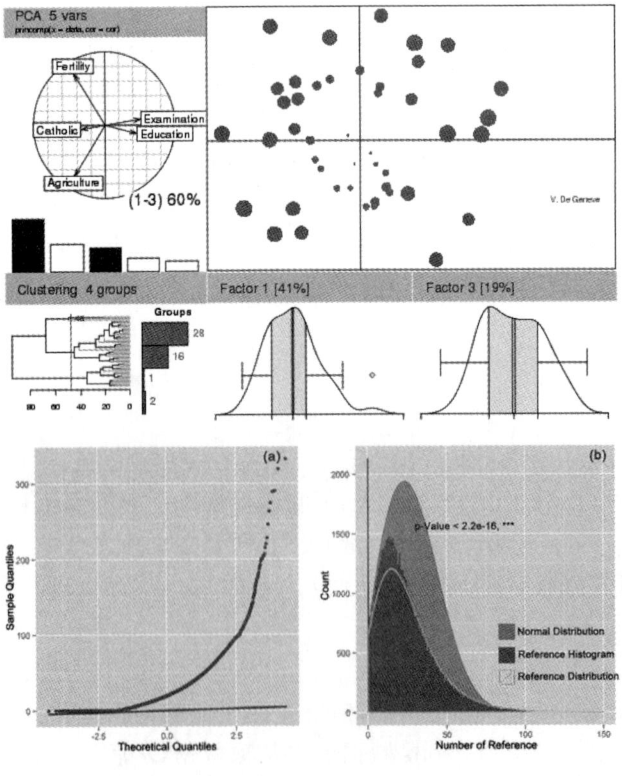

图 3-10　R 绘制的数据分析图形

如今，R的核心开发团队完善了其核心产品，这将推动其进入一个令人激动的全新方向。无数的统计分析和挖掘人员利用R开发统计软件并实现数据分析。对数据挖掘人员的民意和市场调查表明，R近年的普及率大幅增长。

R语言最初的使用者主要是统计分析师，但后来用户群扩充了不少。它的绘图函数能用短短几行代码便将图形画好，通常一行就够了。

Genentech公司的高级统计科学家Nicholas Lewin-Koh描述R“对于创建和开发生动、有趣图表的支撑能力丰富，基础R已经包含支撑包括协同图(Coplot)、拼接图(Mosaic Plot)和双标图(Biplot)等多类图形的功能。”R更能帮助用户创建强大的交互性图表和数据可视化。

R语言的主要优势在于它是开源的，在基础分发包之上，人们又做了很多扩展包，这些包使得统计学绘图(和分析)更加简单，例如：

(1) ggplot2：基于利兰·威尔金森图形语法的绘图系统，是一种统计学可视化框架。

(2) network：可创建带有节点和边的网络图。

(3) ggmaps：基于谷歌地图、OpenStreetMap及其他地图的空间数据可视化工具，它使用了ggplot2。

(4) animation：可制作一系列的图像并将它们串联起来做成动画。

(5) portfolio：通过树图来可视化层次型数据。

这里只列举了一小部分。通过包管理器，用户可以查看并安装各种扩展包。通常，用R语言生成图形，然后用插画软件精制加工。在任何情况下，如果在编码方面是新手，而且想通过编程来制作静态图形，R语言都是很好的起点。

3.4.2 JavaScript、HTML、SVG和CSS

在可视化方面，过去在浏览器上可做的事情是非常有限，通常必须借助于Flash和ActionScript。然而，自从不支持Flash的苹果移动设备出现之后，人们便很快转向了JavaScript和HTML。除了可缩放矢量图形(SVG)之外，JavaScript还可用来控制HTML。层叠样式表(CSS)则用于指定颜色、尺寸及其他美术特性。JavaScript具有很大的灵活性，可以做出用户想要的各种效果。在这一点上，更大的局限还是在于自己的想象力，而非技术。

以前各种浏览器对JavaScript的支持不尽一致，然而在现有的浏览器，例如FireFox、Safari和Google Chrome中，都能找到相应功能来制作在线的交互式可视化效果。

如果看到的数据是在线的、可交互式的，那么很可能作者就是用JavaScript制作的。学习JavaScript可以从零起步，不过有一些可视化库会带来不少的便利。

3.4.3 Processing

Processing原本是为美工设计的，它是一种开源的编程语言，基于素描本(sketchbook)这一隐喻来编写代码。如果是编程新手，Processing将是个不错的出发点，因为用Processing只需要几行代码就能实现非常有用的功能。此外，它还有大量的示例、库、图书以及一个提供帮助的巨大社区，这一切都让Processing引人注目。

3.4.4 Flash 和 ActionScript

这个解决方案已经过时了，但大多数计算机都安装了 Flash，因此现在通过 Flash 和 ActionScript 来把数据可视化并不显得很古怪。然而，对于在线应用来说，技术的趋势似乎还是要从 Flash 身上移走。因此，如果是可视化和编程方面的新手，也可以从 JavaScript 入手。

3.4.5 Python

Python 是一款通用的编程语言，它原本并不是针对图形设计的，但还是被广泛地应用于数据处理和 Web 应用。因此，如果你已经熟悉了这门语言，通过它来可视化探索数据就是合情合理的。尽管 Python 在可视化方面的支持并不全面，但还是可以从 matplotlib 入手，这是个很好的起点。

3.4.6 PHP

和 Python 一样，PHP 也是比 R 语言和 Processing 应用更为广泛的编程语言。虽然 PHP 主要用于 Web 编程，但因为大多数 Web 服务器都已经安装了 PHP，就不必操心安装这一步了。PHP 还有图形库，这意味着可以把它应用于数据的可视化。基本上，只要能加载数据并基于数据画图，就可以创建视觉数据。

3.5 插图工具

光彩鲜艳的静态图形，尤其是报纸和杂志上常见的那种图形，极有可能是经过插图软件处理的。Adobe Illustrator 是最为流行的插图软件，但对不经常使用它或者只想将图表润色一下的人们来说，它的使用有点奢侈。Inkscape 则是一款开源的替代品，尽管不如 Illustrator 好用，也足够完成工作了。

Illustrator 是针对设计师和美工的。一般应用的典型工作流程就是用 R 语言创建基础图形，将图表保存为 PDF 文件，然后用 Illustrator 来修改颜色、添加标注，最后再加工一下，让图表尽可能清晰明了。当然，也可以用 R 语言来定制，但用 Illustrator，通过单击、拖曳的方式来变换元素，能够看到即时的变化。

3.6 数据统计

不管使用什么软件，别忘了我们的目的是理解数据。如果是针对广大读者设计可视化图表，则是帮助他人理解数据。通过可视化可以获得大量的信息，大多数时候，这也足以让我们明白数据在说什么。

然而，数据在规模、维度和粒度方面变得过于复杂时，可视化对人们的帮助也是有限的。毕竟，屏幕上的像素就这么多，最终会变得不够用。正如哈德利·威克姆所说："可视化终将受限于能输出到屏幕上的像素数量。如果数据量很大，你所拥有的数据远远超出像素总数，这时你就不得不对数据进行归纳汇总。对于这种需求，统计学提供了大量真正有用的工具。”

统计学绝不仅仅是“假设检验”、“贝尔曲线”这些东西。最起码，关于数据说明的问题，以及如何从文本文件和数据库的一堆数字中筛选出有用信息，统计学就提供了更宽阔的视角。统计学还有助于处理稀疏和损毁的数据。掌握它，你的口袋里便又多了一种工具。

【延伸阅读】

复制人类大脑——蓝脑计划

据估计，一个成人的大脑中有接近一千亿个神经元，每一个神经元周边都缠绕着成千上万的神经树突和轴突。人脑表现出来的惊人复杂性已经成为当今神经科学家最棘手的难题之一，促使科学家们不断反思，修正有关大脑的科学假设。神经科学领域中的一位先锋人物就是亨利·马克莱姆，他是瑞士洛桑联邦理工学院(EPFL)神经科学中心的负责人，也是著名的蓝脑计划(Blue Brain Project)的项目主管。

蓝脑计划旨在构建一个完整的人脑模型，呈现其复杂精细的特性，以达到治疗阿尔茨海默氏症和帕金森氏症的目的。蓝脑计划的主要研究对象集中在人类思考和记忆方面，通过对大脑运行过程的精确模拟，科学家还可以揭开隐藏在精神失常背后的秘密。马克莱姆带领一群神经科学家，以及IBM的超级计算机“蓝色基因”(Blue Gene)，一起尝试描绘新(大脑)皮层的蓝图。作为大脑皮层的一部分，新皮层与80%的人脑活动相关(图3-11)。这个活跃的区域由神经元和神经纤维构成的密集网络组成，其中的神经元和神经纤维就是我们熟知的灰质，因为它们在处理过的大脑标本中是灰色的。许多高级的认知功能，如意识、记忆和沟通，都和这个区域相关。负责蓝脑计划的科学家宣称，他们有望在2020年左右制造出科学史上第一台会“思考”的机器，它将可能拥有感觉、痛苦、愿望甚至恐惧感。

蓝脑计划需要进行大量的运算。作家乔纳·莱勒描述了这个计划中的技术支持后台：

在瑞士卢塞恩某大学的地下室里，放着四个冰箱大小的黑箱，每个箱子里都按行排列装满了2000块IBM芯片。这些芯片构成了功能超强的处理器，每秒能处理22.8万亿次指令。这些箱子不可移动，而且安静得有些诡异。打开计算机之后，你能听到的只有巨型空调发出的连续呼吸声。这就是蓝脑。

蓝脑计算机的核心设备占据的空间其实很小，它总共含有8096块处理器，每块处理器可以模拟1～10个神经元。整套系统大约可以模拟1亿个简单神经元，相当于老鼠大脑中所包含神经元数量的一半。IBM表示，这台Blue Brain仅仅是原型产品，以后产品化的Blue Brain将可以模拟10亿个简单神经元。2009年7月，在英国剑桥举办的主题为“透视本质”的TEDGlobal大会上，马克莱姆雄心勃勃地说：“我们有可能在十年之内制造一个人工大脑。”

蓝脑是一个令人难以置信的大胆创想，唯有人类基因组计划(Human Genome Project，HGP)能与之媲美。人类基因组计划是一个全球性项目，旨在为全人类基因组制

图 3-11　蓝脑计划

IBM 超级计算机“蓝色基因”生成的模型。作为“蓝色计划”的一部分，该图展现了在单个新皮层单元中的 12 万个神经及其 3000 万个连接，这是哺乳动物的大脑中最复杂的一部分。不同颜色的线条表示不同的脑电波频率。

图和排序。这个伟大的项目结果何去何从，将为人类认知带来怎样的重大突破，目前还不可预知。我们首先需要绘制出整个神经网络图，然后模拟重现神经网络的运作。

目前，这个计划迈出了里程碑式的第一步——绘制新皮层单元，虽然这个新皮层单元仅仅是大脑皮层中的很小一部分，包含 1 万个神经元以及约 3000 万个连接。当被问及如何绘制余下的组织时，马克莱姆乐观估计道，“下一步我们要尝试绘制更大的新皮层单元。”马克莱姆乐观的态度来自于“蓝脑计划”本身，这个史无前例的计划站在不同角度重新审视了人类和科学本身。马克莱姆认为，仅仅研究某些单独的部分不能让我们一窥全貌，还原论者使用的研究方法(即简化法)虽仍有成效，但时至今日已慢慢褪去光华。“(成功绘制新皮层单元)并不意味着我们已经实现了项目的目标，我们要做的还有很多，大脑还有很多的未解之谜。但现在我们面临另一个更为棘手的问题，巨大的数据量将要把我们淹没。许多科学家穷其一生只研究了大脑中的某个局部的运作细节，却对这些细节如何联系、运作一无所知。蓝脑计划就是为了让我们能够从宏观角度看问题。”

如果马克莱姆预测正确的话，我们将看到，系统化的思维方式将取代过时的简化法，其他的科学领域将开始应用系统化的建模方式。这种全新的思维方式将影响科学进步，这比蓝脑计划本身更具重要意义。

蓝脑计划将有助于理解记忆是如何存储和提取的，揭示大脑中很多激动人心的秘密，例如记忆的形式、记忆的容量以及遗忘的原理。这项试验还将帮助科学家搞清楚神经组织的脆弱之处，进而理解大脑功能紊乱的原理，以此来治疗孤独症、精神分裂症和抑郁症等。此外，这项计划如果成功，很多脑科学试验可以通过计算机完成。一项脑科学试验如果使用传统方式进行可能需要一整天，但如果使用计算机模拟的大脑也许只需要几秒钟就能完成。

IBM 还将这种计算技术用于生命科学研究，他们甚至认为生物科学已经在一定程度上演化成了信息科学，蓝脑技术的发展将会揭示生物体中的很多有趣现象，必须要有这样足够复杂的计算机系统才能模拟生物系统。IBM 还认为蓝脑项目对其他工业和科学研究领域的带动作用将会非常巨大。例如，模拟神经网络行为的 ASIC 设计方案将来可能会应用于智能设备的信息处理。另外，从更一般的意义上说，蓝脑将推动实时数据处理的发展，而与实时数据处理对应的是离线数据处理。

而 IBM 研究院蓝脑项目的负责人 Charles Peck 认为，模拟大脑的真正价值在于研究人员可以获得每个神经元的数据。“虽然科学家对大脑的很多细节已经非常了解，但是他们仍然不知道大脑各个组成部分之间的结合方式，也不知道大脑如何思考、如何学习以及如何形成概念”，他说，其意在这项研究可以真正拉近电脑与人脑之间的距离。

资料来源：[美] Manuel Lima 著，杜明翰，陈楚君译.《视觉繁美——信息可视化方法与案例解析》. 北京：机械工业出版社，2013，节选

【实验与思考】

大数据分析的领军企业 Teradata

1. 实验目的

(1) 深刻理解 2012 年作为大数据元年的内涵；

(2) 通过网络搜索，了解大数据领域的领军企业 Teradata，并由此进一步熟悉大数据分析与可视化的专业市场；

(3) 熟悉大数据分析、处理和可视化应用的主要方法。

2. 工具/准备工作

在开始本实验之前，请认真阅读课程的相关内容。

需要准备一台带有浏览器，能够访问因特网的计算机。

3. 实验内容与步骤

Teradata，全称为 Teradata 天睿公司，是美国前十大上市软件公司之一，为全球最大

的专注于大数据分析、数据仓库和整合营销管理解决方案的供应商，成立于1979年，总部位于美国俄亥俄州代顿市。Teradata天睿公司基于客户需求，提供领先、全面、有效的解决方案，帮助企业获取商业洞察力，并且把数量庞大、增长迅猛、种类多样的数据等问题转化为行动力，创造商业价值。

(1) 请通过网络搜索，了解主流大数据软件供应商Teradata公司的基本情况，并简单记录。

答：____________________

(2) 在大数据分析领域，Teradata公司主要有哪些产品？

答：____________________

(3) 请分析Teradata的主要产品并记录。

Teradata数据仓库：____________________

Teradata Aster：____________________

Teradata统一数据架构(UDA)：____________________

Teradata应用解决方案：____________________

(4) 文中提到数据可视化的 5 个方面,你认为 Teradata 公司属于其中的哪一种类型?为什么?

答:

(5) 请登录 Teradata 天睿公司官网(www. teradata. com,图 3-12),了解、熟悉大数据领域的领军企业,了解大数据分析与可视化的市场与社会,并简单记录你的感受或想法。

图 3-12　Teradata 官网

答:

4. 实验总结

5. 实验评价(教师)

第4章

Excel数据可视化方法

【导读案例】

亚马逊丛林的变迁

亚马逊盆地位于南美洲北部，包括巴西等六个国家的广大地区。亚马逊雨林是世界上最大的热带雨林，其面积比整个欧洲还要大，有700万平方千米，占地球上热带雨林总面积的50%，其中有480万平方公里在巴西境内，它从安第斯山脉低坡延伸到巴西的大西洋海岸(图4-1)。

(a)

(b)

图4-1　亚马逊雨林

亚马逊雨林对于全世界以及生存在世界上的一切生物的健康都是至关重要的。树林能够吸收二氧化碳(CO2)，而二氧化碳气体的大量存在会使地球变暖、危害气候，以致极地冰盖融化，引起洪水泛滥。树木也产生氧气，它是人类及所有动物的生命所必需的。有些雨林的树木长得极高，达60米以上。它们的叶子形成"篷"，像一把雨伞，将光线挡住。因此树下几乎不生长什么低矮的植物。这里自然资源丰富，物种繁多，生态环境纷繁复杂，生物多样性保存完好，被称为"生物科学家的天堂"。

然而，亚马逊热带雨林却并没有因为它的富有而得到人类的厚爱。人们从16世纪开始开发森林。1970年，巴西总统为了解决东北部的贫困问题，又做出了一个最可悲的决策——开发亚马逊地区。这一决策使该地区每年约有8万平方公里的原始森林遭到破坏，1969—1975年，巴西中西部和亚马逊地区的森林被毁掉了11万多平方公里，巴西的森林面积同400年前相比,整整减少了一半(图4-2)。

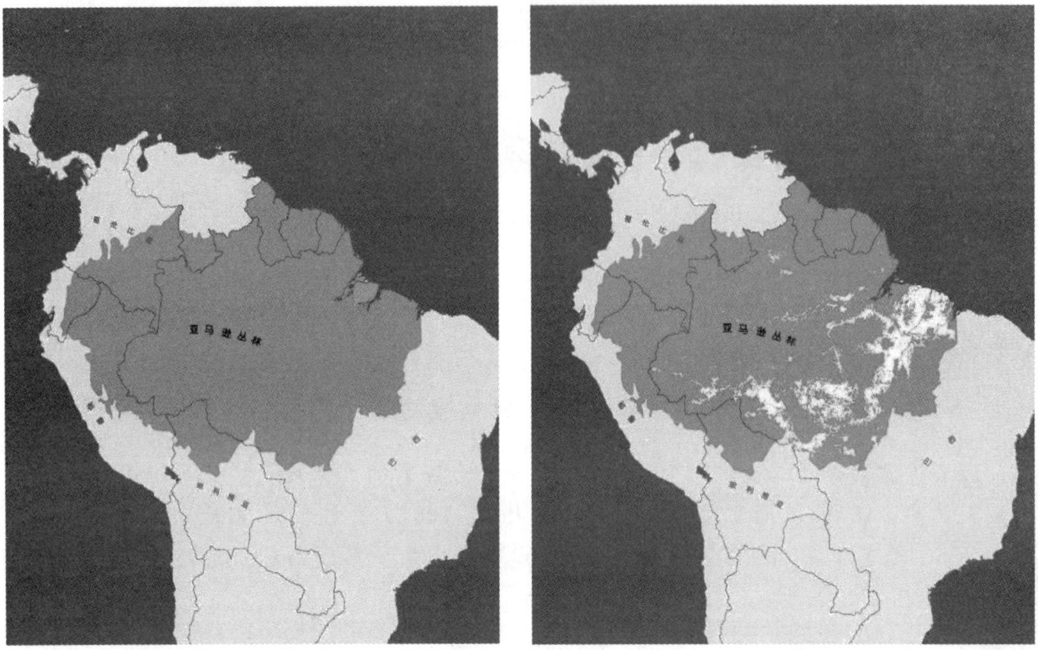

(a) (b)

图4-2　亚马逊丛林30年变迁

热带雨林的减少主要是由于烧荒耕作,此外还有过度采伐、过度放牧和森林火灾等,这使整个热带森林减少面积的50%。在垦荒过程中,人们把重型拖拉机开进亚马逊森林,把树木砍倒,再放火焚烧。

热带雨林的减少不仅意味着森林资源的减少,而且意味着全球范围内的环境恶化。因为森林具有涵养水源、调节气候、消减污染、减少噪音、减少水土流失及保持生物多样性的功能。

热带雨林像一个巨大的吞吐机,每年吞噬全球排放的大量的二氧化碳,又制造大量的氧气,亚马逊热带雨林由此被誉为"地球之肺",如果亚马逊的森林被砍伐殆尽,地球上维持人类生存的氧气将减少1/3。

热带雨林又像一个巨大的抽水机,从土壤中吸取大量的水分,再通过蒸腾作用,把水分散发到空气中。另外,森林土壤有良好的渗透性,能吸收和滞留大量的降水。亚马逊热带雨林储蓄的淡水占地表淡水总量的23%。森林的过度砍伐会使土壤侵蚀、土质沙化,引起水土流失。巴西东北部的一些地区就因为毁掉了大片的森林而变成了巴西最干旱、最贫穷的地方。在秘鲁,由于森林遭到破坏,1925—1980年间就爆发了4300次较大的泥石流、193次滑坡,直接死亡人数达4.6万人。目前,每年仍有0.3万平方公里土地的20厘米厚的表土被冲入大海。

除此之外,森林还是巨大的基因库,地球上约1000万个物种中,有200万~400万种都生存于热带、亚热带森林中。在亚马逊河流域的仅0.08平方公里左右的取样地块上,就可以得到4.2万个昆虫种类，亚马逊热带雨林中每平方公里不同种类的植物达1200多种，地球上动植物的1/5都生长在这里。然而由于热带雨林的砍伐，那里每天都至少消失一个物种。有人预测，随着热带雨林的减少，许多年后，至少将有50万～80万种动植物种类灭绝。雨林基因库的丧失将成为人类最大的损失之一。

阅读上文，请思考、分析并简单记录：

(1) 湿地有强大的生态净化作用，因而又有“地球之肾”的美名。请通过网络搜索学习，了解湿地对自然的意义，并简单记录。

答：

(2) 请通过网络搜索学习，了解亚马逊丛林对全人类的意义，并简单记录。

答：

(3) 图4-2以地图数据可视化方式形象地表现了亚马逊丛林的变迁，请简单分析在这个案例中文字描述与数据可视化方法的不同。

答：

(4) 请简单描述你所知道的上一周发生的国际、国内或者身边的大事。

答：

4.1 Excel的函数与图表

电子表格软件(如Microsoft Excel、iWorks Numbers、Google Docs Spreadsheets或Libre Office Calc)提供了创建电子表格的工具。它就像一张“聪明”的纸，可以自动计算上面的整列数字，还可以根据用户输入的简单等式或者软件内置的更加复杂的公式进行其他计算。另外，电子表格软件还可以将数据转换成各种形式的彩色图表，它有特定的数据处理功能，例如为数据排序、查找满足特定标准的数据以及打印报表等。

大多数电子表格软件为预先设计的工作表提供了一些模板或向导，例如发货清单、收支报表、资产负债表和贷款还款计划，还可以在 Web 上得到其他模板。这些模板一般由专业人员设计，里面包含所有必要的标签和公式。使用模板时，只需填入数值就可进行计算。

Excel 是目前最受欢迎的办公套件 Microsoft Office 的主要成员之一，它在数据管理、自动处理和计算、表格制作、图表绘制以及金融管理等许多方面都有独到之处。

以 Microsoft Office Excel 2013 中文版为例，在 Windows“开始”菜单中单击 Excel 2013 选项，屏幕显示的 Excel 工作界面如图 4-3 所示，从上到下，依次是标题栏、菜单栏、常用工具栏、格式栏、编辑栏，最后一行是状态行。

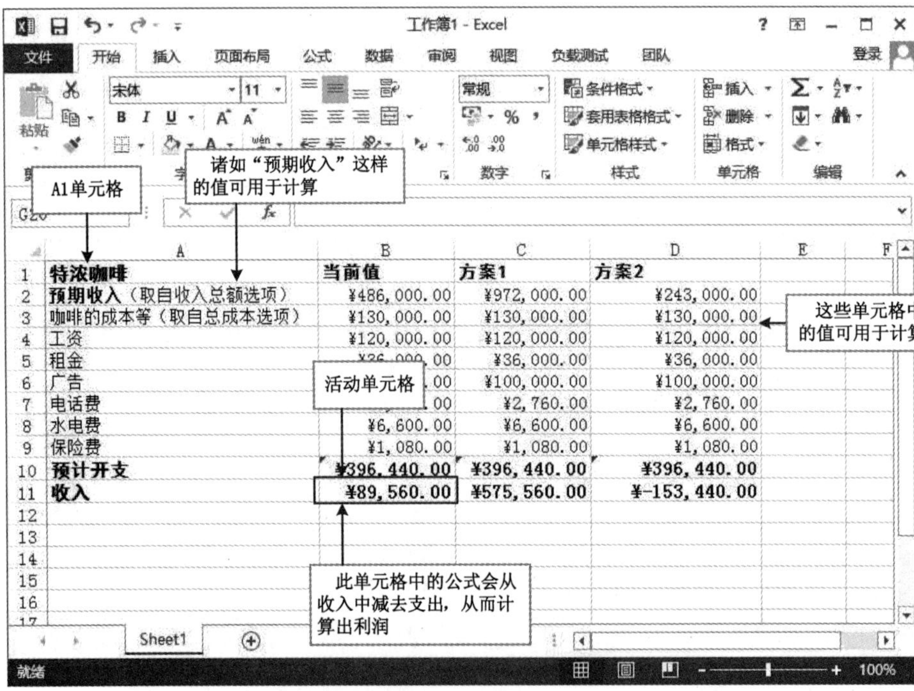

图 4-3　Office Excel 2013 操作界面

4.1.1　Excel 函数

Excel 的函数功能作为其数据处理的重要手段之一，在生活和工作实践中可以有多种应用，用户甚至可以用 Excel 来设计复杂的统计管理表格或者小型的数据库系统。

Excel 的函数实际上是一些预定义的公式计算程序，它们使用一些称为参数的数值，按特定的顺序或结构进行计算。用户可以直接用它们对某个区域内的数值进行一系列运算，如分析和处理日期值和时间值、确定贷款的支付额、确定单元格中的数据类型、计算平均值、排序显示和运算文本数据等。例如用 SUM 函数对单元格或单元格区域进行加法运算。

(1)参数。可以是数字、文本、形如 TRUE 或 FALSE 的逻辑值、数组、形如#N/A 的错误值或单元格引用等,给定的参数必须能产生有效的值。参数也可以是常量、公式或其他函数,还可以是数组、单元格引用等。

(2) 数组。用于建立可产生多个结果或可对存放在行和列中的一组参数进行运算的单个公式。在 Excel 中有区域数组和常量数组两类数组,区域数组是一个矩形的单元格区域,该区域中的单元格共用一个公式;常量数组将一组给定的常量用作某个公式中的参数。

(3) 单元格引用。用于表示单元格在工作表所处位置的坐标值。例如,显示在第 B 列和第 3 行交叉处的单元格,其引用形式为 B3(相对引用)或B3(绝对引用)。

(4) 常量。是直接输入到单元格或公式中的数字或文本值,或由名称所代表的数字或文本值。例如,日期 8/8/2014、数字 210 和文本 Quarterly Earnings 都是常量。公式或由公式得出的数值都不是常量。

一个函数还可以是另一个函数的参数,这就是嵌套函数。所谓嵌套函数,是指在某些情况下,可能需要将某函数作为另一函数的参数使用。例如图 4-4 中所示的公式使用了嵌套的 AVERAGE 函数,并将结果与 50 相比较。这个公式的含义是:如果单元格 F2 到 F5 的平均值大于 50,则求 G2 到 G5 的和,否则显示数值 0。

如图 4-5 所示,函数的结构以函数名称开始,后面是左圆括号、以逗号分隔的参数和右圆括号。如果函数以公式的形式出现,则应在函数名称前面输入等号(=)。

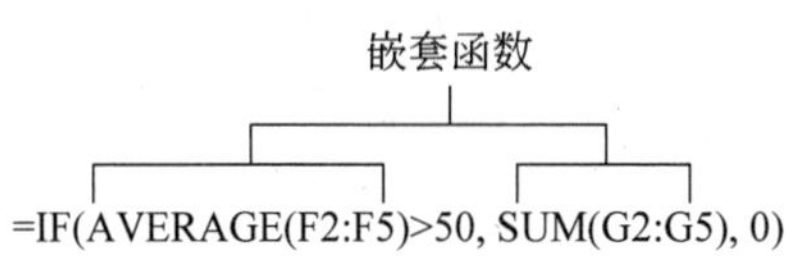

图 4-4 嵌套函数

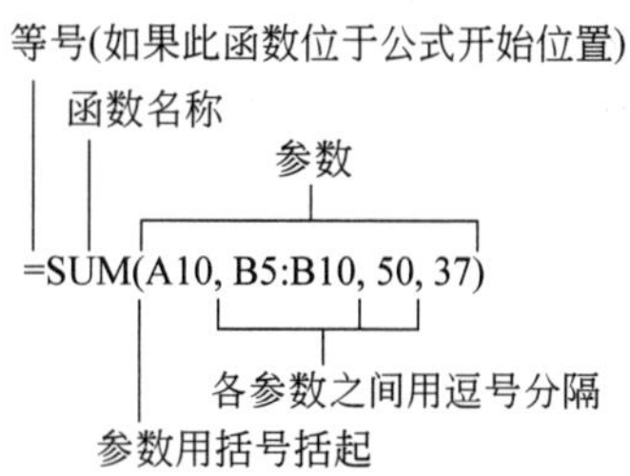

图 4-5 函数的结构

单击工具栏中的"插入公式"按钮,会出现"插入函数"对话框(图 4-6)。可在对话框或编辑栏中创建或编辑公式,还可提供有关函数及其参数的信息。

Excel 2013 函数一共有 13 类,分别是数据库函数、日期与时间函数、工程函数、财务函数、信息函数、逻辑函数、查找与引用函数、数学和三角函数、统计函数、文本函数、多维数据集函数、兼容性函数和 Web 函数。

4.1.2 Excel 图表

Excel 的数据分析图表可用于将工作表数据转换成图片,具有较好的可视化效果,可以快速表达绘制者的观点,方便用户查看数据的差异、图案和预测趋势等。例如,用户不

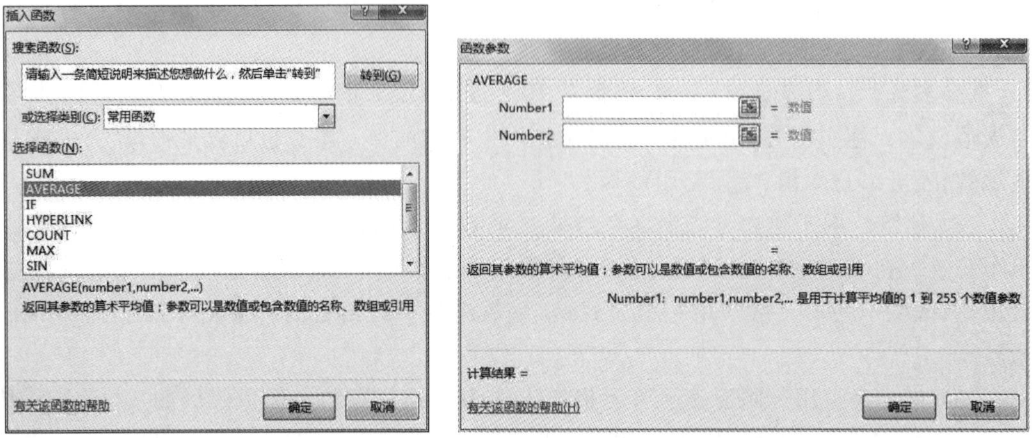

(a)　　　　　　　　(b)

图 4-6　插入与编辑函数

必分析工作表中的多个数据列就可以立即看到各个季度销售额的升降，或很方便地对实际销售额与销售计划进行比较(图 4-7)。

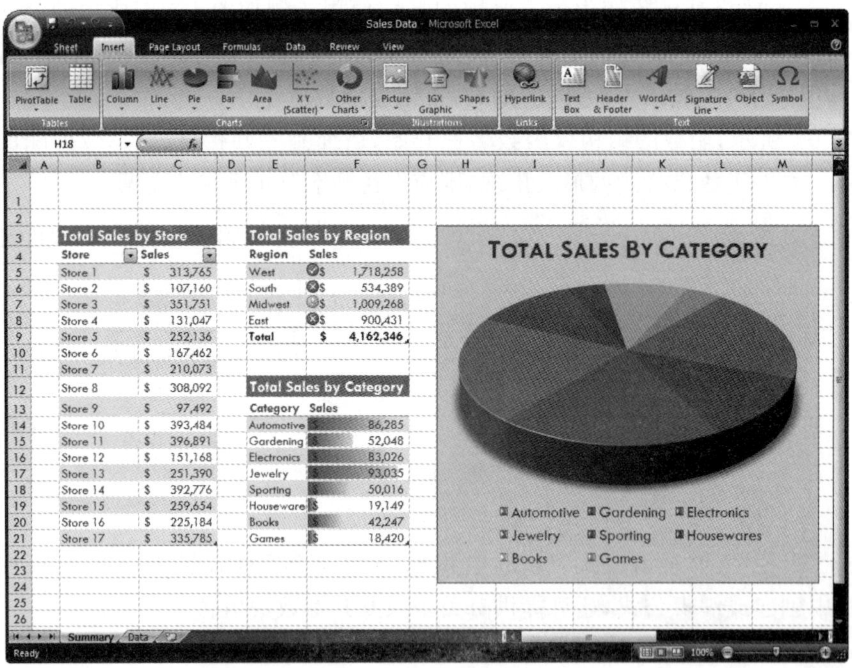

图 4-7　Excel 图表示例

用户可以在工作表上创建图表，或将图表作为工作表的嵌入对象使用，也可以在网页上发布图表。

为创建图表，需要先在工作表中为图表输入数据，然后按以下步骤进行操作。

步骤 1：选择要为其创建图表的数据(图 4-8)。

	A	B	C
1	月份	销售额	
2	一月	¥692,430	
3	二月	¥685,290	
4	三月	¥632,430	
5	四月	¥628,430	
6	五月	¥532,810	
7	六月	¥583,260	
8	七月	¥490,170	
9	八月	¥532,310	
10	九月	¥584,830	
11	十月	¥638,690	
12	十一月	¥698,560	
13	十二月	¥760,850	

图 4-8　选择数据

步骤 2：单击“插入”菜单中的“推荐的图表”。在“推荐的图表”选项卡(图 4-9)上，滚动浏览 Excel 为用户数据推荐的图表列表，然后单击任意图表以查看数据的呈现效果。

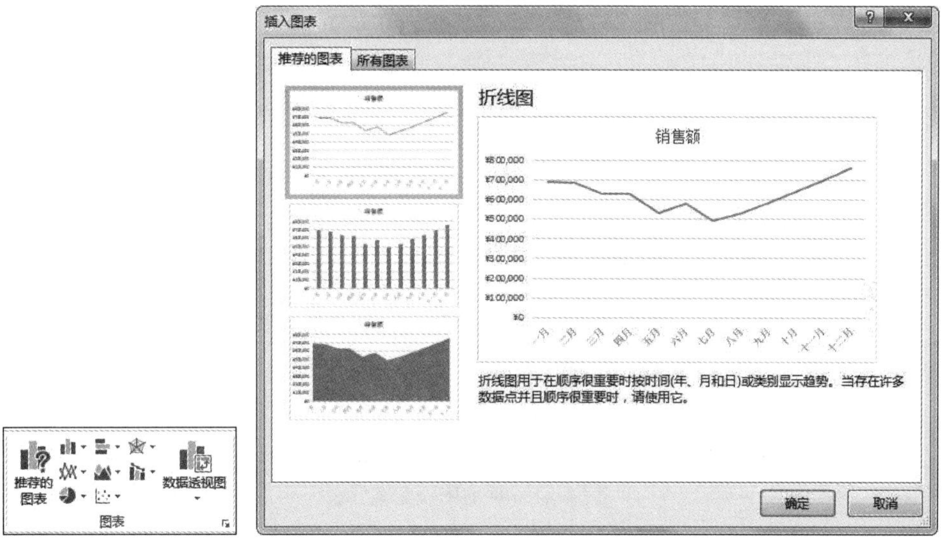

(a)　　(b)

图 4-9　“推荐的图表”选项

如果没有看到自己喜欢的图表，可单击“所有图表”以查看可用的图表类型(图 4-10)。

步骤 3：找到所要的图表时，单击该图表，然后单击“确定”按钮。

步骤 4：使用图表右上角附近的“图表元素”、“图表样式”和“图表筛选器”按钮(图 4-11)，添加坐标轴标题或数据标签等图表元素，自定义图表的外观或更改图表中显示的数据。

步骤 5：若要访问其他设计和格式设置功能，可单击图表中的任何位置将“图表工具”添加到功能区，然后在“设计”和“格式”选项卡上单击所需的选项(图 4-12)。

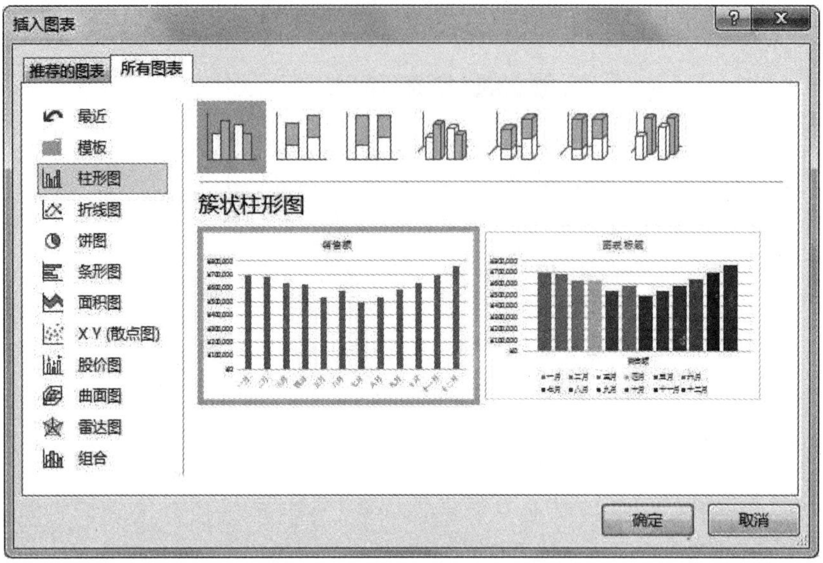

图 4-10　在“所有图表”中选择

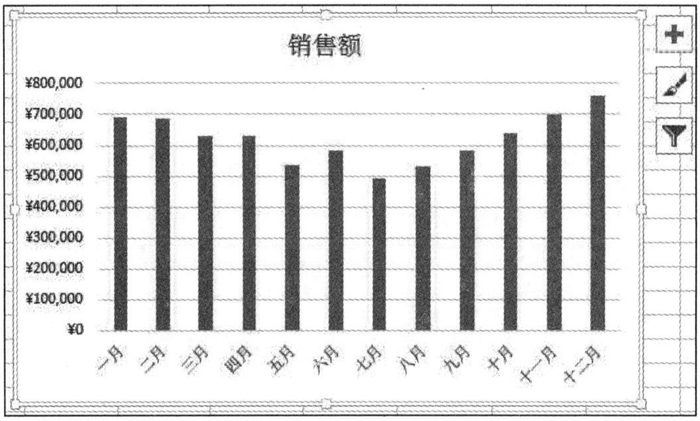

图 4-11　添加图表元素等

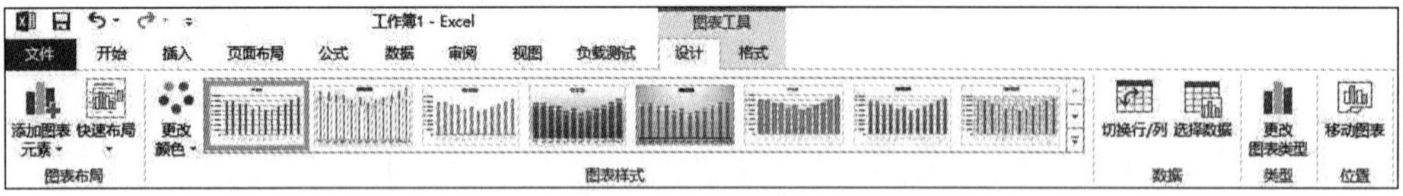

图 4-12　图表工具

各种图表类型提供了一组不同的选项。例如，对于簇状柱形图而言，包括如下选项。

实验确认：□学生　□教师

(1) 网格线：可以在此处隐藏或显示贯穿图表的线条。

(2) 图例：可以在此处将图表图例放置于图表的不同位置。

（3）数据表：可以在此处显示包含用于创建图表的所有数据的表。用户也可能需要将图表放置于工作簿中的独立工作表上，并通过图表查看数据。

（4）坐标轴：可以在此处隐藏或显示沿坐标轴显示的信息。

（5）数据标志：可以在此处使用各个值的行和列标题（以及数值本身）为图表加上标签。这里要小心操作，因为很容易使图表变得混乱并且难于阅读。

（6）图表位置：如“作为新工作表插入”或者“作为其中的对象插入”。

4.1.3　选择图表类型

工作中经常使用柱形图和条形图来表示产品在一段时间内的生产和销售情况的变化或数量的比较，如表示分季度产品份额的柱形图就显示了各个品牌的市场份额的比较和变化。

如果要体现的是一个整体中每一部分所占的比例（例如市场份额）时，通常使用“饼图”。此外，比较常用的就是折线图和散点图了，折线图通常也用来表示一段时间内某种数值的变化，常见的如股票价格的折线图等。散点图主要用在科学计算中，例如可以使用正弦和余弦曲线的数据来绘制出正弦和余弦曲线。

为选择正确的图表类型，可按以下步骤操作。

步骤 1：选定需要绘制图表的数据单元，在“插入”菜单中单击“推荐的图表”选项，打开“插入图表”对话框（图 4-13）。

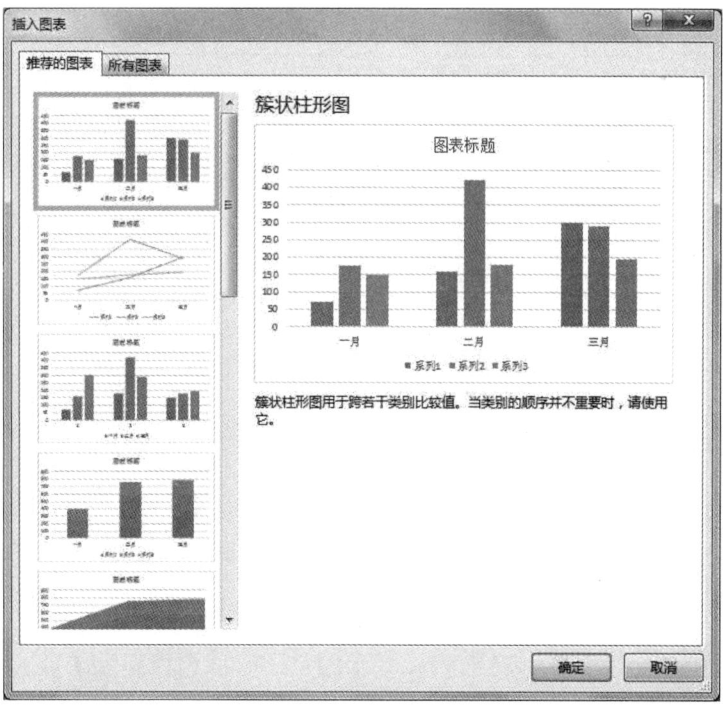

(a)

图 4-13　Excel“插入图表”对话框

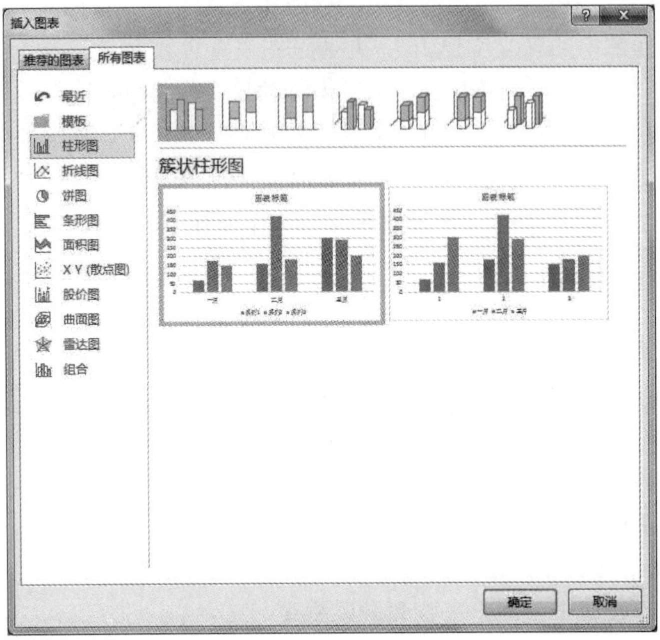

(b)

图 4-13 （续）

步骤 2：在“插入图表”对话框“所有图表”选项卡的左窗格中单击选择“XY(散点图)”选项，在右窗格中选择“带平滑线的散点图”(图 4-14)。

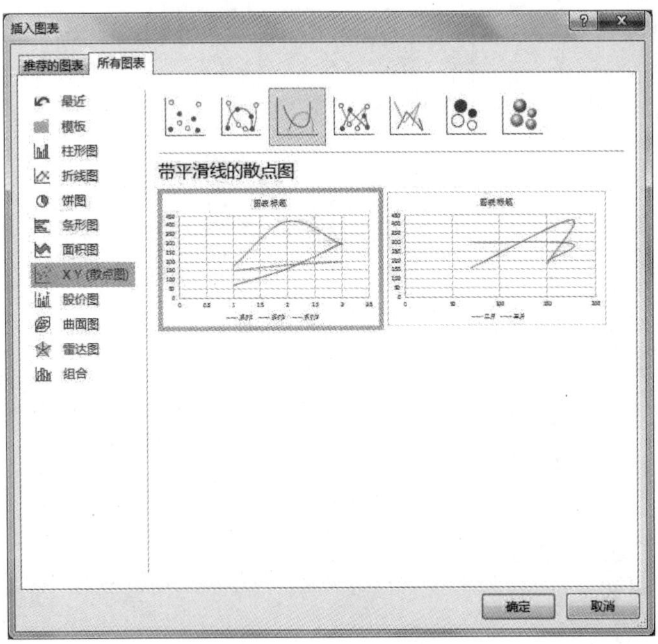

图 4-14　选择散点图

步骤 3：单击“确定”按钮，完成散点图绘制(图 4-15)。

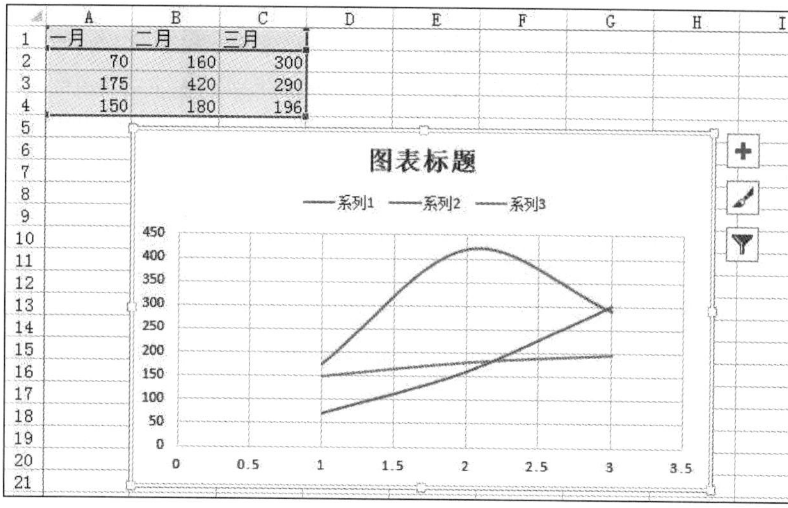

图 4-15 绘制散点图

对于大部分二维图表，既可以更改数据系列的图表类型，也可以更改整张图表的图表类型。对于气泡图，只能更改整张图表的类型。对于大部分三维图表，更改图表类型将影响到整张图表。

实验确认：□学生 □教师

所谓“数据系列”是指在图表中绘制的相关数据点，这些数据源自数据表的行或列。图表中的每个数据系列具有唯一的颜色或图案，并且在图表的图例中表示。可以在图表中绘制一个或多个数据系列。饼图只有一个数据系列。对于三维条形图和柱形图，可以将有关数据系列更改为圆锥、圆柱或棱锥图表类型。

步骤 1：若要更改图表类型，可单击整张图表或单击某个数据系列。

步骤 2：在右键菜单中单击“更改图表类型”命令。

步骤 3：在“所有图表”卡上单击选择所需的图表类型。

步骤 4：若要对三维条形或柱形数据系列应用圆锥、圆柱或棱锥等图表类型，可在“所有图表”选项卡中单击“圆柱图”、“圆锥图”或“棱锥图”。

实验确认：□学生 □教师

4.2 整理数据源

大数据时代，面对如此浩瀚的数据海洋，我们如何才能从中提炼出有价值的信息呢？其实，任何一个数据分析人员在做这方面工作时，都是先获得原始数据，然后对原始数据进行整合、处理，再根据实际需要将数据集合。只有这样层层递进才能挖掘原始数据中潜在的商业信息，也只有这样才能掌握目标客户的核心数据，为企业创造更多的价值。

4.2.1 数据提炼

我们先来认识数据集成的含义，数据集成是把不同来源、格式、特点、性质的数据在逻辑上或物理上有机地集中，从而为企业提供全面的数据共享。在 Excel 中，用户可以执行数据的排序、筛选和分类汇总等操作。数据排序就是指按一定规则对数据进行整理、排列，为数据的进一步处理做好准备。

实例 4-1 2016 年福特汽车销量情况。

根据每月记录的不同车型销量情况，评判 2016 年前 5 个月哪种车型最受大众青睐，以此向更多客户推荐合适的车型。

步骤 1：获取原始数据。图 4-16(a)是一份从网站中导入且经过初始化后的销售数据，从表格中可以读出简单的信息，比如不同车型每月的具体销量。

2016年福特汽车销售情况

车型	5月	4月	3月	2月	1月	2016
翼博	7201	7404	7406	6935	4557	33503
翼虎	10901	11393	11102	12107	8922	54425
麦柯斯	225	110	64	74	10	483
新嘉年华-两厢	3344	3220	3243	3758	1897	15462
新嘉年华-三厢	5202	4811	5065	6201	3158	24437
福克斯	9955	10207	10006	11904	10065	52137
致胜	1075	1304	1271	1367	1039	6056

(a)

2016年福特汽车销售情况

车型	5月	4月	3月	2月	1月	2016
麦柯斯	225	110	64	74	10	483
致胜	1075	1304	1271	1367	1039	6056
新嘉年华-两厢	3344	3220	3243	3758	1897	15462
新嘉年华-三厢	5202	4811	5065	6201	3158	24437
翼博	7201	7404	7406	6935	4557	33503
福克斯	9955	10207	10006	11904	10065	52137
翼虎	10901	11393	11102	12107	8922	54425

(b)

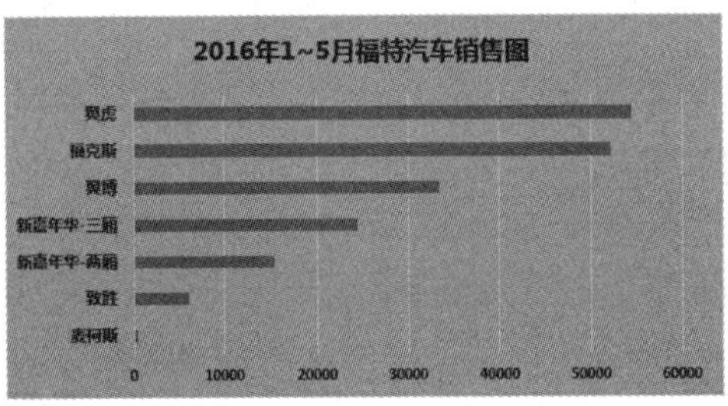

(c)

图 4-16

步骤 2：排序数据。将月份销量进行升序排列，即选定 G3 单元格，然后在“数据”选项卡下的“排序和筛选”组中单击“升序’”按钮，数据将自动按从小到大排列(图 4-16(b))。

步骤 3：制作图表。先选取 A3:A9 单元格区域，然后按住 Ctrl 键的同时选取 G3:G9 单元格区域，在“插入”选项卡下插入图表，接着选择簇状条形图，系统就按数据排列的顺序生成有规律的图表(图 4-16(c))。

实验确认：□学生 □教师

实例 4-2 产品月销售情况。

自动筛选一般用于简单的条件筛选，筛选时将不满足条件的数据暂时隐藏起来，只显示符合条件的数据。高级筛选一般用于条件较复杂的筛选操作，其筛选的结果可显示在原数据表格中，可以在新的位置显示筛选结果，不符合条件的记录同时保留在数据表中而不会被隐藏起来。

本例中，统计某月不同系列的产品的月销量和月销售额，观察销售额在 25 000 以上的产品系列。在保证不亏损的情况下，扩展产品系列的市场。

步骤 1：统计月销售数据。将产品的销售情况按月份记录下来，然后抽取某月的销售数据来调研(图 4-17(a))。

×××公司产品月销售情况			
产品系列	单价	销售量	销售额
A	199	56	11144
A1	219	45	9855
A2	249	40	9960
B	255	102	26010
B1	288	85	24480
B2	333	76	25308
C	308	88	27104
C1	328	71	23288
C2	358	66	23628
D	399	76	30324
D1	425	55	23375
D2	465	39	18135

(a)

×××公司产品月销售情况			
产品系列	单价	销售量	销售额
B	255	102	26010
B2	333	76	25308
C	308	88	27104
D	399	76	30324

(b)

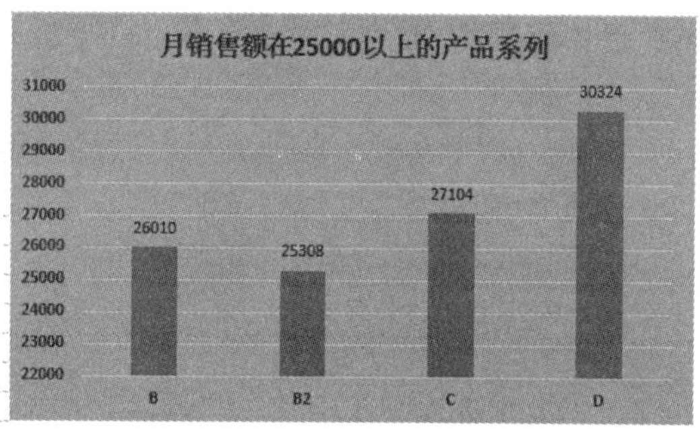

(c)

图 4-17

步骤 2：筛选数据。单击“销售额”栏目，选择“数据”→“筛选”，利用筛选功能下的“数字筛选”，从其下拉菜单中选择大于等于条件，设置大于等于 25 000 的筛选条件(图 4-17(b))。

步骤 3：制作图表。将筛选出的产品系列和销售额数据生成图表，系统默认结果为大于等于 25 000 的产量系列，以只针对满足条件的产品进行分析(图 4-17(c))。

实验确认：□学生　□教师

实例 4-3　公司货物运输费情况表。

在对数据进行分类汇总前，必须确保分类的字段是按照某种顺序排列的，如果分类的字段杂乱无序，分类汇总将会失去意义。

在本实例中，假设总公司从库房向成华店、金牛店和锦江店的卖点运送货物，记录在运输的过程中产生的汽车运输费和人工搬运费，通过分类汇总制作三个卖点的运输费对比图。

步骤 1：排序关键字。见图 4-18(a)，单击“送达店铺”栏，再单击“数据”选项卡下“排序和筛选”组中的“排序”按钮，打开“排序”对话框，设置“送达店铺”关键字按“升序”排序。

	A	B	C	D
1	×××公司货物运输费			
2	商品编码	送达店铺	汽车运输量	人工搬运费
3	JK001	成华店	650	200
4	JK005	成华店	650	300
5	JK006	成华店	650	180
6	JK002	成华店	650	230
7	JK008	成华店	650	380
8	JK001	金牛店	600	260
9	JK008	金牛店	600	220
10	JK005	金牛店	600	200
11	JK006	金牛店	600	195
12	JK002	金牛店	600	160
13	JK004	金牛店	600	260
14	JK006	锦江店	700	260
15	JK001	锦江店	700	180

(a)

	A	B	C	D
1	×××公司货物运输费			
2	商品编码	送达店铺	汽车运输量	人工搬运费
3	JK001	成华店	650	200
4	JK005	成华店	650	300
5	JK006	成华店	650	180
6	JK002	成华店	650	230
7	JK008	成华店	650	380
8	成华店 汇总	0	3250	1290
9	JK001	金牛店	600	260
10	JK008	金牛店	600	220
11	JK005	金牛店	600	200
12	JK006	金牛店	600	195
13	JK002	金牛店	600	160
14	JK004	金牛店	600	260
15	金牛店 汇总	0	3600	1295
16	JK006	锦江店	700	260
17	JK001	锦江店	700	180
18	锦江店 汇总	0	1400	440
19	总计	0	8250	3025

(b)

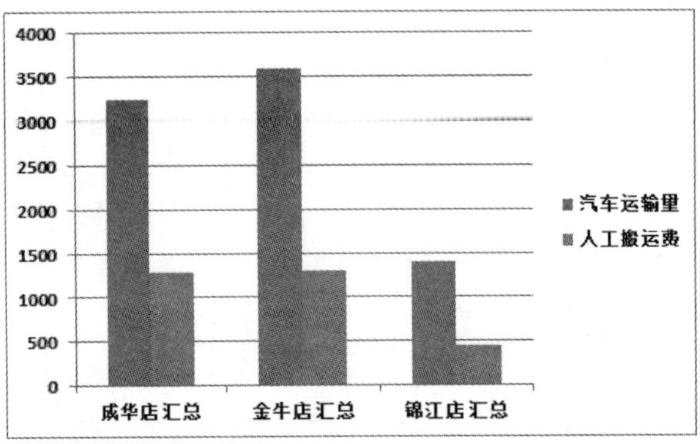

(c)

图 4-18

步骤 2：分类汇总。同样在“数据”选项卡下，单击“分级显示”组中的“分类汇总”按钮，打开“分类汇总”对话框。然后，设置分类字段为“送达店铺”，汇总方式为“求和”，在“选定汇总项”列表中勾选“汽车运输费”和“人工搬运费”(图 4-18(b))。

步骤 3：制作图表。单击分类汇总后按左上角的级别 2 按钮，选取各地区的汇总结果生成柱状图表。图表中显示了各地区的汽车运输费和人工搬运费对比情况(图 4-18(c))。

实验确认：□学生　□教师

4.2.2　数据清理

对于一份庞大的数据来说，无论是手动录制还是从外部获取，难免会出现无效值、重复值、缺失值等情况。不符合要求的主要有缺失数据、错误数据、重复数据这三类，这样的数据就需要进行清洗，此外还有数据一致性检查等操作。

(1) 缺失的数据：在实际的数据收集中，数据项的缺失是很常见的。这主要是一些应该有的信息缺失了，如供应商的名称、分公司的名称、客户的区域信息缺失，业务系统中主表与明细表不能匹配，或者是人为原因导致的在某些时间段内传感器信息的缺失等。

(2) 错误的数据：产生的原因往往是业务系统不够健全，在接收输入后没有进行判断就直接写入后台数据库造成的，例如数值数据输成全角字符、日期格式不正确、日期越界等。Excel 公式中的错误值通常是因为公式不能正确地计算结果或公式引用的单元格有错误造成的。

(3) 重复的数据：产生的原因一般是因为时间段过长，忘记了前期所做的记录，后期又重复记录；或是同一工作任务被不同的执行者执行，导致相同的数据产生；或是在数据处理过程中产生了重复的数据。

想要清除这些有缺陷的数据，就需要根据它们的类型从不同角度进行操作，如填补遗漏的数据、消除异常值、纠正不一致的数据等。对于这种问题的处理方法有批量删除重复值等。

在实际工作中，由于对公式的不熟悉、单元格引用不当、数据本身不满足公式参数的要求等原因，难免会出现一些错误。但是有些时候出现的错误类型并不影响计算结果，此时应该对错误值进行深度处理，可显示为空白或用 0 代替，以方便查阅。

例如，要用 0 显示错误值，可在计算结果的单元格中输入公式(假设数据在 A2:B9 中)：

=IFERROR(VLOOKUP("0", A2:B9, 2, 0) , "0")

4.2.3 抽样产生随机数据

做数据分析、市场研究、产品质量检测，不可能像人口普查那样进行全量的研究。这就需要用到抽样分析技术。在 Excel 中使用“抽样”工具，必须先启用“开发工具”选项，然后再加载“分析工具库”。

抽样方式包括周期和随机。所谓周期模式，即所谓的等距抽样，需要输入周期间隔。输入区域中位于间隔点处的数值以及此后每一个间隔点处的数值将被复制到输出列中。当到达输入区域的末尾时，抽样将停止。而随机模式适用于分层抽样、整群抽样和多阶段抽样等，只需要输入样本数，计算机自行进行抽样，不用受间隔规律的限制。

实例 4-4 随机抽样客户编码。

步骤 1：加载“分析工具库”。单击“文件”→“选项”→“自定义功能区”(图 4-19)，然后在“自定义功能区”面板中勾选“开发工具”，单击“确定”按钮，这样，在 Excel 工作表的主菜单中就会显示“开发工具”命令(图 4-20)。

步骤 2：单击“开发工具”→“加载项”，在弹出的对话框列表中勾选“分析工具库”，单击“确定”按钮，就可成功加载“数据分析”功能。这时，在“数据”选项卡的“分析”组中可以看到“数据分析”选项。

现有从 51001 开始的 100 个连续的客户编码，需要从中抽取 20 个客户编码进行电话拜访，用抽样分析工具产生一组随机数据。

图 4-19 “自定义功能区”选项卡

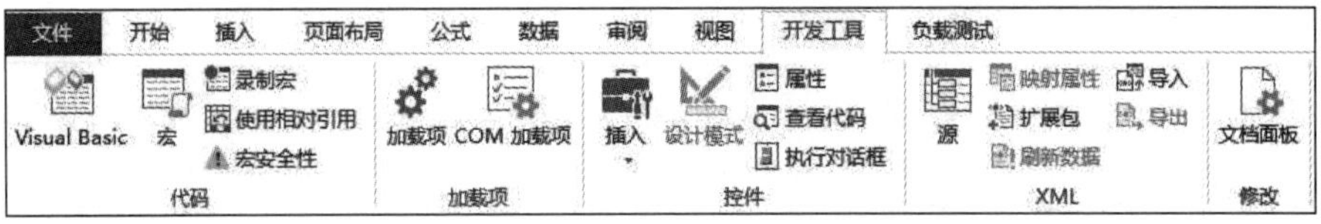

图 4-20 “开发工具”选项卡

步骤 3：获取原始数据。如图 4-21(a)所示，将编码从 51001 开始按列依次排序到 51100，并对间隔列填充相同颜色。

步骤 4：使用抽样工具。在“数据”选项卡下的“分析”组中单击“数据分析”按钮，打开“数据分析”对话框，然后在“分析工具”列表中选择“抽样”，如图 4-21(b)所示。

步骤 5：设置输入区域和抽样方式。在弹出的“抽样”对话框中，设置“输入区域”为 \$A\$1:\$I\$10，设置“抽样方法”为“随机”、样本数为 20，再设置“输出区域”为 \$K\$1，如图 4-21(c)。

步骤 6：抽样结果。单击对话框中的“确定”按钮后，K 列中随机产生了 20 个样本数据，将产生的后 10 个数据剪切到 L 列，然后利用突出显示单元格规则下的重复值选项，将重复结果用不同颜色标记出来，结果如图 4-21(d)所示。

51001	51011	51021	51031	51041	51051	51061	51071	51081	51091
51002	51012	51022	51032	51042	51052	51062	51072	51082	51092
51003	51013	51023	51033	51043	51053	51063	51073	51083	51093
51004	51014	51024	51034	51044	51054	51064	51074	51084	51094
51005	51015	51025	51035	51045	51055	51065	51075	51085	51095
51006	51016	51026	51036	51046	51056	51066	51076	51086	51096
51007	51017	51027	51037	51047	51057	51067	51077	51087	51097
51008	51018	51028	51038	51048	51058	51068	51078	51088	51098
51009	51019	51029	51039	51049	51059	51069	51079	51089	51099
51010	51020	51030	51040	51050	51060	51070	51080	51090	51100

(a)

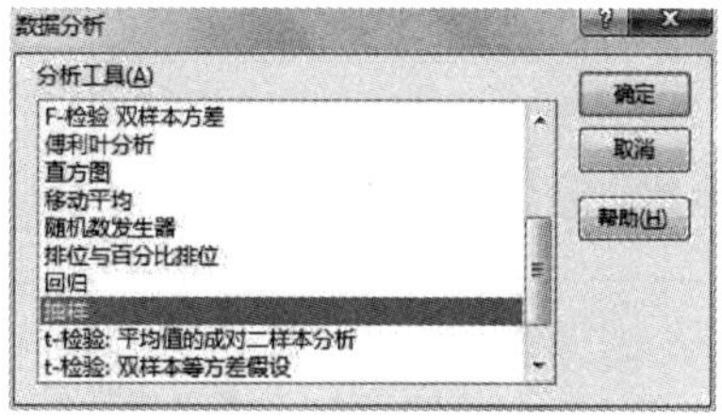

(b)

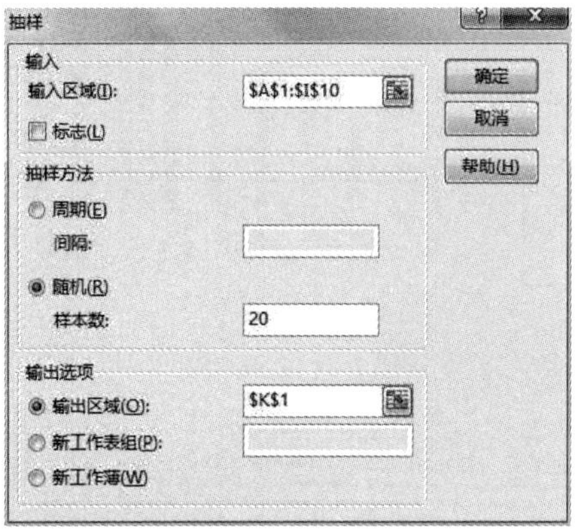

(c)

51050	51059
51084	51027
51006	51054
51067	51055
51008	51059
51053	51013
51032	51076
51073	51082
51065	51009
51033	51048

(d)

图 4-21

实验确认：□学生 □教师

4.3 数理统计中的常见统计量

人们在描述事物或过程时，已经习惯性地偏好于接受数字信息以及对各种数字进行整理和分析，而统计学就是基于现实经济社会发展的需求而不断发展的。

4.3.1 比平均值更稳定的中位数和众数

在统计学领域有一组统计量是用来描述样本的集中趋势的，它们就是平均值、中位数和众数。

(1) 平均值：在一组数据中，所有数据之和再除以这组数据的个数。

(2) 中位数：将数据从小到大排序之后的样本序列中，位于中间的数值。

(3) 众数：一组数据中，出现次数最多的数。

平均数涉及所有的数据，中位数和众数只涉及部分数据。它们互相之间可以相等也可以不相等，却没有固定的大小关系。

一般来说，平均数、中位数和众数都是一组数据的代表，分别代表这组数据的"一般水平"、"中等水平"和"多数水平"。

实例 4-5 员工工作量统计。

在本实例中，统计员工 7 月份的工作量，对整个公司的工作进度进行分析，再评价姓名为“陈科”的员工的工作情况。

如图 4-22(a)所示，在工作表中分别利用 AVERAGE 函数、MEDIAN 函数和 MODE 函数求出“业绩”的平均数、中位数和众数。

姓名	部门	业绩		
周正	摄影部	90	平均数	194
郭靖	摄影部	120	中位数	210
李自城	办公室	150	众数	220
魏浩	摄影部	180		
来飞	平面部	190		
陈科	平面部	200		
阿诗玛	平面部	210		
谭咏麟	办公室	220		
王乐乐	平面部	220		
孙鲁阳	办公室	220		
张文玉	办公室	220		
石晴瑶	平面部	240		
戴海东	办公室	260		

(a)

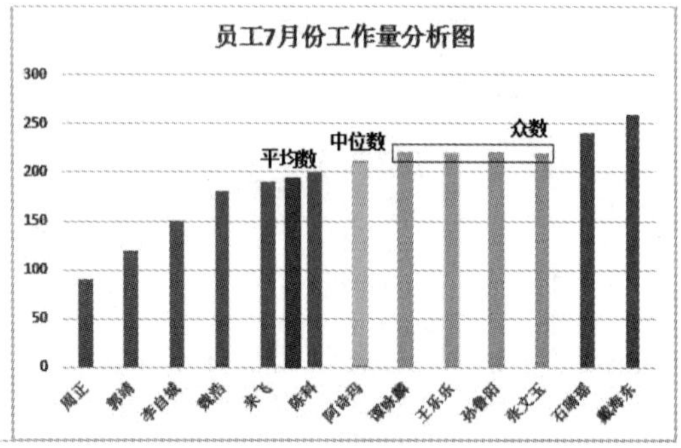

(b)

图 4-22　员工工作量统计

如图 4-22(b)所示，用“姓名”列和“业绩”列作为数据源，将其生成图表，并用不同颜色填充系列“中位数”和“众数”，再手绘一个“平均数”的柱形图置于图表中。

从图表中可以看出，若要体现公司的整体业绩情况，平均值最具代表性，它反映了总体中的平均水平，即公司 7 月份员工的平均业绩：194。而中位数是一个趋向中间值的数据，处于总体的中间位置，所以有一半的样本值小于该值，还有一半的样本值大于该值，相对于平均值来讲，本例中的中位数 210 更具考察意义，因为平均值的计算受到了最大值和最小值两个极端异常值的影响，中位数虽然不能反映公司的一般水平，但是却反映了公司的集中趋势——中等水平。将本例中出现次数最多的众数 220 与平均数和中位数对比后会发现.在所有数据中 220 是一个多数人的水平，它反映了整个公司大多数人的工作状态，也是数据集中趋势的一个统计量。

如果单独考察“陈科”的工作状况，他 7 月份的工作业绩是 200，这并没有达到公司的“中等水平”和“多数水平”，但参考这两个统计量并不能否定他这个月的成绩，因为他的业绩高于整个公司的“平均水平”。

实验确认：□学生　□教师

4.3.2　概率统计中的正态分布和偏态分布

概率可以理解为随机出现的相对数。随机现象是相对于决定性现象而言的。在一定条件下必然发生某一结果的现象称为决定性现象。随机现象则是指在基本条件不变的情况下，每一次试验或观察前，不能肯定会出现哪种结果，呈现出偶然性，如常见的掷骰子试验。事件的概率是衡量该事件发生的可能性的量度。虽然在一次随机试验中某个事件的发生是带有偶然性的，但那些可在相同条件下大量重复的随机试验却往往呈现出明显的数量规律，其中正态分布和偏态分布就是数据有规律出现的两个代表。

正态分布(图 4-23(a))是一种对称概率分布，而偏态分布(图 4-23(b))是指频数分布不对称、集中位置偏向一侧的分布。若集中位置偏向数值小的一侧,称为正偏态分布;集中位置偏向数值大的一侧,称为负偏态分布。在 Excel 中通过折线图或散点图可以模拟出如图 4-23 所示的效果。

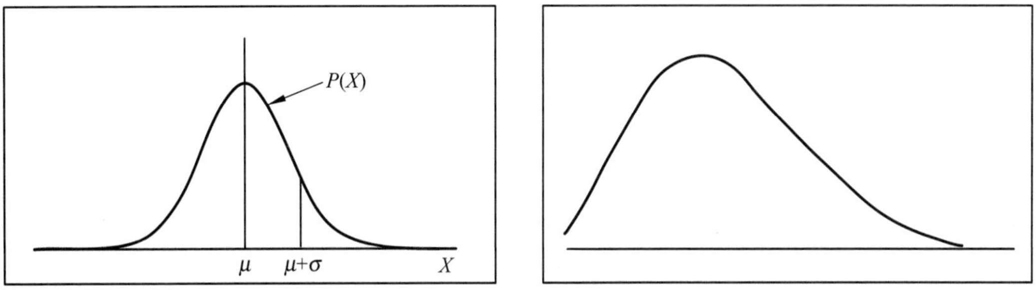

(a) 正态分布图　　(b) 偏态分布图

图 4-23　正态分布和偏态分布

在 Excel 中若要绘制正态分布图,需要了解 NORMDIST 函数。该函数返回指定平均值和标准偏差的正态分布函数。此函数在统计方面应用范围广泛(包括假设检验),能建立起一定数据频率分布直方与该数据平均值和标准差所确定的正态分布数据的对照关系。

实例 4-6　计算学生考试成绩的正态分布图。

一般考试成绩具有正态分布现象。现假设某班有 45 个学生,在一次英语考试中学生的成绩分布在 54～95 分(假设他们的成绩按学号依次递增),计算该班学生成绩的积累分布函数图和概率密度函数图,参见图 4-24(a)(图中在第 27 行有折叠)。

步骤 1:计算均值和方差。在 C2 单元格中输入计算学生成绩的均值公式"=AVERAGE(B3:B47)",按回车键后显示结果。然后在 D2 单元格中输入公式"=STDEVP(B3:B47)"计算学生成绩的方差。

步骤 2:计算积累分布函数。在 E3 单元格中输入正态分布函数的公式"=NORMDIST(B3, C2, D2, TRUE) "。输入该函数的 cumulative 参数时,选择 TRUE 选项表示积累分布函数。

步骤 3:计算概率密度函数。在 F3 单元格中输入与步骤 2 中一样的函数公式,只是最后一个 cumulative 参数设置为 FALSE,即概率密度函数。

步骤 4:填充单元格公式。选取单元格 E3:F3,拖动鼠标填充 E4:F47 单元格区域。

步骤 5:绘制概率密度函数图。选取 F 列数据,插入折线图,系统显示如图 4-24(b)所示。

步骤 6:绘制积累分布函数图。选取 E 列数据,插入面积图,系统显示如图 4-24(c)所示。

实验确认:□学生　□教师

4.3.3　应用在财务预算中的分析工具

大数据预测分析是大数据的核心,但同时也是一个很困难的任务。这里我们尝试在 Excel 中实现数据的分析和预测。

	A	B	C	D	E	F
1	学号	分数	均值	方差	积累分布函数	概率密度函数
2			76	12.98717		
3	01	54			0.045134627	0.00731606
4	02	55			0.052941293	0.008310687
5	03	56			0.061782492	0.009384729
6	04	57			0.071736158	0.010534931
7	05	58			0.082876062	0.011756194
8	06	59			0.09526991	0.013041482
9	07	60			0.10897738	0.014381768
10	08	61			0.12404813	0.015766044
11	09	62			0.140519845	0.017181391
12	10	63			0.158416388	0.018613115
13	11	64			0.177746125	0.020044947
14	12	65			0.198500472	0.021459317
15	13	66			0.220652763	0.022837681
16	14	67			0.244157458	0.024160909
17	15	68			0.268949767	0.025409706
18	16	69			0.294945721	0.026565082
19	17	70			0.322042703	0.027608817
20	18	71			0.350120467	0.028523944
21	19	72			0.379042611	0.029295201
22	20	73			0.408658508	0.029909457
23	21	74			0.438805617	0.030356081
24	22	75			0.46931215	0.03062725
25	23	76			0.5	0.030718177
26	24	77			0.53068785	0.03062725
27	25	78			0.561194383	0.030356081
42	40	93			0.90473009	0.013041482
43	41	94			0.917123938	0.011756194
44	42	95			0.928263842	0.010534931
45	43	96			0.938217508	0.009384729
46	44	97			0.947058707	0.008310687
47	45	98			0.954865373	0.00731606

(a)

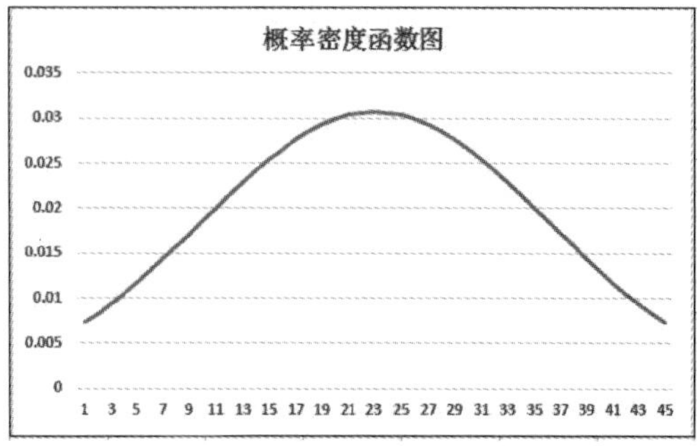

(b)

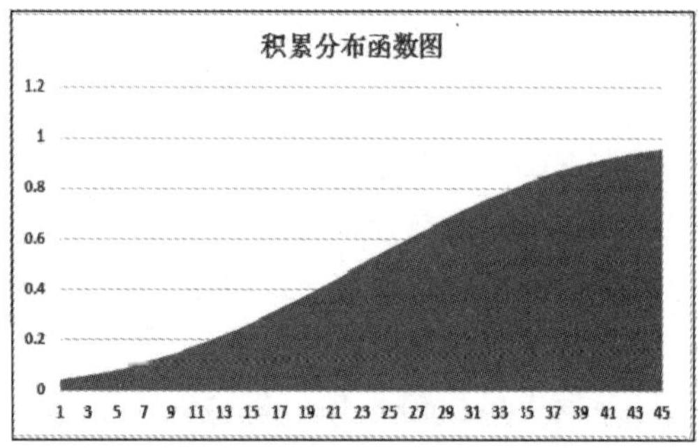

(c)

图 4-24　学生考试成绩

Excel 中包括三种预测数据的工具，即移动平均法、指数平滑法和回归分析法。

(1) 移动平均法：适用于近期预测。当产品需求既不快速增长也不快速下降，且不存在季节性因素时，移动平均法能有效地消除预测中的随机波动，是非常有用的。

(2) 指数平滑法：是生产预测中常用的一种方法，也用于中短期经济发展趋势预测。它兼容了全期平均和移动平均所长，不舍弃过去的数据，但是仅给予逐渐减弱的影响程度，即随着数据的远离，赋予逐渐收敛为零的权数。

(3) 回归分析法：是在掌握大量观察数据的基础上，利用数理统计方法建立因变量与自变量之间的回归关系函数表达式。回归分析法不能用于分析与评价工程项目风险。

简单的全期平均法是对时间序列的过去数据一个不漏地全部加以同等利用；而移动平均法不考虑较远期的数据，并在加权移动平均法中给予近期资料更大的权重。

移动平均法根据预测时使用的各元素的权重不同，可以分为简单移动平均和加权移动平均，简单移动平均的各元素的权重都相等，加权移动平均给固定跨越期限内的每个变量值以不相等的权重。其原理是：历史各期产品需求的数据信息对预测未来期内的需求量的作用是不一样的。

实验确认：□学生　□教师

实例 4-7　一次移动平均法预测。

如图 4-25(a)所示是一份某企业 2015 年 12 个月的销售额情况表，表中记录了 1～12

月每个月的具体销售额，按移动期数为 3 来预测企业下一个月的销售额。

	A	B	C
1	月份	销售额（万元）	
2	1	98	
3	2	181	#N/A
4	3	96	#N/A
5	4	102	125
6	5	128	126.3333333
7	6	115	108.6666667
8	7	111	115
9	8	119	118
10	9	123	115
11	10	127	117.6666667
12	11	132	123
13	12	138	127.3333333
14			132.3333333

(a)

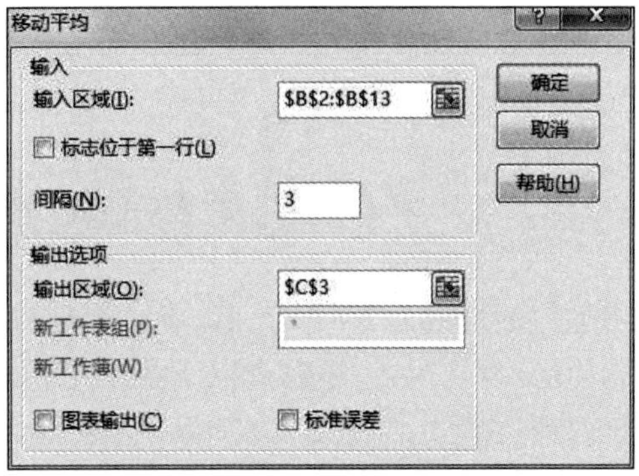

(b)

图 4-25　一次移动平均法预测

步骤 1：数据分析。打开销售额情况表，在“数据”选项卡下，单击“分析”组中的“数据分析”按钮，打开“数据分析”对话框，在“分析工具”列表中选择“移动平均”工具，单击“确定”按钮。

步骤 2：在“移动平均”对话框中进行设置。在“移动平均”对话框中设置“输入区域”为＄B＄2：＄B＄13、“输出区域”为＄C3、“间隔”为 3，如图 4-25(b)所示。

步骤 3：预测结果。单击“移动平均”对话框中的“确定”按钮后，运行结果会显示在单元格区域 C5：C13 中，图 4-25(a)中的第 14 行数据即是下月的预测值。

实例 4-8　指数平滑法预测。

如图 4-26(a)所示是某企业 2013 年的销售额数据，用指数平滑法预测下一个月的销售额。

	A	B	C
1	月份	销售额（万元）	阻尼系数0.2
2	1	127	
3	2	163	#N/A
4	3	176	127
5	4	170	155.8
6	5	183	171.96
7	6	204	170.392
8	7	234	180.4784
9	8	253	199.29568
10	9	229	227.059136
11	10	181	247.8118272
12	11	208	232.7623654
13	12	230	191.3524731
14			204.6704946

(a)

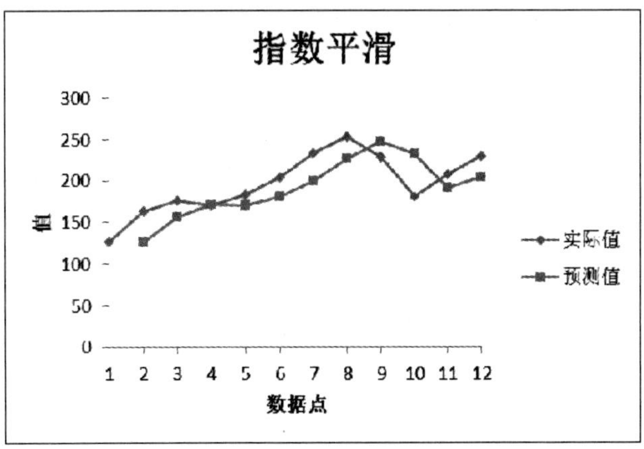

(b)

图 4-26　指数平滑法预测

步骤 1：打开“指数平滑”对话框，设置“输入区域”为 \$B\$2：\$B\$13、“输出区域”为 \$C\$3”，然后输入“阻尼系数”为 0.2，再勾选“图表输出”复选框，单击“确定”按钮。

步骤 2：预测结果。工作表中 C14 单元格中的数据就是指数平滑法预测出的结果。

步骤 3：图表输出。除了工作表中会显示预测数据外，由于勾选了“图表输出”选项，所以系统还会将预测结果用图表的形式输出，如图 4-26(b)所示。

实验确认：□学生　□教师

4.4 改变数据形式引起的图表变化

常见的数量单位有一、十、百、千、万、亿、兆等，万以下是十进制，万以上则为万进制，即万万为亿，万亿为兆；小数点以下为十退位。在 Excel 中，数据单位是否合理直接影响了图表的表达形式，如果数据单位没有设置恰当，制作的图表不但不能准确传递数据信息，还可能误导用户对图表的使用，或者使设计的图表失去意义。

4.4.1 用负数突出数据的增长情况

在计算产值、增加值、产量、销售收入、实现利润和实现利税等项目的增长率时，经常使用的计算公式为：

$$\begin{aligned}增长率(\%) &= (报告期水平 - 基期水平) / 基期水平 \times 100\% \\ &= 增长量 / 基期水平 \times 100\%\end{aligned}$$

其中报告期和基期构成一对相对的概念，报告期基期的对称，是指在计算动态分析指针时，需要说明其变化状况的时期；基期是作为对比基础的时期。

实例 4-9　突出数据的增长情况。

数据如图 4-27(a)所示，用“销售额”来表达数据增长情况并不为过(图 4-27(b))，从图表中可以看出某年销售额的增长趋势。

在 C3 单元格中输入计算增长率的公式“=(B3－B2)/B2”，然后拖动鼠标填充 C3。

用增长额来分析，数据波动的大小和负增长的情况并不那么显而易见。而在图 4-27(c)中，折线的起伏不定表示了数据的波动情况，而且在零基线上方展示了数据的正增长，还有一小部分在零基线下方，说明该年的销售额数据有负增长的情况——这就是用增长率来分析数据的优势。

实验确认：□学生　□教师

4.4.2 重排关键字顺序使图表更合适

条形图和柱形图最常用于说明各组之间的比较情况。条形图是水平显示数据的唯一图表类型。因此，该图常用于表示随时间变化的数据，并带有限定的开始和结束日期。另外，由于类别可以水平显示，因此它还常用于显示分类信息。

实例 4-10　重排关键字顺序的效果。

在图 4-28(a)中，选定 B2 单元格，切换至“数据”选项卡下，在“排序和筛选”组中单击“升序”按钮，便可得到图 4-28(b)所示的结果。

	A	B	C
1	月份	销售额	增长率(%)
2	1月	9850	
3	2月	9900	0.5
4	3月	9890	-0.1
5	4月	11550	16.8
6	5月	12550	8.7
7	6月	12500	-0.4
8	7月	13500	8.0
9	8月	14500	7.4
10	9月	14300	-1.4
11	10月	15810	10.6
12	11月	16000	1.2
13	12月	16850	5.3

(a)

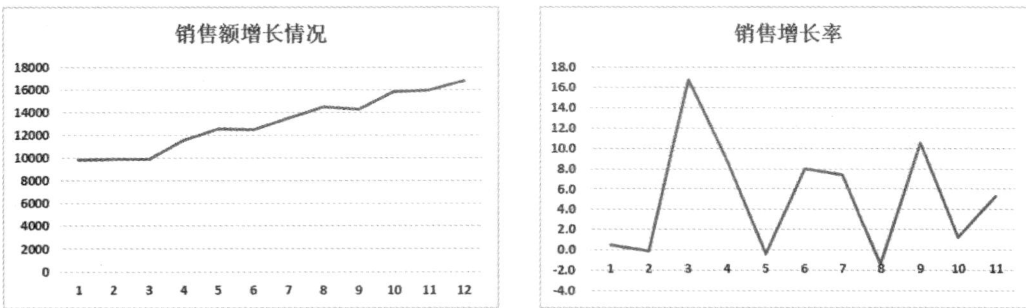

(b) (c)

图 4-27　数据的增长情况

从图 4-28(c)可知源数据的凌乱无序，无论是数据还是关键字毫无规律可言。条形图与柱状图一样，在表示项目数据大小时，一般都会先对数据排序。图 4-28(d)是对数值按从大到小的顺序进行排列后的效果。对于条形图，人们习惯将类别按从大至小的次序排列，也就是要将源数据按降序排列才会达到此效果。

实验确认：□学生　□教师

【延伸阅读】

科学家与人文学家走出“象牙塔”

在记录文化的方式上，古今最大的差异在于今天的大数据是以数字形式存在的。正如光学透镜能转换和操纵光线一样，数字媒体也能转换和操纵信息。只要拥有充足的数字记录和一定程度的计算能力，那么人类文化的相关研究就会达到新的制高点，人们也就有可能在认识世界以及理解人们在世界中的地位方面做出令人惊叹的贡献。

让我们来考虑这样一个问题：如果你想了解现代人类社会，那么你将去哪里寻求更有利的帮助？是一所拥有众多社会学家的一流大学，还是帮助人们实现在线社交的 Facebook 呢？

尽管，成为大学社会学系的教师可以让我们获益于那些一生致力于学习和研究的聪明大脑。然而，Facebook 是 10 亿人日常社会生活的一部分，它知道人们在哪里居住和工

国家	销量（单位：亿元）
中国	11.2
美国	13.5
日本	7.6
德国	8.9
法国	9.6
意大利	9.2
马来西亚	7.4

(a)

国家	销量（单位：亿元）
马来西亚	7.4
日本	7.6
德国	8.9
意大利	9.2
法国	9.6
中国	11.2
美国	13.5

(b)

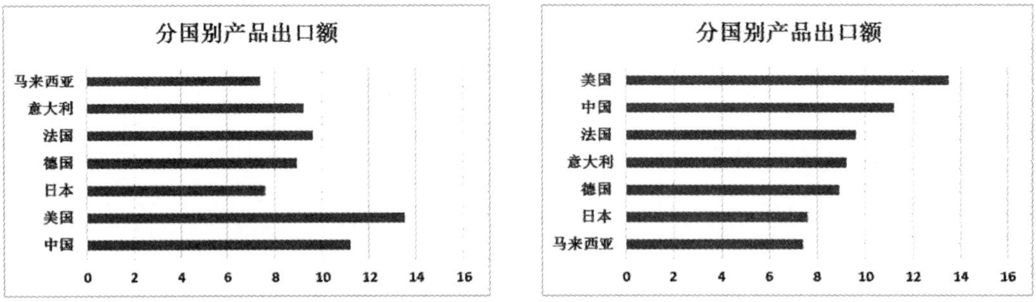

(c) (d)

图 4-28 重排关键字顺序的效果

作、和谁在哪儿交往、喜好什么、什么时候生病以及和朋友谈论的话题等。因此，答案很可能是 Facebook。如果现在答案还不是 Facebook，那么 20 年后，当 Facebook 或者其他类似的网站存储了万倍于当前的个人信息时，答案又是怎样的呢？

诸如此类的思考开始促使科学家和人文学者做出一些不寻常的举动：走出象牙塔，开展和大公司的合作研究。尽管这些合作者在观念和动机上的差异很大，但它们合作开展的研究类型是人们无法想象的——它们使用的是规模前所未有的数据。

斯坦福大学经济学家乔恩·莱文和 eBay 合作，研究市场中商品的价格是如何确定的。莱文发现，eBay 商家经常进行小型实验来确定货物的价格。通过同时研究数十万个这样的定价实验，莱文和他的同事阐明了经济学中一个相对成熟但却仍然停留在理论阶段的分支——价格理论。莱文指出，现有的文献多数情况下是正确的，但有时也会有重大错误。莱文在这一方面的研究上做出了巨大贡献，使其获得了约翰·贝茨·克拉克奖，该奖项是 40 岁以下经济学家能获得的最高荣誉，其得主往往直指诺贝尔经济学奖。

加利福尼亚大学圣迭戈分校的詹姆斯·福勒带领他的研究小组和 Facebook 合作，对 6100 万个 Facebook 用户进行了实验。实验结果表明，当一个人听说自己的密友注册 Facebook 进行投票后，其注册的可能性会相应变大。而他们的朋友关系越密切，相互间的影响也就会越大。除了这一有趣的实验结果外，这个实验还被权威学术期刊《自然》做过封面特别报道。另外，实验还发现，2010 年的美国选举中增加了超过 30 万张选票，而这些选票足以改变选举结果。

美国东北大学的物理学家艾伯特-拉斯洛·巴拉巴西和一些大型电话公司合作，通过分析手机用户留下的数字足迹，研究数百万人的移动轨迹。巴拉巴西和他的团队提出了一种研究人类迁移的数学分析方法，并在多个城市进行实验。他们通过分析人类迁移的历史记录，有时甚至能够预测出人们接下来会去哪。

谷歌软件工程师杰里米·金斯伯格领导的团队观测到：在传染病流行期间，人们很可能会去搜索流感症状、并发症和疗法。金斯伯格及其团队利用这一令人吃惊的事实做了更进一步的研究：他们搭建了一个可以实时查看某个特定地区的人们在谷歌中的搜索内容，从而识别出逐渐增多的流感传染区域的系统。在识别新传染病方面，他们设计出的这个早期预警系统比美国疾病控制与预防中心要快很多，尽管后者拥有庞大而昂贵的专用基础设施。

哈佛大学经济学家拉杰·切蒂联系美国国家税务局，说服其共享某个城区数百万学生的信息。他和他的合作者将这些信息与学生课堂作业布置情况的信息合成了一个新的数据库，后者是由学校提供的。通过这个数据库，切蒂的团队可以知道哪个学生师从于哪位教师，从而能够开展一系列开创性的研究：能师从于一位优秀的教师对学生的长期影响以及一些其他政策介入产生的影响。他们发现，一位优秀的教师会影响学生上大学的可能性、学生们毕业多年后的收入甚至学生们今后生活中邻里关系良好的可能性。切蒂的团队用他们的发现来帮助改善对教师工作成效的考核。2013年，切蒂获得了约翰·贝茨·克拉克奖。

在FiveThirtyEight博客中，前棒球分析师纳特·西尔弗研究了通过大数据来预测美国大选的赢家的可行性。他从盖洛普、拉斯穆森、兰德、梅尔曼、美国有线电视新闻网(CNN)和许多其他网站上搜集关于总统民调的数据。利用这些数据，他预测到奥巴马将赢得2008年大选，并准确预测出了49个州以及哥伦比亚特区的选举人团的获胜者，唯一一个预测错的州是印第安纳州。预测准确率似乎已经没有多少可以提高的空间了。但是，在下一次大选中，他却的确提高了预测准确率。在2012年选举日的上午，西尔弗宣布，奥巴马有90.9%的可能性会击败罗姆尼，并准确预测了哥伦比亚特区和每个州的当选者，而这一次印第安纳州也没能例外。

使用大数据进行探索的实例还有很多，而且还在不断涌现。如今的研究人员利用大数据所做的实验是他们的前辈们做梦都想不到的。

资料来源：[美]埃雷兹·艾登，[法]让-巴蒂斯特·米歇尔著，王彤彤等译. 可视化未来——数据透视下的人文大趋势. 杭州：浙江人民出版社，2015

【实验与思考】

体验Excel数据可视化方法

1. 实验目的

(1) 熟悉Excel电子表格的基本操作；

(2) 通过对课文中实例的实验操作，熟悉Excel数据分析和数据可视化方法。

(3) 体验大数据可视化分析的基础操作。

2. 工具/准备工作

在开始本实验之前,请认真阅读课程的相关内容。

需要准备一台安装有 Microsoft Excel(2013 版)应用软件的计算机。

3. 实验内容与步骤

请仔细阅读本章的课文内容,对其中的各个实例实施具体操作,从中体验 Excel 数据统计分析与可视化方法。

注意:完成每个实例操作后,在对应的"实验确认"栏中打勾(√),并请实验指导老师指导并确认。

请问:你是否完成了上述各个实例的实验操作?如果不能顺利完成,请分析可能的原因是什么?

答:______________________________

____

____

____

4. 实验总结

____

____

____

____

5. 实验评价(教师)

____

____

第5章

Excel 数据可视化应用

【导读案例】

包罗一切的数字图书馆

我们要讲述的是一个有关对图书馆进行实验的故事。没错，我们的实验对象不是一个人、一只青蛙、一个分子或者原子，而是史学史中最有趣的数据集——一个旨在包罗所有书籍的数字图书馆。

这样神奇的图书馆从何而来呢？

1996 年，斯坦福大学计算机科学系的两位研究生正在做一个现在已经没什么影响力的项目——斯坦福数字图书馆技术项目。该项目的目标是展望图书馆的未来，构建一个能够将所有书籍和万维网整合起来的图书馆。他们打算开发一个工具，能够让用户浏览图书馆的所有藏书。但是，这个想法在当时是难以实现的，因为只有很少一部分书是数字形式的。于是，他们将该想法和相关技术转移到文本上，将大数据实验延伸到万维网上，开发出了一个让用户能够浏览万维网上所有网页的工具，他们最终开发出了一个搜索引擎，并将其称为“谷歌”。

到 2004 年，谷歌“组织全世界的信息”的使命进展得很顺利，这就使其创始人拉里·佩奇有暇回顾他的“初恋”——数字图书馆。令人沮丧的是，仍然只有少数书是数字形式的。不过，在那几年间，某些事情已经改变了：佩奇现在是亿万富翁。于是，他决定让谷歌涉足扫描图书并对其进行数字化的业务。尽管他的公司已经在做这项业务了，但他认为谷歌应该为此竭尽全力。

雄心勃勃？无疑如此。不过，谷歌最终成功了。在公开宣称启动该项目的 9 年后，谷歌完成了 3000 多万本书的数字化，相当于历史上出版图书总数的 1/4。其收录的图书总量超过了哈佛大学(1700 万册)、斯坦福大学(900 万册)、牛津大学(1100 万册)以及其他任何大学的图书馆，甚至还超过了俄罗斯国家图书馆(1500 万册)、中国国家图书馆(2600 万册)和德国国家图书馆(2500 万册)。在撰写本书时，唯一比谷歌藏书更多的图书馆是美国国会图书馆(3300 万册)。而在你读到这句话的时候，谷歌可能已经超过它了。

当“谷歌图书”(图 5-1)项目启动时，我们和其他人一样是从新闻中得知的。但是，直到两年后的 2006 年，这一项目的影响才真正显现出来。当时，我们正在写一篇关于英语语法历史的论文。为了该论文，我们对一些古英语语法教科书做了小规模的数字化。

现实问题是：与我们的研究最相关的书被“埋藏”在哈佛大学魏德纳图书馆（图 5-2）里，我们要介绍一下我们是如何找到这些书的。首先，到达图书馆东楼的二层，走过罗斯福收藏室和美洲印第安人语言部，你会看到一个标有电话号码 8900 和向上标识的过道，这些书被放在从上数的第二个书架上。多年来，伴随着研究的推进，我们经常来翻阅这个书架上的书。那些年，我们是唯一借阅过这些书的人，除了我们之外没有人在意这个书架。

图 5-1　谷歌图书的 Logo

图 5-2　哈佛大学魏德纳图书馆

有一天，我们注意到我们的研究中经常使用的一本书可以在网上看到了。那是由“谷歌图书”项目（图 5-3）实现的。出于好奇，我们开始在“谷歌图书”项目中搜索魏德纳图书馆那个书架上的其他书，而那些书同样也可以在“谷歌图书”项目中找到。这并不是因为

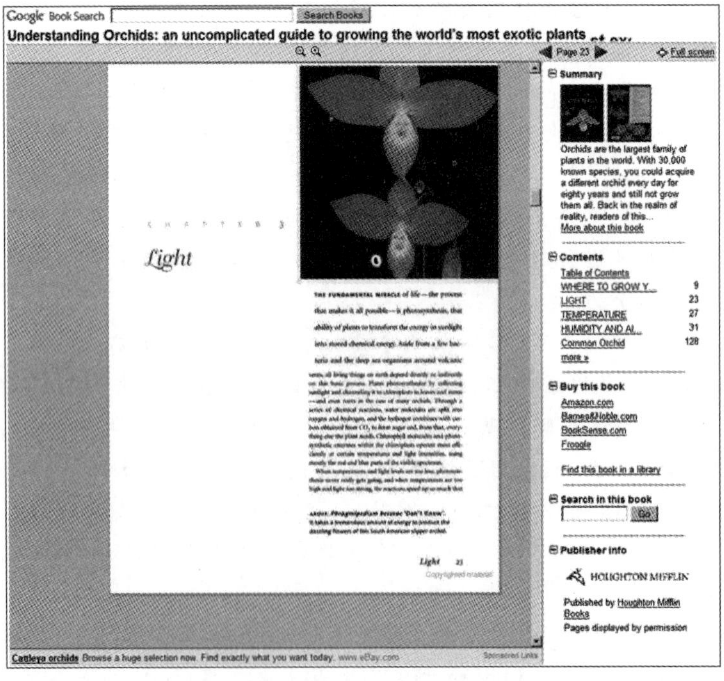

图 5-3　谷歌图书

谷歌公司关心中世纪英语的语法。我们又搜索了其他一些书，无论这些书来自哪个书架，都可以在“谷歌图书”中找到对应的电子版本。也就是说，就在我们动手数字化那几本语法书时，谷歌已经数字化了几栋楼的书！

谷歌的大量藏书代表了一种全新的大数据，其有可能会转变人们看待过去的方式。大多数大数据虽然大，但时间跨度却很短，是有关近期事件的新近记录。这是因为这些数据是由互联网催生的，而互联网只是一项新兴的技术。我们的目标是研究文化变迁，而文化变迁通常会跨越很长的时间段，这期间一代代的人生生死死。当我们探索历史上的文化变迁时，短期数据是没有多大用处的，不管它有多大。

“谷歌图书”项目的规模可以和我们这个数字媒体时代的任何一个数据集相媲美。谷歌数字化的书并不只是当代的，不像电子邮件、RSS订阅和superpokes等，这些书可以追溯到几个世纪前。因此，“谷歌图书”不仅是大数据，而且是长数据。

由于“谷歌图书”包含了如此长的数据，和大多数大数据不同，这些数字化的图书不局限于描绘当代人文图景，还反映了人类文明在相当长一段时期内的变迁，其时间跨度比一个人的生命更长，甚至比一个国家的寿命还长。“谷歌图书”的数据集也由于其他原因而备受青睐——它涵盖的主题范围非常广泛。浏览如此大量的书籍可以被认为是在咨询大量的人，而其中有很多人都已经去世了。在历史和文学领域，关于特定时间和地区的书是了解那个时间和地区的重要信息源。

由此可见，通过数字透镜来阅读“谷歌图书”将有可能建立一个研究人类历史的新视角。我们知道，无论要花多长时间，我们都必须在数据上入手。

大数据为我们认识周围世界创造了新机遇，同时也带来了新的挑战。

第一个主要的挑战是：大数据和数据科学家们之前运用的数据在结构上差异很大。科学家们喜欢采用精巧的实验推导出一致的准确结果，回答精心设计的问题。但是，大数据是杂乱的数据集。典型的数据集通常会混杂很多事实和测量数据，数据搜集过程随意，并非出于科学研究的目的。因此，大数据集经常错漏百出、残缺不全，缺乏科学家们需要的信息。而这些错误和遗漏即便在单个数据集中也往往不一致。那是因为大数据集通常由许多小数据集融合而成。不可避免地，构成大数据集的一些小数据集比其他小数据集要可靠一些，同时每个小数据集都有各自的特性。Facebook就是一个很好的例子。交友在Facebook中意味着截然不同的意思。有些人无节制地交友，有些人则对交友持谨慎的态度；有些人在Facebook中将同事加为好友，而有些人却不这么做。处理大数据的一部分工作就是熟悉数据，以便你能反推出产生这些数据的工程师们的想法。但是，我们和多达1拍字节的数据又能熟悉到什么程度呢？

第二个主要的挑战是：大数据和我们通常认为的科学方法并不完全吻合。科学家们想通过数据证实某个假设，将他们从数据中了解到的东西编织成具有因果关系的故事，并最终形成一个数学理论。当在大数据中探索时，你会不可避免地有一些发现，例如，公海的海盗出现率和气温之间的相关性。这种探索性研究有时被称为“无假设”研究，因为我们永远不知道会在数据中发现什么。但是，当需要按照因果关系来解释从数据中发现的相关性时，大数据便显得有些无能为力了。是海盗造成了全球变暖吗？是炎热的天气使更多的人从事海盗行为的吗？如果二者是不相关的，那么近几年在全球变暖加剧的同时，海盗的数目为什么会持续增加呢？我们难以解释，而大数据往往却能让我们去猜想这些事情中的因果链条。

当我们继续收集这些未做解释或未做充分解释的发现时，有人开始认为相关性正在威胁因果性的科学基石地位。甚至有人认为，大数据将导致理论的终结。这样的观点有些让人难以接受。现代科学最伟大的成就是在理论方面。譬如，爱因斯坦的广义相对论、达尔文的自然选择进化论等，理论可以通过看似简单的原理来解释复杂的现象。如果我们停止理论探索，那么我们将会忽视科学的核心意义。当我们有了数百万个发现而不能解释其中任何一个时，这意味着什么？这并不意味着我们应该放弃对事物的解释，而是意味着很多时候我们只是为了发现而发现。

第三个主要挑战是：数据产生和存储的地方发生了变化。作为科学家，我们习惯于通过在实验室中做实验得到数据，或者记录对自然界的观察数据。可以说，某种程度上，数据的获取是在科学家的控制之下的。但是，在大数据的世界里，大型企业甚至政府拥有着最大规模的数据集。而它们自己、消费者和公民们更关心的是如何使用数据。很少有人希望美国国家税务局将报税记录共享给那些科学家，虽然科学家们使用这些数据是出于善意。eBay 的商家不希望它们完整的交易数据被公开，或者让研究生随意使用。搜索引擎日志和电子邮件更是涉及个人隐私权和保密权。书和博客的作者则受到版权保护。各个公司对所控制的数据有着强烈的产权诉求，它们分析自己的数据是期望产生更多的收入和利润，而不愿意和外人共享其核心竞争力，学者和科学家更是如此。

出于所有这些原因，一些最强大的关于人类"自我知识"的数据资源基本未被使用过。尽管有关社会化网络的研究已经进行了几十年了，但几乎没有任何公开的研究是在 Facebook 上进行的，因为 Facebook 公司没有动力去分享他们的社会化网络数据。尽管市场经济理论已经有了几个世纪的历史，经济学家也无法访问主要在线市场的详细交易记录。尽管人类已经在绘制世界地图上努力了几千年，DigitalGlobe 等公司也拥有着地球表面的 50 厘米分辨率的卫星照片，但是这些地图数据从未被系统地研究过。我们发现，人们永无止境的学习欲望和探索欲望与这些数据之间的鸿沟大得惊人。这类似于数代天文学家们一直在探索遥远的恒星，却由于法律原因而不被允许研究太阳。

然而，只要知道太阳在那里，人们对它的研究欲望就不会消退。如今，全世界的人都在跳着一支支奇怪的"交际舞"。学者和科学家为了能够访问企业的数据，开始不断地接触工程师、产品经理甚至高级主管。有时候，最初的会谈很顺利——他们出去喝喝咖啡，随后事情就会按部就班地进行。一年后，一个新人加入进来。很不幸，这个人通常是律师。

如果要分析谷歌的图书馆，我们就必须找到应对上述挑战的方法。数字图书所面临的挑战并不是独特的，只是今天大数据生态系统的一个缩影。

资料来源：[美] 埃雷兹·艾登，[法] 让-巴蒂斯特·米歇尔著，王彤彤等译. 可视化未来——数据透视下的人文大趋势. 杭州：浙江人民出版社，2015

阅读上文，请思考、分析并简单记录：

(1) "谷歌"的诞生最初源自于什么项目？如今，这个项目已经达到什么样的规模？这个规模经历了多长时间？对此，你有什么感想？

答：

(2) 请在互联网上搜索“Google图书”(谷歌图书)，你能顺利打开这个网页吗？请记录，什么是“Google图书”？

答：

(3) “数据越多，问题越多”，那么，我们面临的主要挑战是什么？

答：

(4) 请简单描述你所知道的上一周发生的国际、国内或者身边的大事。

答：

5.1 直方图：对比关系

直方图，又称质量分布图、柱状图，是一种统计报告图，也是表示资料变化情况的主要工具。直方图由一系列高度不等的纵向条纹或线段表示数据分布的情况，一般用横轴表示数据类型，纵轴表示分布情况。制作直方图的目的就是通过观察图的形状，判断生产过程是否稳定，预测生产过程的质量。

5.1.1 以零基线为起点

零基线是以零作为标准参考点的一条线，零基线的上方规定为正数，下方为负数，它相当于十字坐标轴中的水平轴。Excel中的零基线通常是图表中数字的起点线，一般只展示正数部分。若是水平条形图，零基线与水平网格线平行；若是垂直条形图，则零基线与垂直网格线平行。

实例 5-1 零基线为起点。

如图 5-4(a)所示，数据起点是 2000 元，从中可以读出每个部门的日常开支，而图 5-4(b)的数据起点是 0，即把零基线作为起点。图 5-4(a)的不足在于不便于对比每个直条的总价值，乍看感觉人事部的开支是财务部的两倍还多，而事实上人事部的数据只比财务部多了 1500 元。这种错误性的导向就是数据起点的设定不恰当造成的。

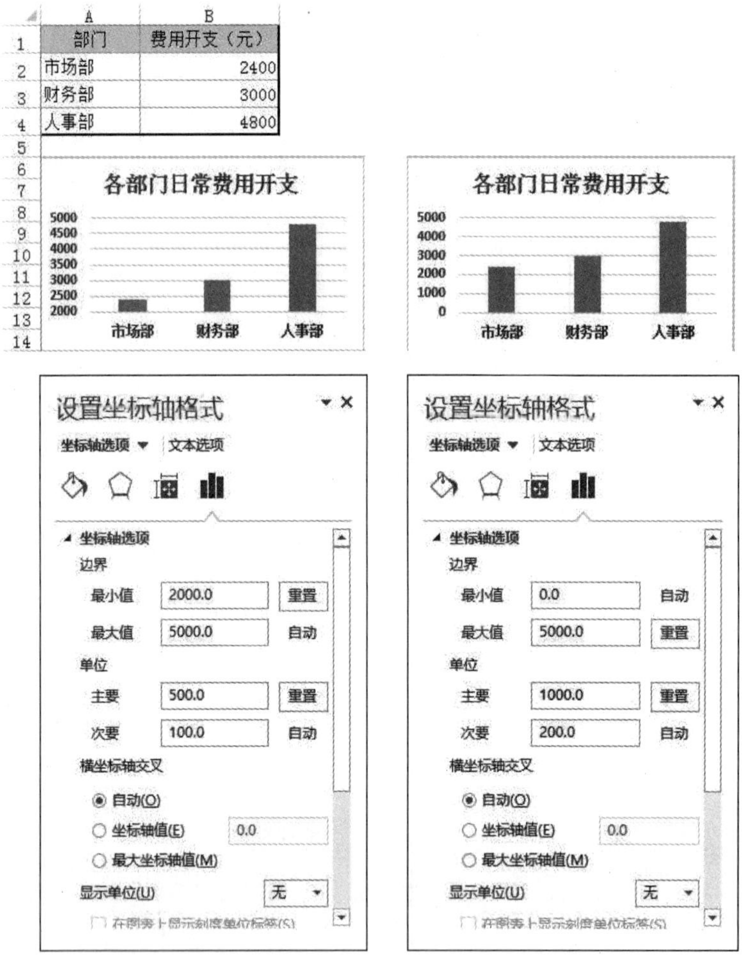

(a) 起点为2000　　(b) 起点为0

图 5-4　日常费用开支直方图

步骤 1：绘制图表(图 5-4(a))。

步骤 2：右键单击图表左侧的坐标轴数据，选择“设置坐标轴格式”命令打开窗格，在“坐标轴选项”下，将“边界”组中的“最大值”、“最小值”和“单位”组中的“主要”、“次要”按照图 5-4(b)所示进行设置，得到图 5-4(b)结果。

实验确认：□学生　□教师

零基线在图表中的作用很重要。在绘图时，要注意零基线的线条要比其他网格线线条粗、颜色重。如果直条的数据点接近于零，那还需要将其数值标注出来。

此外，要看懂图表，必须先认识图例。图例是集中于图表一角或一侧的各种形状和颜色所代表内容与指标的说明。它具有双重任务，在编图时是图解表示图表内容的准绳，在用图时是必不可少的阅读指南。无论是阅读文字还是图表，人们习惯于从上至下地去阅读，这就要求信息的因果关系应明确。在图表中，这一点也必须有所体现。例如，在默认情况下图例都是在底部显示的，应该将图例放在图信息的上方，根据阅读习惯，自然而然地加快了阅读速度。

如果想删除多余标签，只显示部分的数据标签，可单击选中所有的数据标签，然后再双击需要删除的数据标签即可；或选中单独的某个标签，再按 Delete 键便可删除。

5.1.2 垂直直条的宽度要大于条间距

在柱状图或条形图中，直条的宽度与相邻直条间的间隔决定了整个图表的视觉效果。即便表示的是同一内容，也会因为各直条的不同宽度及间隔而给人以不同的印象。如果直条的宽度小于条间距，则会形成一种空旷感，这时读者在阅读图表时注意力会集中在空白处，而不是数据系列上。在一定程度上会误导读者的阅读方式。

实例 5-2 直条的宽度。

如图 5-5 所示，两组图表中，图 5-5(a)中直条宽度明显小于条间距，虽然能从中读出

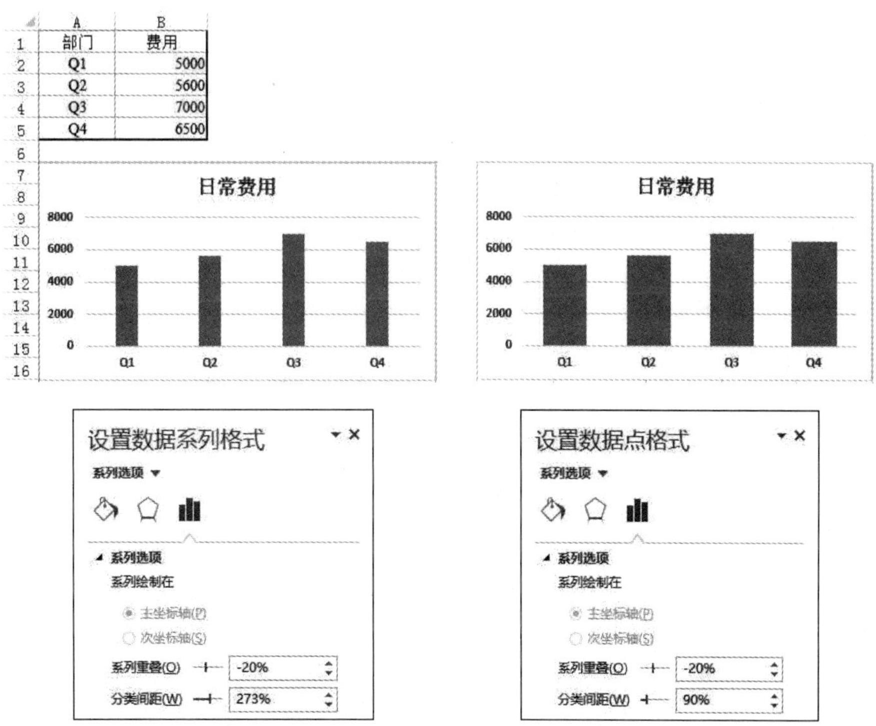

(a) (b)

图 5-5 设置直条的宽度

想要的数据结果，但其表达效果不如图 5-5(b)中的图形。直条是用来测量零散数据的，如果其中的直条过窄，视线就会集中在直条之间不附带数据信息的留白空间上。因此，将直条宽度绘制在条间距的一倍以上两倍以下最为合适。

步骤：双击图 5-5 中的直条形状，在打开的数据系列格式窗格的“系列选项”下设置“分类间距”的百分比大小。分类间距百分比越大，直条形状就越细，条间距就越大，所以将分类间距调整为小于等于 100%较为合适。

实验确认：□学生　□教师

网格线的作用是方便读者在读图时进行值的参考，Excel 默认的网格线是灰色的，显示在数据系列的下方。如果把一个图表中必不可少的元素称为数据元素，其余的元素称为非数据元素，那么 Excel 中的网格线属于非数据元素，对于这类元素，应尽量减弱或者直接删除。例如，应该避免在水平条形图中使用网格线。

5.1.3　慎用三维效果的柱形图

在大多数情况下，三维效果是为了体现立体感和真实感的。但是，这并不适用于柱状图，因为柱状图顶部的立体效果会让数据产生歧义，导致其失去正确的判断。

如果想用 3D 效果展示图表数据，可以选用圆锥图表类型，圆锥效果将圆锥的顶点指向数据，也就是在图表中每个圆锥的顶点与水平网格线只有一个交点，使指向的数据是唯一的、确定的。

实例 5-3　柱形图的三维效果。

图 5-6(a)中使用了三维效果展示各店一季度的销售额，细心的读者会疑惑直条的顶端与网格线相交的位置在哪里，也就是直条对应的数据到底是多少并不明确，这种错误在图表分析过程中是不可原谅的。所以切记不能将三维效果用在柱形图中，若要展示一定程度的立体感，可以选用不会产生歧义的阴影效果，例如图 5-6(b)中的图表。

步骤 1：选中三维效果的图表，然后在“图表工具”→“设计”选项卡下单击“类型”组中的“更改图表类型”按钮，在弹出的图表类型中选择“簇状柱形图”，如图 5-6(c)所示。

步骤 2：如果想为图表设计立体感，可以先选中系列，在“格式”选项卡下设置形状效果为“阴影-内部-内部下方”，效果如图 5-6(b)所示。

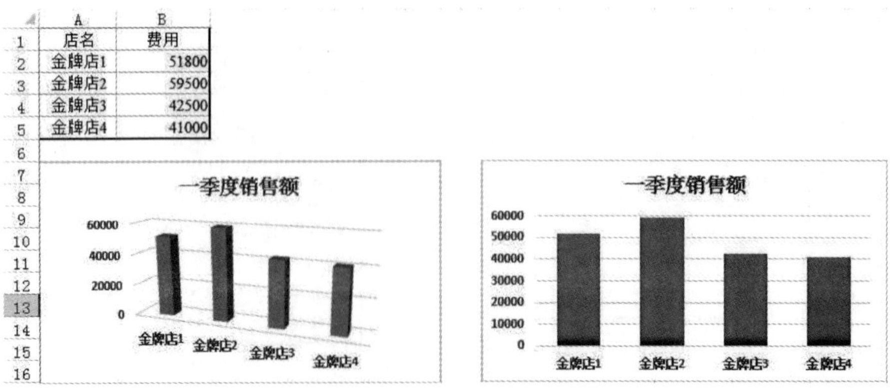

(a)　　　　(b)

图 5-6　柱形图

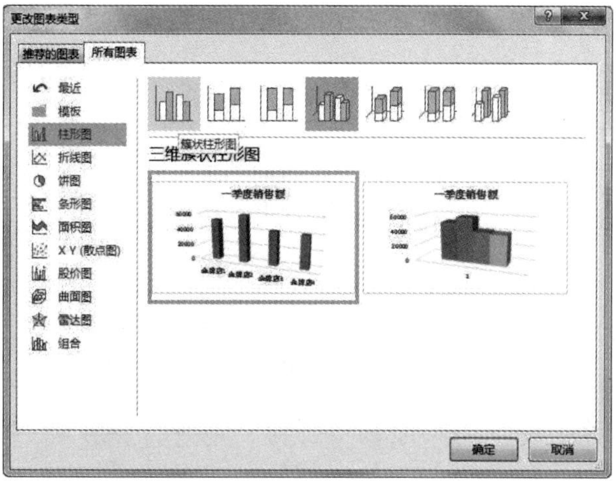

(c)

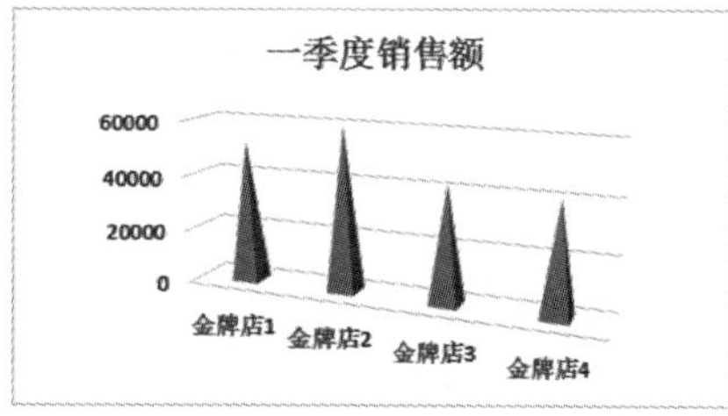

(d)

图 5-6 （续）

步骤 3：如果需要制作三维效果的圆锥图，可以先制作成三维效果的柱状图，然后双击图表中的数据系列，打开数据系列格式窗格，在“系列选项”下有一组“柱体形状”，单击“完整圆锥”按钮，即可将图表类型设计为三维效果的圆锥状，如图 5-6(d)图所示。

实验确认：□学生　□教师

在图表制作中，图表系列的颜色也很重要。例如使用相似的颜色填充柱形图中的多直条，使系列的颜色由亮至暗地进行过渡布局，这样，较之于颜色鲜艳分明，得到的图表具有更强的说服力。因为在多直条种类中（一般保持在 4 种或 4 种以下），前者在同一性质（月份）下会使阅读更轻松，因为它们的颜色具有相似性，不会因为颜色繁多而眼花缭乱。

5.1.4 用堆积图表示百分数

柱形图按数据组织的类型分为簇状柱形图、堆积柱形图和百分比堆积柱形图，簇状柱形图用来比较各类别的数值大小；堆积柱形图用来显示单个项目与整体间的关系，比较各个类别的每个数值占总数值的大小；百分比堆积柱形图用来比较各个类别的每一数值占总数值的百分比。

实例 5-4　百分比柱形堆积图。

如图 5-7 所示，图表中的数据所要表达的是 4 个月中某个新员工实际完成的工作量占目标工作量的百分数大小。图 5-7(a)表中单色直条所代表的 100％数值完全就是画蛇添足，将其去掉反而会让图表更加简洁。如果想保留这一目标百分数，可以将“完成率”与“目标值”所代表的直条重合在一起，结果就是图 5-7(b)中的效果。图 5-7(b)中的图表从形式上加强了百分数的表达，特别是部分与整体的百分数效果更明确。

步骤 1：根据图 5-7 中表格的数据，绘制并调整，选中该系列上的数据标签，在“标签选项”下设置“标签位置”为“居中”，完成直方图效果如图 5-7(a)所示。

步骤 2：双击图表中的“完成率”系列，在弹出的数据系列格式窗格中设置“系列选项”

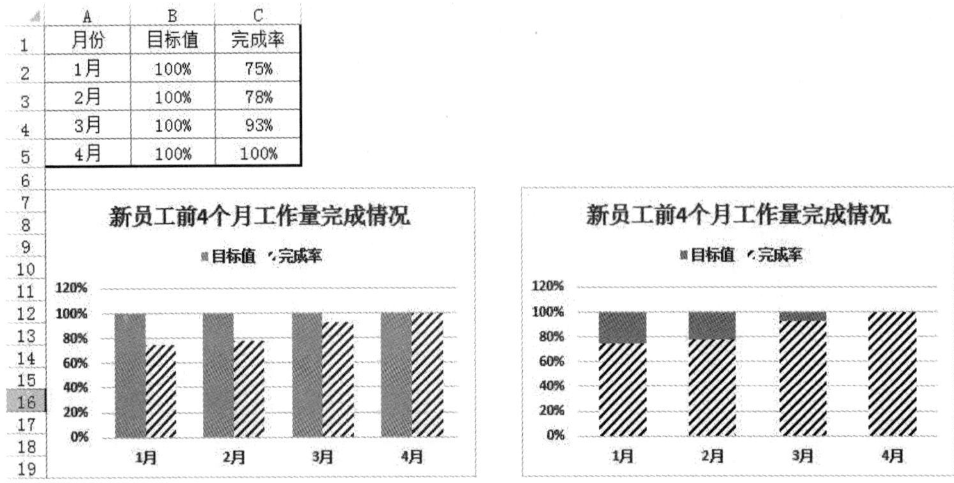

(a) (b)

图 5-7　百分比柱形堆积图

下“系列重叠”的值为 100％，如图 5-7(b)所示。

实验确认：□学生　□教师

5.2　折线图：按时间或类别显示趋势

折线图是用直线段将各数据点连接起来而组成的图形，以折线方式显示数据的变化趋势和对比关系。折线图可以显示随时间(根据常用比例设置)而变化的连续数据，因此非常适用于显示在相等时间间隔下数据的趋势。在折线图中，类别数据沿水平轴均匀分布，所有值数据沿垂直轴均匀分布。

但是，如果图表中绘制的折线图折线线条过多，会导致数据难以分析。与柱状图一样，折线图中的线条数也不宜过多，最好不要超过 4 条。

如果在图表中表达的产品数过多，则不适宜绘制在同一折线图中，这时，可以将每种产品各绘制成一种折线图，然后调整它们的 Y 轴坐标，使其刻度值保持一致。这样不仅可以直接对比不同的折线，还可以查看每种产品自身的销售情况。

5.2.1　减小 Y 轴刻度单位增强数据波动情况

在折线图中，可以显示数据点以表示单个数据值，也可以不显示这些数据点，而表示某类数据的趋势。如果有很多数据点且它们的显示顺序很重要时，折线图尤其有用。当有多个类别或数值是近似的，一般使用不带数据标签的折线图较为合适。

实例 5-5　减小 Y 轴刻度单位。

如图 5-8 所示，图 5-8(a)中的图表 Y 轴边界是以 0 为最小值、60 为最大值设置的边界刻度，并按 10 为主要刻度单位递增。而图 5-8(b)中的图表 Y 轴是以 30 作为基准线，主要刻度单位按照 5 增加的。由于刻度值的不同使得图 5-8(a)中折线位置过于靠上，给人悬空感，并且折线的变化趋势不明显；而图 5-8(b)中的折线占了图表的三分之二左右，既不拥挤也不空旷，同时也能反映出数据的变化情况。通过对比发现，在适当时候更改折线图中的起点刻度值可以让图表表现得更深刻。

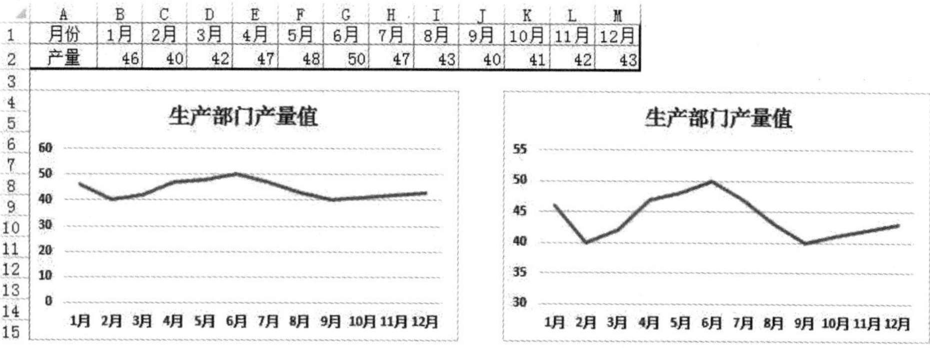

图 5-8　减小 Y 轴刻度单位效果

步骤 1：根据图 5-8 中的表格数据，绘制折线图，如图 5-8(a)所示。

步骤 2：单击 Y 轴坐标，打开坐标轴格式窗格，在“坐标轴选项”下输入边界最小值 30、边界最大值 50，然后输入主要单位值 5，结果如图 5-8(b)所示。

在折线图中，Y 轴表示的是数值，X 轴表示的是时间或有序类别。在对 Y 轴刻度进行优化后，还应该对 X 轴的一些特殊坐标轴进行编辑。例如常见的带年月的日期横坐标轴，如果是同年内一般只显示月份即可，如果是不同年份的数据点，就需要显示清楚哪年哪月。

像图 5-9(a)中的横坐标就显得冗长。这时若将相同年份中的月份省略年份，显示就会轻松很多，可在数据源中重新编辑，重新制作的图表效果如图 5-9(b)所示。对比两张图表，后者横轴的日期文本确实更清楚，一看就能明白月份属于何年。

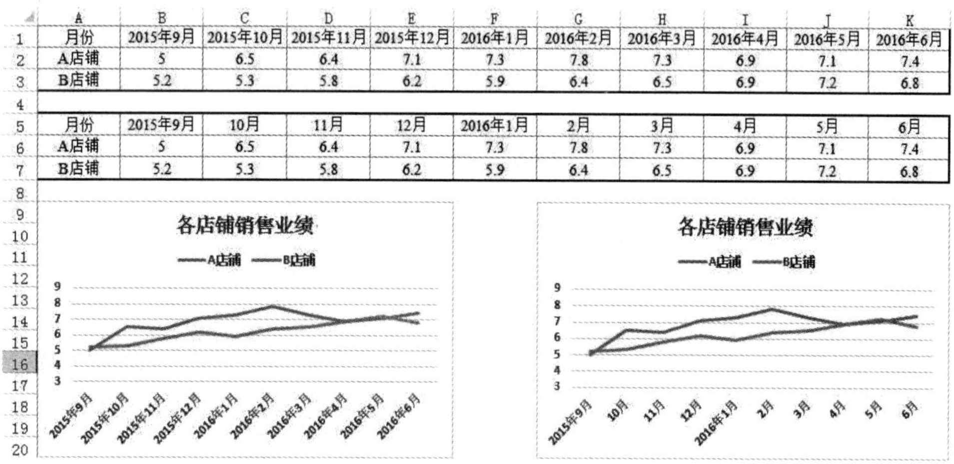

图 5-9　省略年份效果

实验确认：□学生　□教师

5.2.2 突出显示折线图中的数据点

在图表中单击，进而在图表右侧单击出现的“图表元素”项，勾选“数据标签”，可为图表加上数据标签，也可以单击出现的数据标签，选择删除个别不需要出现的数据标签。

除了数据标签能直接分辨出数据的转折点外，还有一个方法，就是在系列线的拐弯处用一些特殊形状标记出来，这样就可以轻易分辨出每个数据点了。

虽然折线图和柱状图都能表示某个项目的趋势，但是柱状图更加注重直条本身长度，即直条所表示的值，所以一般都会将数据标签显示在直条上。而若在较多数据点的折线图中显示数据点的值，不但数据之间难以辨别所属系列，而且整个图表会失去美观性。只有在数据点相对较少时，显示数据标签才可取。

实例 5-6　显示数据点。

为了表示数据点的变化位置，需要特意将转折点标示出来。图 5-10(a)中用数据标签标注各转折点的位置，但并不直接，而且不同折线的数据标签容易重叠，使得数字难以辨认。而图 5-10(b)中在各转折点位置显示比折线线条更大、颜色更深的圆点形状，整个图表的数据点之间不仅容易分辨，而且图表也显得简单。除此之外，还特意将每条折线的最高点和最低点用数据标签显示出来。

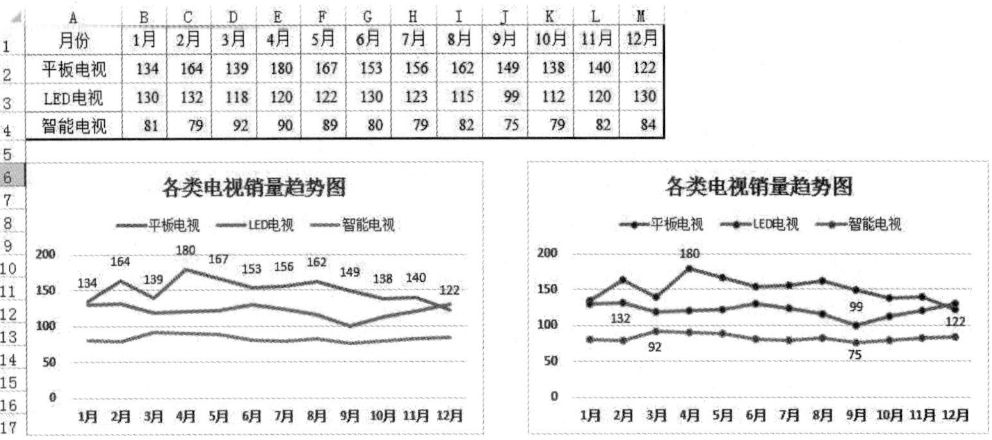

月份	1月	2月	3月	4月	5月	6月	7月	8月	9月	10月	11月	12月
平板电视	134	164	139	180	167	153	156	162	149	138	140	122
LED电视	130	132	118	120	122	130	123	115	99	112	120	130
智能电视	81	79	92	90	89	80	79	82	75	79	82	84

图 5-10　显示数据点效果

步骤 1：双击图表中的任意系列打开数据系列格式窗格，在“系列选项”组中单击填充图标，然后切换至“标记”选项列表下，单击“数据标记选项”展开下拉列表，在展开的列表中单击“内置”单选按钮，再设置标记“类型”为圆形。同样在“标记”列表下，单击“填充”按钮展开列表，在列表中设置颜色为深蓝色。

步骤 2：选择图表中的其他系列进行类似步骤 1 的设置。

步骤 3：在折线图中标记各数据点时，选择不同的形状可标记不同的效果。但是在设置标记点的类型时有必要调整形状的大小，使其不至于太小难以分辨，也不至于过大削弱折线本身的作用。系统默认的标记点大小为 5，可单击数字微调按钮进行调整(例如将大小调整为 10)。

选择好标记数据点的形状类型后，根据折线的粗细调整形状大小，再为形状填充不同于折线本身的线条颜色加以强调。

实验确认：□学生　□教师

5.2.3　通过面积图显示数据总额

在折线图中添加面积图，属于组合图形中的一种。面积图又称区域图，它强调数量随时间而变化的程度，可引起人们对总值趋势的注意。例如，表示随时间而变化的利润的数据时，可以绘制折线图并在其中添加面积图以强调总利润。

实例 5-7　面积图。

图 5-11(a)中的折线图展示了 1 月份 A 产品不同单价的销售量差异情况，从图表中可看出这段时间的销售额波动不大；而图 5-11(b)中的折线图＋面积图不仅显示了这段时间内销量的差异情况，而且在折线下方有颜色的区域还强调了这段时间内销售总额的情况，即销售额等于横坐标值乘以纵坐标值。从对比结果中可发现，在分析利润额数据时，为折线图添加面积图会有一个更直接、更明确的效果。

	A	B	C	D	E	F	G	H	I	J	K	L	M	N
1	单价	5	5.5	6	6.5	7	7.5	8	8.5	9	9.5	10	10.5	11
2	销售额	485	510	480	460	505	550	560	580	500	520	460	480	560
3	销售额	485	510	480	460	505	550	560	580	500	520	460	480	560

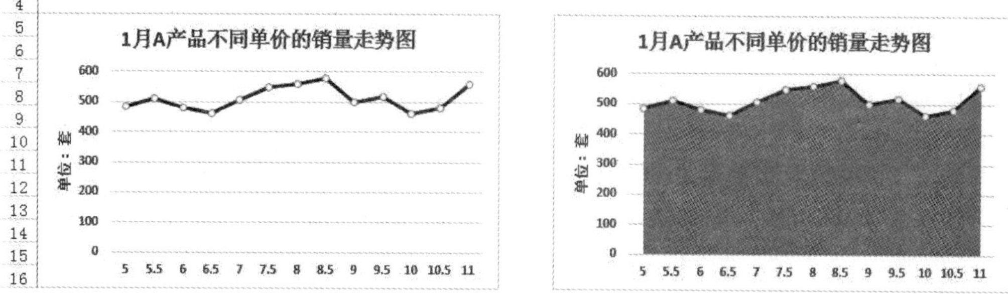

(a)　(b)

图 5-11　面积图

步骤 1：依据图 5-11 表格中的单价、销售额(一行)数据，绘制折线图，如图 5-11(a)所示。注意设置坐标轴标题、突出显示折线图中的数据点。

步骤 2：增加一组与数据源中“销售额”一样的数据(见图 5-11 中的表格)，然后用两组一模一样的销售额数据和日期数据绘制折线图，两个系列完全重合，结果如图 5-11(a)所示。选中图表，在“图表工具”→“设计”选项卡下，单击“类型”组中的“更改图表类型”按钮，在弹出的对话框中，系统默认在“组合”选项下设置其中一个销售额系列为“带数据标记的折线图”，另一个销售额系列为“面积图”，如图 5-11(b)所示。

步骤 3：将添加的折线图改为面积图后，删除图例，双击图表中的面积区域，弹出数据系列格式窗格，在“系列选项”下单击“填充”按钮，然后在展开的下拉列表中为面积图选择一种浅色填充，并设置其“透明度”为 50%，如图 5-11(b)所示。

如果需要在同一图表中绘制多组折线，也同样可以参考上面的方法和样式进行设计制作，但在操作过程中需要注意数据系列的叠放顺序问题。

实验确认：□学生　□教师

5.3 圆饼图：部分占总体的比例

圆饼图是用扇形面积，也就是圆心角的度数来表示数量。圆饼图主要用来表示组数不多的品质资料或间断性数量资料的内部构成，仅有一个要绘制的数据系列，要绘制的数值没有负值，也几乎没有零值，各类别分别代表整个圆饼图的一部分，各个部分需要标注百分比，且各部分百分比之和必须是100%。圆饼图可以根据圆中各个扇形面积的大小，来判断某一部分在总体中所占比例的多少。

5.3.1 重视圆饼图扇区的位置排序

实例 5-8　圆饼图扇区。

在图5-12(a)中，数据是按降序排列的，所以圆饼图中切片的大小以顺时针方向逐渐减小。这其实不符合读者的阅读习惯。人们习惯从上至下地阅读，并且在圆饼图中，如果按规定的顺序显示数据，会让整个圆饼图在垂直方向上有种失衡的感觉，正确的阅读方式是从上往下阅读的同时还会对圆饼图左右两边切片大小进行比较。所以需要对数据源重新排序，使其呈现出如图5-12(b)的效果。

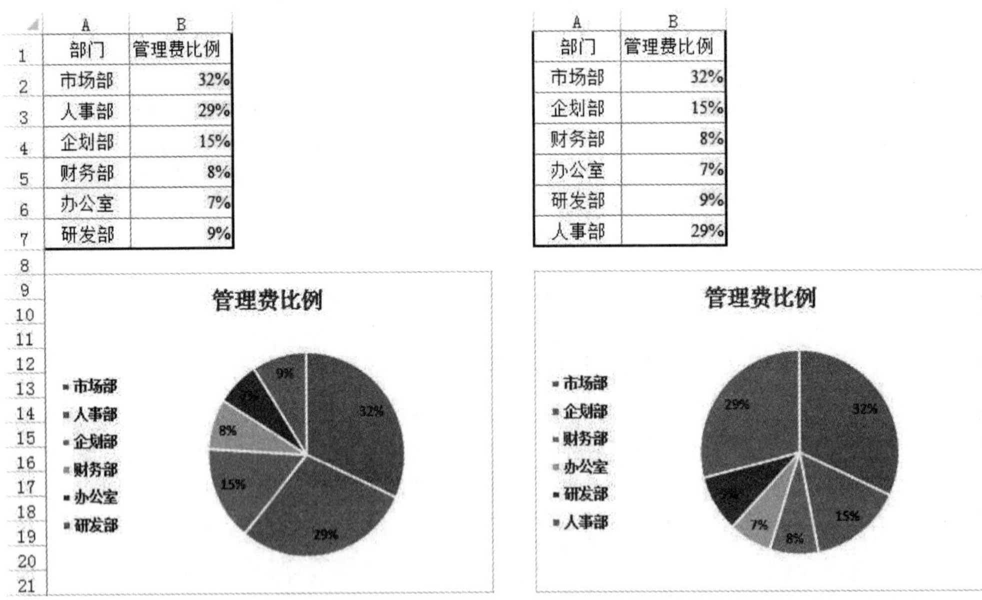

部门	管理费比例
市场部	32%
人事部	29%
企划部	15%
财务部	8%
办公室	7%
研发部	9%

部门	管理费比例
市场部	32%
企划部	15%
财务部	8%
办公室	7%
研发部	9%
人事部	29%

(a)　　(b)

图 5-12　圆饼图扇区

步骤1：为了让圆饼图的切片排列合理，需要将原始的表格数据重新排序，其排序结果如图5-12(b)中的表所示，这样排序的目的是将切片大小合理地分配在圆饼图的左右两侧。

圆饼图的切片分布一般是将数据较大的两个扇区设置在水平方向的左右两侧。其实,除了通过更改数据源的排序顺序改变圆饼图切片的分布位置外,还可以对圆饼图切片进行旋转,使圆饼图的两个较大扇区分布在左右两侧。

步骤2:双击圆饼图的任意扇区,打开“设置数据系列格式”窗格,在“系列选项”组中调整“第一扇区起始角度”为240°,即将原始的圆饼图第一个数据的切片按顺时针旋转240°。

实验确认:□学生 □教师

5.3.2 分离圆饼图扇区强调特殊数据

用颜色反差来强调需要关注的数据在很多图表中是较适用的,但是圆饼图中,有一种更好的方式来表达,那就是将需要强调的扇区分离出来。

实例5-9 分离圆饼图。

在图5-13(b)中,为了强调空调在一季度所有家电销售额中的占比情况,将空调所代表的扇区单独分离出来,这不但能抢夺读者的眼球,而且整个圆饼图在颜色的搭配上也不失彩,效果显得比图5-13(a)更好。

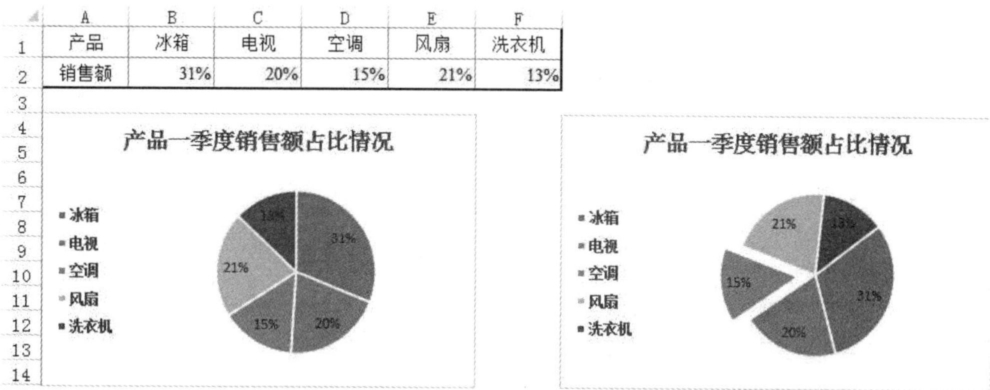

(a) (b)

图5-13 分离圆饼图扇区

步骤1:依据图5-13表格中的数据绘制圆饼图,如图5-13(a)所示。

步骤2:双击圆饼图打开“设置数据系列格式”窗格,再单击需要被强调的扇区(系列为“空调”),然后在“系列选项”组下设置“点爆炸型”的百分比值为22%,即将所选中的扇区单独分离出来。由于分离的扇区显示在图表下方,需要调整“第一扇区起始角度”值为53°来改变扇区位置,使其显示在图表的左边区域,如图5-13(b)所示。

在圆饼图中,为了显示各部分的独立性,可以将圆饼图的每个部分独立分割开,这样的图表在形式上胜过没有被分开的扇区。

步骤3:分割圆饼图中的每个扇区与单独分离某个扇区的原理是一样的,首先选中整个圆饼图,在“设置数据系列格式”窗格中,单击“系列选项”图标,在“系列选项”组中调整“圆饼图分离程度”值为8%。

“圆饼图分离程度”的值越大,扇区之间的空隙也就越大。注意,由于选取的是整个圆饼图,所以在“第一扇区起始角度”下方显示的是“圆饼图分离程度”,如果选中的是某个扇区,则“第一扇区起始角度”下方显示的就是“点爆炸型”。

实验确认:□学生 □教师

5.3.3 用半个圆饼图刻画半期内的数据

一个圆形无论从时间上还是空间上给读者都是一种完整感，当圆形缺失某个角时，会让人产生“有些数据不存在”的直觉。在此基础上，可以对圆饼图进行升级处理，将表示半期内的数据用圆饼图的一半展示，这样在时间上就会引导读者联想到后半期的数据。

实例 5-10 半个圆饼图。

在图 5-14(a)中，数据的表现形式是准确无误的，而图 5-14(d)的整个圆饼图只显示了一半的效果，但是从三维效果中可以看出这个图形是完整的，其表示的数据之和与图 5-14(c)中一致，正是因为图表只展示了一半效果，在图表意义上就比图 5-14(c)更胜一筹。半个圆饼图表示公司上半年的销售额比使用一个整体的圆饼图更有意义，这半个圆饼图不是数据只有一半，而是表示在一个完整的时期内的前半期数据。

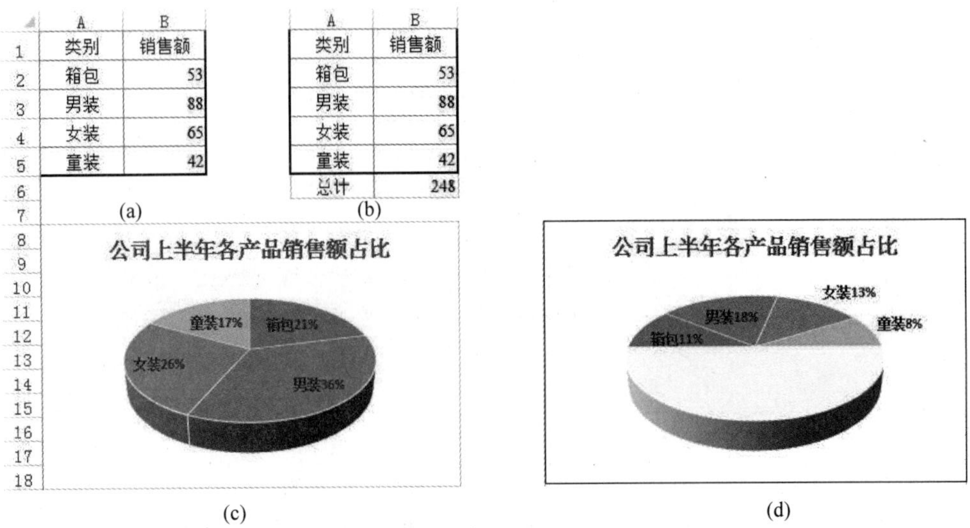

图 5-14 半个圆饼图

步骤 1：根据图 5-14(a)中的数据绘制圆饼图，如图 5-14(c)所示。

步骤 2：将数据源中各类别的销售额汇总，如图 5-14(b)所示，在制作图表时，需要将“总计”项作为源数据。

步骤 3：选中圆饼图，打开“设置数据系列格式”窗格，在“系列选项”组下设置“第一扇区起始角度”值为 270°，如图 5-14(c)所示。然后单击图表中“总计”系列所在扇区，在窗格中单击“填充”组中的“纯色填充-白色”(或“无填充”)单选按钮，如图 5-14(d)所示。

这样，在图表中不仅展示了公司上半年的销售额情况，还指出需要被关注的下半年的销售额。

实验确认：□学生 □教师

常见的圆饼图有平面圆饼图、三维圆饼图、复合圆饼图、复合条圆饼图和圆环图，它们在表示数据时各有千秋。但无论哪种类型的圆饼图，都不适于表示数据系列较多的数据，数据点较多只会降低图表的可读性，不利于数据的分析与展示。

5.3.4 让多个圆饼图对象重叠展示对比关系

任何看似复杂的图形都是由简单的图表叠加、重组而成的。有时为了凸显信息的完整性，需要将分散的点聚集在一起，在图表的设计中也需要利用这一思想来优化图表，让图表在表达数据时更直接有效。

实例 5-11 堆叠圆饼图。

在图 5-15(a)中，用了三个独立的图表展示三个店的利润结构，如果将这三个店看作一个整体，这样分散的展示不方便读者进行对比。若将三个图表进行叠加组合在一起，如图 5-15(b)所示，这样不仅能表示出整个公司是一个整体，还能使各店之间形成一种强烈的对比关系，视觉效果和信息传递的有效性比图 5-15(a)要强。所以在图表的展示过程中，不仅需要数据的清晰表达，还需要在形式上做到“精益求精”。

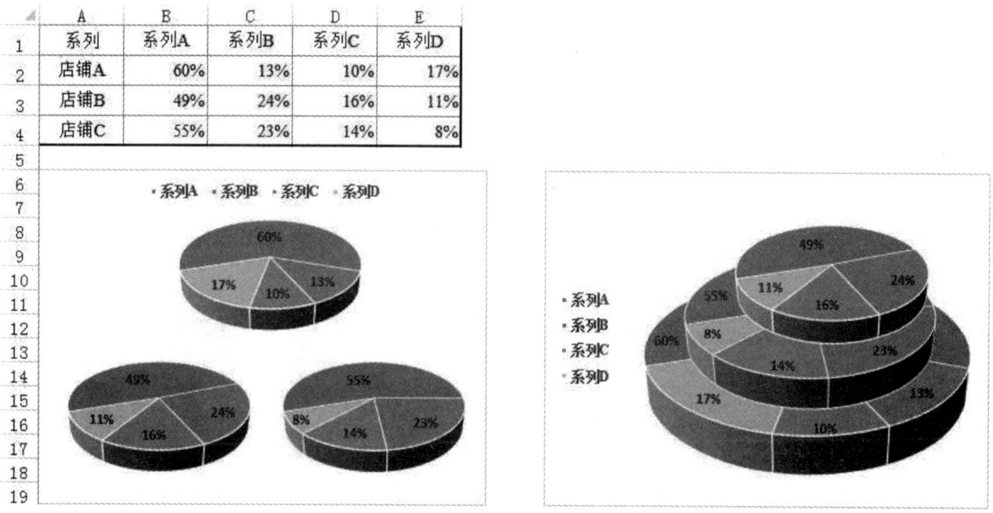

(a) (b)

图 5-15 堆叠圆饼图

步骤 1：依据图 5-15 中的数据表格分别绘制三个店的圆饼图，图表区设置为“无填充”和“无线条”样式，如图 5-15(a)所示。

步骤 2：打开“设置数据点格式”窗格，设置每个圆饼图中第一扇区起始角度值，使三个圆饼图的“系列 A”所表示的扇区显示在图表的里边。再缩放店 2 和店 3 图表到合适比例，然后依次层叠地放置在圆饼图上。

步骤 3：将三个圆饼图重叠在一起后(按 Ctrl 选择三个圆饼图)，单击“图表工具”→“格式”选项卡下“排列”组中的组合按钮，最终效果如图 5-15(b)所示。

实验确认：□学生 □教师

5.4 散点图：表示分布状态

散点图，在回归分析中是指数据点在直角坐标系平面上的分布图，通常用于比较跨类别的聚合数据。散点图中包含的数据越多，比较的效果就越好。

散点图通常用于显示和比较数值，如科学数据、统计数据和工程数据。当不考虑时间的情况而比较大量数据点时，散点图就是最好的选择。在默认情况下，散点图以圆点显示数据点。如果在散点图中有多个序列，可考虑将每个点的标记形状更改为方形、三角形、菱形或其他形状。

5.4.1 用平滑线连接散点图增强图形效果

实例 5-12 平滑线连接散点图。

图 5-16(a)是普通的散点图，数据点的分布展示了不同年龄段的月平均网购金额，从图表中可以分析出月平均网购金额较高的人群主要集中 30 岁左右；但是对比图 5-16(b)，发现在连续的年龄段上，图 5-16(a)中的数据较密的点不容易区分，而图 5-16(b)中将所有数据点通过年龄的增加连接起来，不但表示了数据本身的分布情况，还表示了数据的连续性。用带平滑线和数据标记的散点图来表示这样的数据比普通的散点图效果更好。

	A	B	C	D	E	F	G	H	I	J	K	L	M	N	O
1	年龄	16	19	21	23	26	28	30	32	33	36	40	44	50	54
2	网购金额	410	600	1600	2050	2450	3200	3200	3450	4050	2520	1850	500	450	250

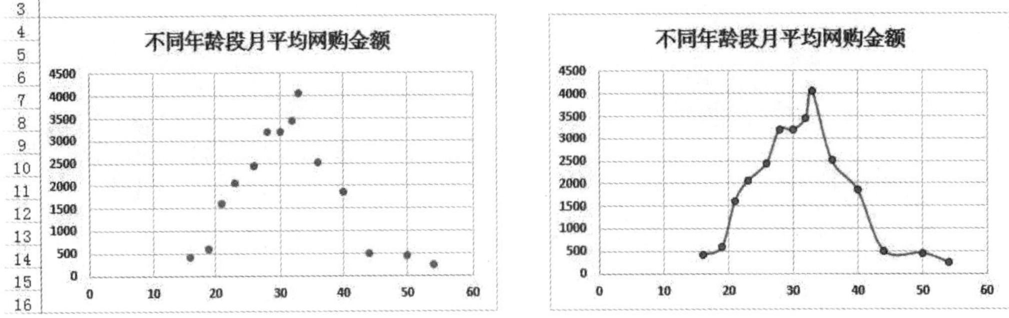

(a) (b)

图 5-16 平滑线连接散点图

步骤 1：依据图 5-16 中表格的数据绘制散点图，如图 5-16(a)所示。

步骤 2：选中图表，在“图表工具”→“设计”选项卡下的“类型”组中单击“更改图表类型”按钮，然后在弹出的对话框中单击 XY 散点图中的“带平滑线和数据标记的散点图”。

步骤 3：更改图表类型后，单击图表中的数据系列，在数据系列窗格中，单击填充图标下的“标记”按钮，然后将线条颜色改为与标记点相同的深蓝色，如图 5-16(b)所示。

实验确认：□学生 □教师

气泡图与 XY 散点图类似，不同之处在于，XY 散点图对成组的两个数值进行比较；而气泡图允许在图表中额外加入一个表示大小的变量，所以气泡图是对成组的三个数值进行比较，且第三个数值用来确定气泡数据点的大小。

5.4.2 将直角坐标改为象限坐标凸显分布效果

制作气泡图一般是为了查看被研究数据的分布情况，所以在设计气泡图时，运用数学中的象限坐标来体现数据的分布情况是最直接的。这时图表被划分的象限虽然表示了数据的大小，但不一定出现负数，这需要根据实际被研究数据本身的范围来确定。

实例 5-13 象限坐标。

对比图 5-17(a)和图 5-17(b)可以发现，前者虽然能看出每个气泡(地区)的完成率和利润率，但是没有后者的效果明显，因为在“设置后”中将完成率和利润率划分了四个范围(四个象限)，通过每个象限出现的气泡判断各地区的项目进度和利润情况，而且根据气泡所在象限位置，地区之间的对比也更加明显。另外，在图 5-17(a)中气泡上显示了地区名称，这一点在图 5-17(a)中没有体现出来。

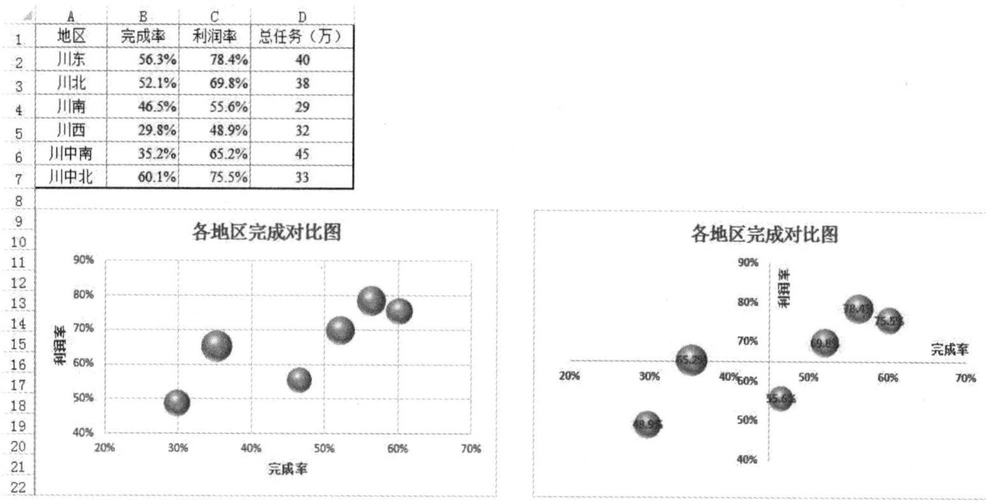

地区	完成率	利润率	总任务（万）
川东	56.3%	78.4%	40
川北	52.1%	69.8%	38
川南	46.5%	55.6%	29
川西	29.8%	48.9%	32
川中南	35.2%	65.2%	45
川中北	60.1%	75.5%	33

(a) (b)

图 5-17 象限坐标

步骤 1：选定数据区域中的任意单元格，插入散点图中的气泡图，如图 5-17(a)所示。

步骤 2：打开“选择数据源”对话框，单击对话框中的“编辑”按钮，在“编辑数据系列”对话框中设置各项内容，如图 5-18 所示。

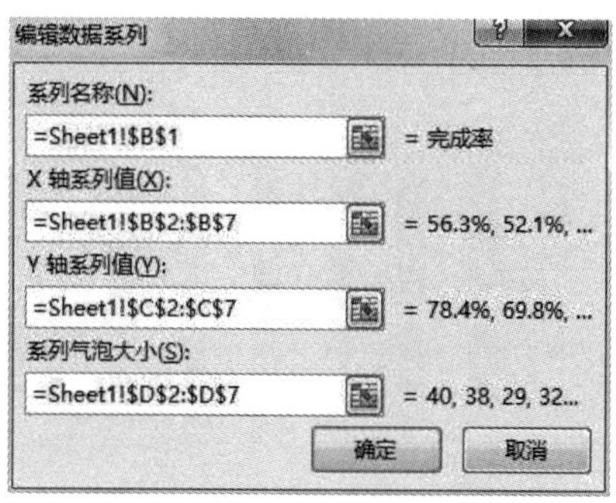

图 5-18 “编辑数据系列”对话框

步骤 3：双击纵坐标轴，在坐标轴格式窗格中单击“坐标轴选项”，在展开的列表中单击“横坐标轴交叉”组中的“坐标轴值”单选按钮，并在右侧的文本框中输入 0.65；单击图表中的横坐标，设置“纵坐标轴交叉”组中的“坐标轴值”为 0.45。

步骤 4：选中图表中的气泡并右击，在弹出的快捷列表中单击“添加数据标签”，然后选中标签右击，再单击快捷列表中的“设置数据标签格式”

命令，在弹出的数据标签窗格中，取消“标签包括”组中的“Y 值”，重新勾选“单元格中的值”复选框，并在弹出的对话框中选择表格中的“地区”列，这一操作是将地区名称显示出来。然后设置“标签位置”为“居中”方式，完成效果如图 5-17(b)所示。

实验确认：□学生　□教师

5.5 侧重点不同的特殊图表

除了直方图、折线图、圆饼图、散点图等传统数据分析图表外，还有一些特殊的数据图表可用于不同的数据分析和可视化要求，例如子弹图、温度计、滑珠图、漏斗图等。

5.5.1 用子弹图显示数据的优劣

在 Excel 中做子弹图，能清晰地看到计划与实际完成情况的对比，常常用于销售、营销分析、财务分析等。用子弹图表示数据，使数据相互的比较变得十分容易。同时读者也可以快速地判断数据和目标及优劣的关系。为了便于对比，子弹图的显示通常采用百分比而不是绝对值。

实例 5-14　子弹图。

图 5-19(d)是一张子弹图，看似复杂的样式却隐藏了更多的信息。如果读者清楚子

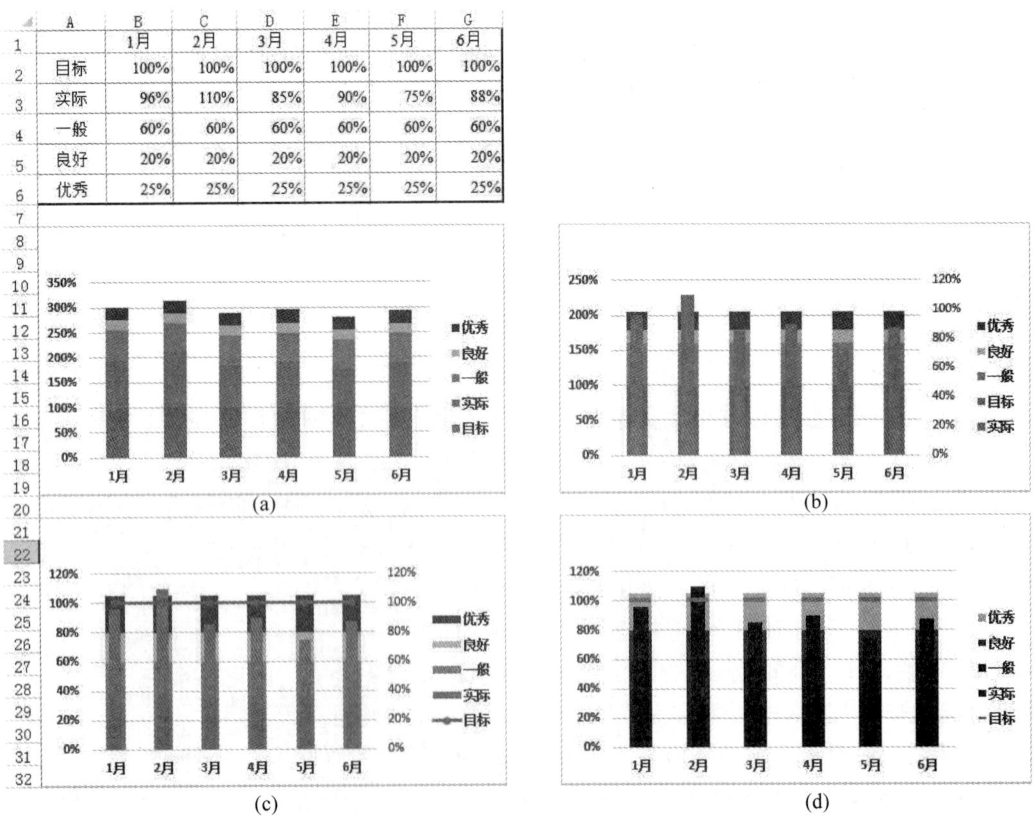

	1月	2月	3月	4月	5月	6月
目标	100%	100%	100%	100%	100%	100%
实际	96%	110%	85%	90%	75%	88%
一般	60%	60%	60%	60%	60%	60%
良好	20%	20%	20%	20%	20%	20%
优秀	25%	25%	25%	25%	25%	25%

图 5-19　子弹图

弹图的表达意义，就能很快地从图 5-19(d)中分析出每月的销售额完成情况与目标值的差异，还能看出每月销售额的优劣等级。图 5-19(d)的实现其实就是通过填充不同颜色，再辅助使用系列选项的分类间隔来实现的。

步骤 1：图 5-19 的表格数据中的“一般”、“良好”、“优秀”三行数据主要是根据需要显示的堆积柱形图的直条长度而设定输入的。选取单元格区域 A1:G6，插入堆积柱形图，结果如图 5-19(a)所示。

步骤 2：双击图表中的“实际”系列，在数据系列格式窗格中的“系列选项”下选择“次坐标轴”，并设置“分类间距”值为 300%，此时图表的样式如图 5-19(b)所示。

步骤 3：打开“更改图表类型”对话框，设置“目标”系列的图表类型为“带直线和数据标记的散点图”。此操作是让目标数据以数据标记的形式显示出来，与其他系列的柱形加以区别，如图 5-19(c)所示。

步骤 4：删除次要坐标轴，然后选中带数据标记的散点图，在数据系列格式窗格中，单击“填充图标”下的“标记”→“数据标记选项”，然后设置标记的“类型”(短横)和“大小”(15)。回到图表中，分别将数据系列“一般”、“良好”、“优秀”、“实际”由深至浅地填充颜色，得到如图 5-19(d)所示的效果。最后对图表进行深度优化，如标题名称、字体样式等。

实验确认：□学生　□教师

5.5.2 用温度计展示工作进度

温度计式的 Excel 图表比较形象地动态显示某项工作完成的百分比，指示出工作的进度或某些数据的增长。这种图表就像一个温度计一样，会根据数据的改动随时发生直观的变化。要实现这样一个图表效果，关键是用一个单一的单元格(包含百分比值)作为一个数据系列，再对图表区和柱形条填充具有对比效果的颜色。

实例 5-15 温度计图。

图 5-20(a)和图 5-20(b)都反映了半个月内员工的工作进度，图 5-20(b)中以员工实际拜访客户数作为纵坐标值，将“目前总数”和“目标数”用两个柱形表示。而图 5-20(a)中用实际拜访的客户数除以目标数的百分比作为纵坐标值，在图表中只展示“达成率”这个

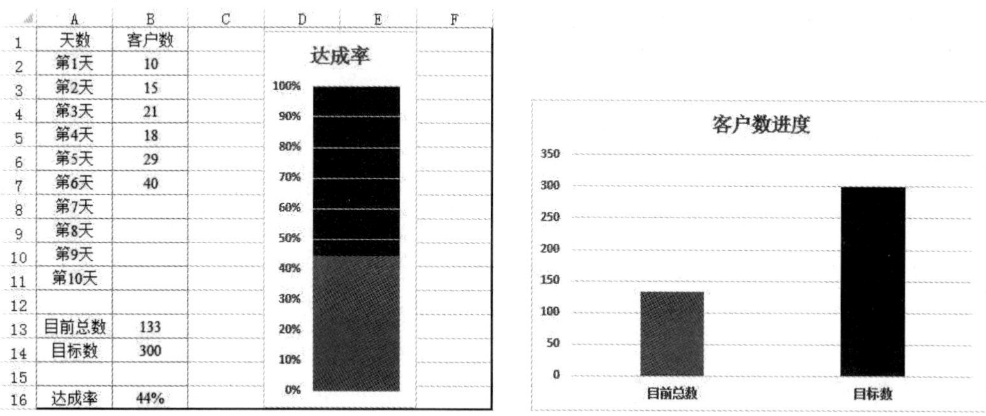

(a)　　(b)

图 5-20 温度计图

值。表格中的“达成率”是一个动态的数值，当数据逐渐录入完成后，“达成率”也就越来越接近 100%，图表中的红色区域也就逐渐掩盖黑色区域，像一个温度计达到最高温度那样。用温度计似的图表来表示这样的动态数据很实用。

步骤 1：在工作表中选择单元格 B18，插入簇状柱形图，结果如图 5-21(a)所示。

步骤 2：选中图表，在“图表工具”→“格式”选项卡下的“大小”组中设置图表的高度为 9.74 厘米、宽度为 4.04 厘米，再删除横坐标轴，图表样式图 5-21(b)所示。

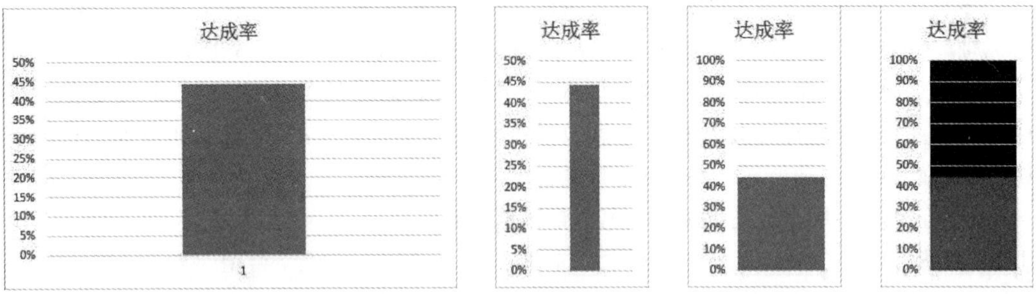

(a) (b) (c) (d)

图 5-21 制作温度计效果

步骤 3：选中图表中的柱形，在数据系列格式窗格中的“系列选项”下设置“分类间距”为 0(系列重叠为－27%)。再单击纵坐标轴，窗格内容切换至“设置坐标轴格式”下，在“坐标轴选项”组中设置边界“最大值”为 1.0、“主要”刻度单位为 0.1。设置完坐标轴选项后图表样式变为图 5-21(c)所示。

步骤 4：选中图表中的数据系列，在数据系列格式窗格中设置“纯色填充”，并使用红色。再选中图表中的绘图区，并设置为“纯色填充”，选用黑色，效果如图 5-21(d)所示。

实验确认：□学生 □教师

5.5.3 用漏斗图进行业务流程的差异分析

漏斗图是由 Light 与 Pillemer 于 1984 年提出的，它是元分析的有用工具。在 Excel 中绘制漏斗图需要借助堆积条形图来实现，漏斗图适用于业务流程比较规范、周期长、环节多的流程分析，通过漏斗各环节业务数据的比较，能够直观地发现和说明问题所在。

实例 5-16 漏斗图。

在图 5-22 的图表中，图 5-22(b)(客户数)是默认的簇状条形图，用绝对值表示直条的大小，其排列形式像反着的阶梯。而图 5-22(f)经过复杂的操作步骤后，让直条像漏斗一样显示在图表区域，横轴用绝对值表示，而纵轴用数据标签模拟每个直条的百分比表示，是一个关于刻度值为 500 的直线对称的图形。漏斗代表的意义就是数量逐渐减少的过程，这正符合了图表表达的业务流程，直观地说明了数据减少的环节所在。

步骤 1：如图 5-22(a)中的数据表格，其中的“辅助值”和“百分比”都是根据 B 列的值计算而得来的。在 C2 单元格中输入公式“＝(B2－B2)/2”，在 D2 单元格中输入公式“＝B2/B2”，然后填充 C、D 列数据区域的空白单元格。

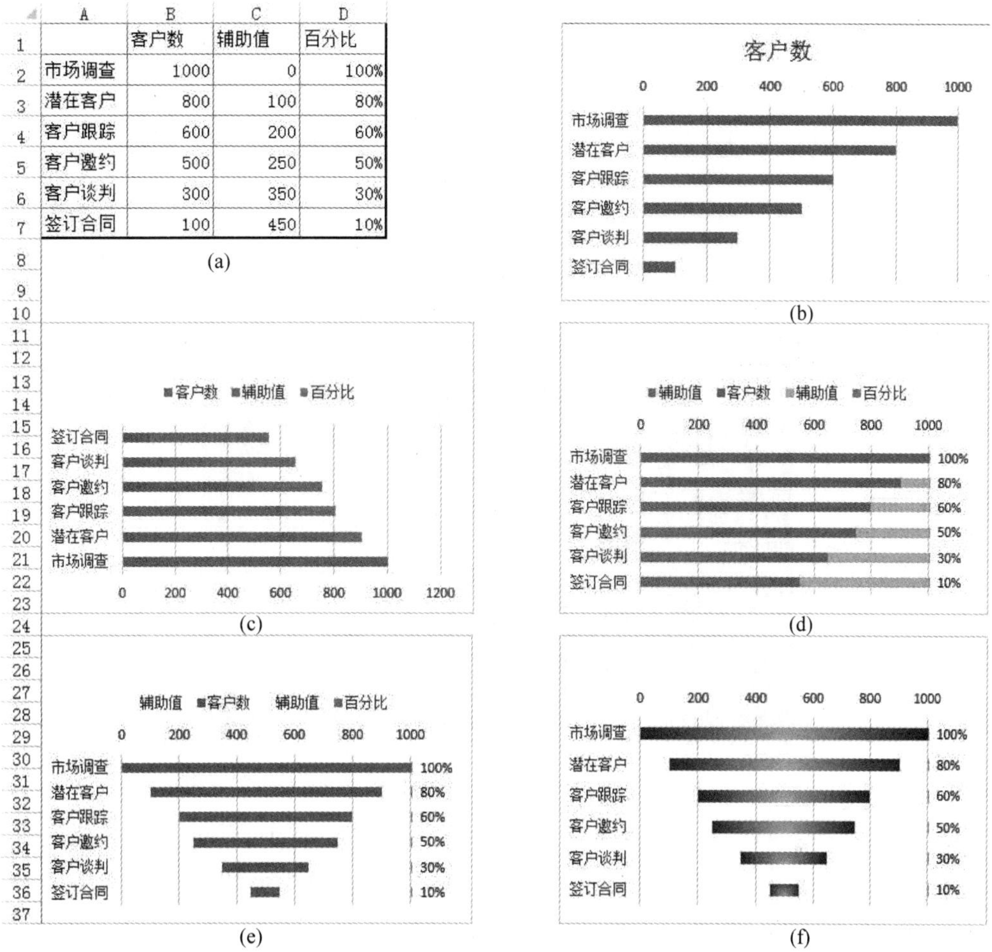

	客户数	辅助值	百分比
市场调查	1000	0	100%
潜在客户	800	100	80%
客户跟踪	600	200	60%
客户邀约	500	250	50%
客户谈判	300	350	30%
签订合同	100	450	10%

图 5-22 漏斗图

步骤 2：根据数据源插入堆积条形图，图表如图 5-22(c)所示。

步骤 3：修改 Y 轴坐标轴为“逆序类别”，并设置水平轴的最大刻度为 1100.0。

步骤 4：打开“选择数据源”对话框，选中“图例项”下方列表中的“辅助值”，再单击“上移”按钮，重新排列图表中系列的位置。

步骤 5：继续单击对话框中的“添加”按钮，在弹出的“编辑数据系列”对话框中添加列表中已有的“辅助值”系列。当返回到“选择数据源”对话框中时，重新调整新添加的“辅助值”系列的位置，即将它上移至“客户数”与“百分比”之间。

步骤 6：经过前几步的调整后图表样式变为图 5-22(d)所示的结果。选中图标中的“百分比”系列值，由于其代表的是百分数，所以在图表中不容易识别出来，将百分比的标签显示在“轴内侧”，这样操作其实就是模拟 Y 轴次要坐标。

步骤 7：将两个“辅助值”和“百分比”系列所代表的直条的填充效果设置为“无填充”，这样漏斗就基本成形，如图 5-22(e)所示。然后取消图例的显示，并将蓝色的直条颜色改为蓝-灰色样式，最后对图表中的文字内容设置字体格式，便得到图 5-22(f)

的效果。

实验确认：□学生　□教师

【延伸阅读】

志趣相投：科学与人文已经走向融合

伽利略的望远镜——两个背对着的透镜，标志着人类文化历史的转折点（图 5-23）。他通过望远镜看到的东西和天主教教义相违背。由于这个原因，宗教裁判所将其终身软禁。然而，教会无法囚禁他的思想。在伽利略之后，教会对西方思想的漫长统治开始衰退，这与他不无关系。

图 5-23　伽利略望远镜①

在此基础上，两个伟大的知识体系开始生根发芽。一个是科学，其目标是利用实证观察揭示宇宙的奥秘；另一个是人文，通过细致而批判性的分析来研究人类本性。这对孪生兄弟给西方文明带来了丰厚的礼物，包括自由和民主、工程和技术。

然而，这对强大的"兄弟"长期以来彼此疏远。甚至在今天，学生们仍然需要选择要么集中关注科学、要么集中关注人文，很少有人兼修二者或者同时拥有科学学位和人文学位。研究人员也必须选择其中一个阵营。两者之间的界限长期以来植根于我们的学校、大学和知识生态系统中。我们研究数学，研究莎士比亚，却很少二者兼修。

至少，曾经是这样的。在斯坦福大学，一位叫做弗朗哥·莫雷蒂的意大利学者已经开始使用数字化图书来研究莎士比亚作品中的人物关系网络了，他将计算机科学和统计物理学的方法和手段应用到了一个全新的领域。内布拉斯加大学的文学教授马修·乔克尔斯研究了 19 世纪的小说间的微妙关系，他利用的正是这些小说中的代词的统计。在美国国家人文基金会，布雷特·博布利领导着一个叫做"挖掘数据挑战"的创新计划，帮助美国的人文学家认真地考虑这些新数据能够为他们提供什么信息。他们走到了数学之前没有

① 伽利略是第一个认识到望远镜将可能用于天文研究的人。虽然伽利略没有发明望远镜，但他改进了前人的设计方案，并逐步增强其放大功能。图中的情景发生于 1609 年 8 月，伽利略正在向当时的威尼斯统治者演示他的望远镜。伽利略制作了一架口径 4.2 厘米、长约 1.2 米的望远镜。他使用平凸透镜作为物镜，凹透镜作为目镜，这种光学系统称为伽利略式望远镜。伽利略用这架望远镜指向天空，得到了一系列的重要发现，天文学从此进入了望远镜时代。

到达的领域。

在达特茅斯，一位名叫丹尼尔·洛克摩尔的数学家一直在使用数字化图书研究作家写作风格之间的相互影响。和莫雷蒂相比，他使用了更多的数学知识，进行了更少的阅读。不过，二人志趣相投。在德克萨斯大学奥斯汀分校，心理学家詹姆斯·彭尼贝克在研究文本中的代词分布是如何反映作者的情感的。彭尼贝克和乔克尔斯受到完全不同的知识体系的影响，却也志趣相投。另外，美国白宫科技政策办公室的汤姆·卡利尔在奥巴马总统的授权下发起了一个大数据计划。尽管卡利尔和博布利资助的人不同，但他们也是志趣相投者。

历史记录不断变化的性质持续地扰乱着科学和人文的边界，并由此衍生出了很多合成的名称：试图跨出人文科学边界的历史学家倾向于称自己为"数字人文学家"，语言学系开始有了"语料库语言学家"，心理学家和社会学家有时候更喜欢别人称自己为"计算社会科学家"。在硅谷不断兴起的创业公司中，这些慢慢兴盛的概念渐渐发展成了商业业务。

慢慢地，科学和人文之间的某些思想开始融合。2013年春天，在马里兰的一个学术会议上，美国国立卫生研究院、美国国家人文基金会和美国国家医学图书馆召集了来自很多领域的研究人员，包括艺术史、非洲语言、计算机科学、微生物学、修辞学、诗歌学和动物学等。医药巨头葛兰素史克的前高级副总裁戴维·西尔斯做了特邀报告。这是美国国立卫生研究院和美国国家人文基金会第一次共同资助学术会议。会议主题"数据、生物医学和数字人文学"流露出了这样一种乐观情绪：历史学家、哲学家、艺术家、医生和生物学家等一起来思考大数据，他们并肩奋斗要比各自为战更能推动各个学科的发展。会议名称"共享视野"非常贴切。未来最令人兴奋之处正是跨越领域合作。没有人确切地知道该怎么称呼它，也没有人确切地知道它将走向何方。不过，有一件事情是确定的：科学和人文再次志趣相投地走到了一起。一如伽利略在17世纪深刻地影响了我们认识世界的方式那样，科学和人文这两个背靠着的透镜正在21世纪做出同样的壮举。

资料来源：[美]埃雷兹·艾登，[法]让-巴蒂斯特-米歇尔著. 王彤彤，等译. 可视化未来——数据透视下的人文大趋势. 杭州：浙江人民出版社，2015

【延伸阅读】

大数据如何激发创造力

1. 实验目的

（1）理解和熟悉直方图、折线图、圆饼图、散点图等不同的数据图表的数据分析作用；

（2）通过对课文中实例的实验操作，掌握Excel数据分析和数据可视化的方法和技巧；

（3）体验和掌握大数据可视化分析的应用操作。

2. 工具/准备工作

在开始本实验之前，请认真阅读课程的相关内容。

需要准备一台安装有Microsoft Excel(2013版)应用软件的计算机。

3. 实验内容与步骤

请仔细阅读本章的课文内容，对其中的各个实例实施具体操作实现，从中体验 Excel 数据统计分析与可视化方法。

注意：完成每个实例操作后，在对应的“实验确认”栏中打勾（√），并请实验指导老师指导并确认。

请问：你是否完成了上述各个实例的实验操作？如果不能顺利完成，请分析可能的原因是什么。

答：____

____

____

____

____

4. 实验总结

____

____

____

____

5. 实验评价（教师）

____

____

第6章

数据引导可视化设计

【导读案例】

拿破仑东征莫斯科及撤退

Charles Joseph Minard(1781—1870)，法国工程师，他一生的大部分时间都贡献给了水坝、运河和桥梁的工程建造和教育事业。直到 1851 年退休，才转入了他钟爱的个人事业——数据信息图形的绘制，那时他已 70 高龄。在他生命的最后 20 年，Minard 创造了可视化历史的一个传奇。今天，他被誉为可视化黄金时代的大师。

Minard 的最大成就是这幅出版于 1869 年的流地图(Flow Map)作品——拿破仑 1812 远征图(图 6-1)。这幅图被后世学者称为“有史以来最好的统计图表”。

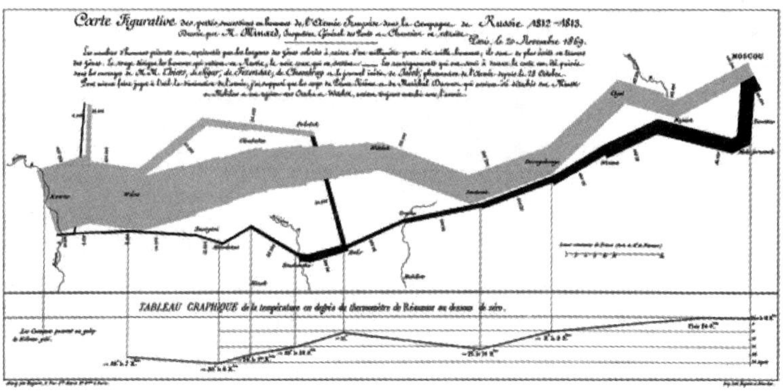

图 6-1　Minard 用地图描述了拿破仑东征莫斯科及撤退的情况

图 6-1 描述了拿破仑的军队从波兰和俄罗斯交界处东征莫斯科以及之后的撤退。其经典之处在于在一张简单的二维图上表现了丰富的信息，包括法军部队的规模、地理坐标、法军前进和撤退的方向、法军抵达某处的时间以及撤退路上的温度。这张图对于 1812 年的战争提供了全面的、强烈的视觉表现，例如撤退路上在别列津河的重大损失、严寒对法军损失的影响等，这种视觉的表现力即使是历史学家的文字也难以比拟。

大多数看到这幅地图的人都不需要询问就可以看出地图中线条的粗细代表军队中的士兵数，灰色表示进军而黑色表示撤退，我们可以清楚地看到，44 万士兵跟随拿破仑出征，但是最终只有一万人幸存下来。军队横渡 Berezina 河时河面的冰层还不够结实，导致士兵数量急剧减少。我们可以从这幅地图中获得关于这次东征的大量信息，即使不再看这幅地图，它的重要特点也将在很长一段时间内仍停留在我们的脑海里。伟大的历史事件催生了伟大的作品。

油画(图 6-2)表现的是拿破仑皇帝统帅的法国军队在 1812—1813 年间对俄罗斯的入侵。这场战争以法国军队的惨败而告终，侵入俄国的 42 万人最终生还者仅仅数万。造成法军损失惨重的原因除了俄罗斯人的顽强抵抗，还有恶劣的自然条件，特别是 1812 年冬季的严寒。

当然，大师的成就绝非灵光一现的结果。作为可视化领域的先驱者之一，Minard 发展了多种图形形式来表现数据信息。下面，我们来回顾一下工程师 Minard 作为制图者的成就。

在工程师的岁月中，Minard 就表现出了对于数据可视化的爱好和天赋。在 1840 年关于罗纳河上桥梁倒塌的事故报告中，Minard 就绘制了一幅表现桥梁倒塌前后的位置图形，形象地解释了桥梁倒塌的原因(图 6-3)。

图 6-2　严寒中撤退的法军

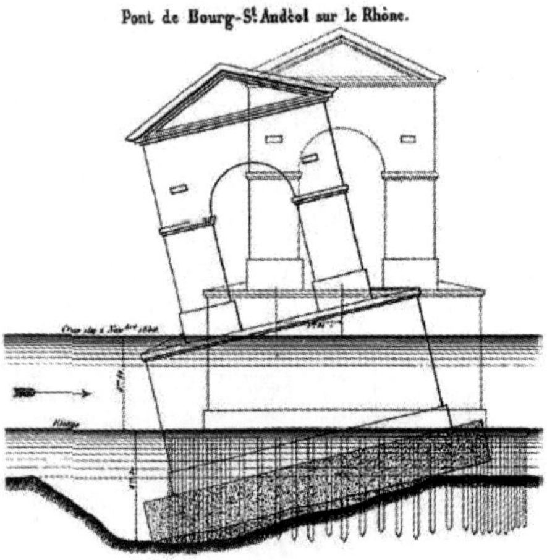

图 6-3　桥梁倒塌的原因

在 1844 年，Minard 绘制了一幅名为 Tableau Graphique 的图形(图 6-4)，显示了运输货物和人员的不同成本。在这幅图中，他创新地使用了分块的条形图，条形块图的宽度对应路程、高度对应旅客或货物种类的比例。这幅图是当代马赛克图的先驱。

很快，Minard 认识到基于地理的量化信息更适合表现在地图上。他创造了流地图这一表达方式。代表作品如反映美国内战对欧洲棉花贸易的影响(图 6-5，1856—1865)和法国的酒类出口情况(图 6-6，1864)。

他在主题地图上的另一个创新是把饼图添加到地图上，比如这幅法国各地向巴黎输送牲畜产品的地图(图 6-7，1858)。

Minard 利用他的工程师的成就和绘制可视化图形的能力影响了 1850 年来法国的公用事业建设的计划编制。如在 1865 年，巴黎计划建造一座中心邮局，Minard 采用人口比例图形给出了自己的设计方案。

Minard 共绘制了 51 幅各种形式的可视化图形，他在高龄表现的创造力，实在是一个传奇。

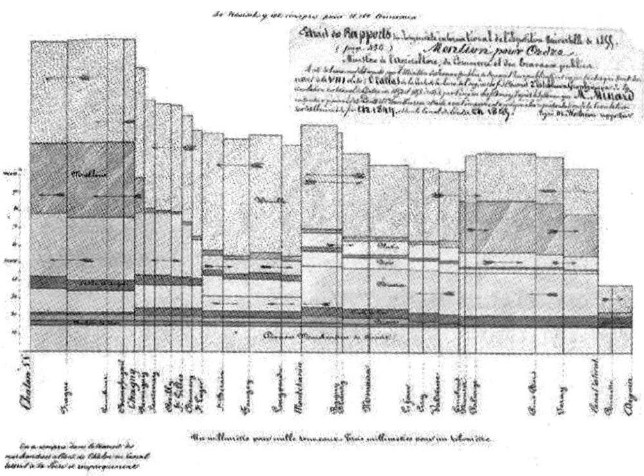

图 6-4　第一幅马赛克图

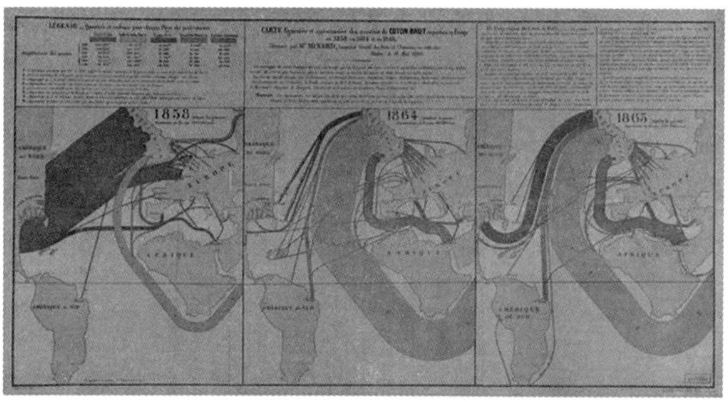

图 6-5　美国内战对欧洲棉花贸易的影响

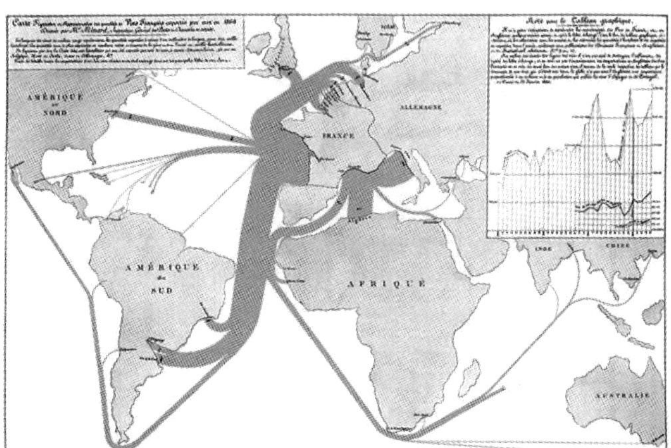

Charles Joseph Minard, *Tableaux Graphiques et Cartes Figuratives de M. Minard*, 1845-1869, a portfolio of his work held by the Bibliothèque de l'École Nationale des Ponts et Chaussées, Paris.

图 6-6　法国酒类的出口

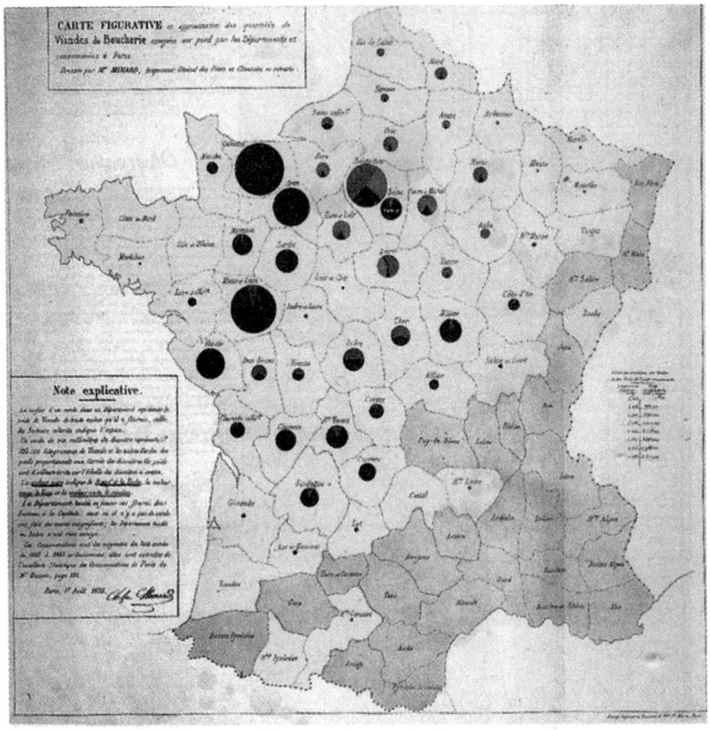

图 6-7 向巴黎输送牲畜的情况(1858)

阅读上文,请思考、分析并简单记录:

(1) 请仔细阅读图 6-1,分析地图所表示的内涵,并结合网络资料搜索阅读,进一步了解拿破仑东征莫斯科及其惨败的原因。请谈谈你对这场战争的认识,对这幅地图的认识。

答: ______________________________

(2) 在可视化图形领域,高龄的法国工程师 Minard 却有了丰富的建树,你觉得,是什么造就了他的成就?

答: ______________________________

(3) 请通过网络搜索和学习,了解什么是“工程素质”,并请记录如下:

答: ______________________________

(4) 请简单记述你所知道的上一周发生的国际、国内或者身边的大事：

答：

6.1 可视化对认知的帮助

可视化已不仅仅是一种工具，它更是一种媒介，探索、展示和表达数据含义的一种方法。可视化不是将相互独立的部分分割开，而是可以把可视化看作是连续的、从统计图形延伸到数字艺术的一个连续谱图。可视化有时候是可清楚区分的，也有很多混合的，不能混为一谈。由于统计学、设计和美学的综合运用，才产生了许多优秀的数据可视化作品。

6.1.1 科学可视化

科学可视化(Scientific Visualization)是科学之中的一个跨学科研究与应用领域，主要关注的是三维现象的可视化，如建筑学、气象学、医学或生物学方面的各种系统。重点在于对体、面以及光源等的逼真渲染，甚至还包括某种动态(时间)成分。科学可视化侧重于利用计算机图形学来创建视觉图像，从而帮助人们理解那些采取错综复杂而又往往规模庞大的数字呈现形式的科学概念或结果。

对于科学可视化来说，三维是必要的，因为典型问题涉及连续的变量、体积和表面积(内/外、左/右和上/下)(图 6-8)。然而，对于信息可视化来说，典型问题包含更多的分类变量和股票价格、医疗记录或社会关系之类数据中的模式、趋势、聚类、异类和空白的发现。

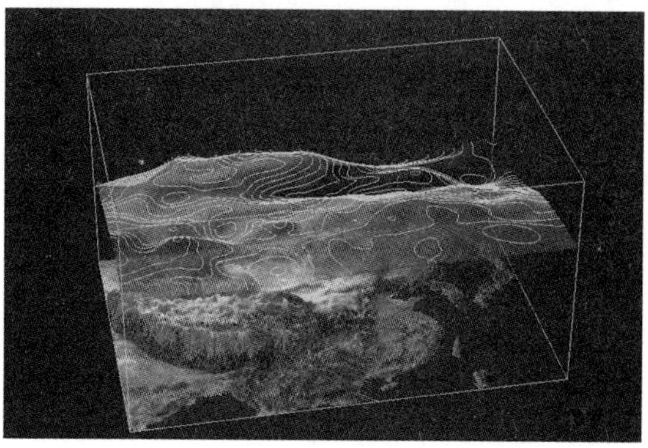

图 6-8　500hPa 高度场的三维显示

人的眼睛是人们感知世界的最主要途径，因此，数据可视化提供了一种感性的认知方式，是提高人们感知能力的重要途径。可视化可以扩大人们的感知，增加人们对海量数据分析的一系列的想法和分析经验，从而对人们感知和学习提供参考或者帮助。

通常为了交互式操纵可能从大得多的数据集中提取出大量条目($10^2\sim10^6$)，信息可视化提供紧凑的图形表示和用户界面。有时称其为视觉数据挖掘，它使用巨大的视觉带宽和非凡的人类感知系统，使用户能够对模式、条目分组或单个条目有所发现、做出决定或提出解释。它甚至可能允许用户回答他们不知道他们具有的问题。

感知心理学家、统计学家和平面设计师提供关于呈现静态信息的宝贵指南，但动态显示的机会远远超出用户界面设计人员当前的智慧。人类具有非凡的感知能力，它们在当前的大多数界面设计中远未被充分利用。用户能够快速地浏览、识别和回忆图像，能够察觉大小、颜色、形状、移动或质地的微妙变化。在图形用户界面中呈现的核心信息大部分仍旧是文字导向的(虽然已用吸引人的图标和优雅的插图增强)，倘若探索更视觉化的方法，吸引人的新机会就会出现。

有些用户抵制视觉方法，偏爱强有力的文本方法，诸如多菜单和多分面元数据搜索中的数字查询预览。他们的选择可能是恰当的，因为这些文本工具使用紧凑的呈现，这种呈现有丰富的、有意义的信息且令人欣慰的熟悉。成功的信息可视化工具必须不止是“酷”，它们还必须为实际任务提供可测量的好处。它们必须被构建来满足在各种平台上工作、使得包括残疾用户的所有预期用户均能访问的普遍可用性原则。

6.1.2 七个数据类型

按任务分类的数据类型包括 7 个基本数据类型和 7 个基本任务。基本数据类型是一维、二维、三维或多维的，接着是三种结构化更强的数据类型：时态的、树的和网络的。这种简化对于描述已被开发的可视化和表示用户所遇到的问题类别的特征是有用的。例如，对于时态数据，用户处理事件和间隔，他们关心的问题是之前、之后或之中。对于树结构的数据，用户处理内部节点上的标签和叶节点的值，他们的问题是关于路径、层次和子树的。

(1) **1D 线性数据**。线性数据类型是一维的，它们包括程序源代码、文本文档、字典和按字母顺序的名字列表，所有这一切均能按顺序方式组织。对程序源代码来说，一个像素/字符的大量压缩产生单个显示器上的数以万计源程序代码行的紧凑显示。属性，诸如最近修改日期或作者名，可能被用于颜色编码。界面设计问题包括使用什么颜色、大小和布局以及给用户提供什么概览、滚动或选择方法。用户的任务可能是查找条目的数量、查看有某些属性(例如从先前版本以来被改变的程序行)的条目。

(2) **2D 地图数据**。平面数据包括地理图、平面布置图和报纸版面。集合中的每个条目覆盖整个区域的某个部分，每个条目都有任务域属性(诸如名字、所有者和值)和界面域特征(诸如形状、大小、颜色和不透明度，见图 6-9)。

很多系统采用多层方法来处理地图数据，但每层都是二维的。用户的任务包括查找邻近条目、包含某些条目的区域和两个条目之间的路径，以及执行 7 个基本任务。例如地理信息系统，它是一个庞大的研究和商用领域(图 6-10)。

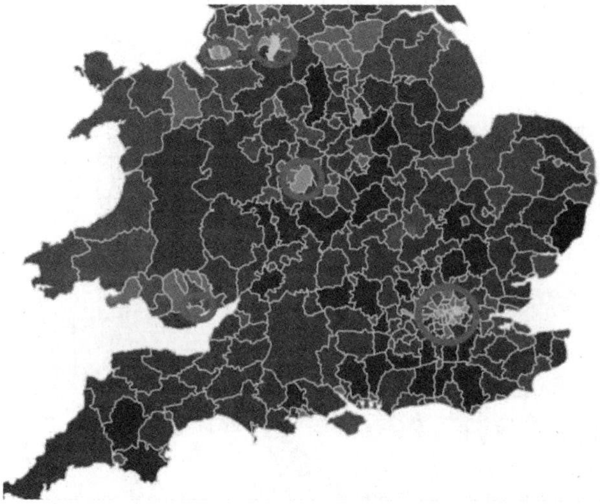

图 6-9 可视化技术呈现的 2016 年英国公投脱欧

（英国脱欧公投各地的投票率，颜色越深的投票率越高，圈所在是英国的主要城市。这个图说明：小地方的投票意愿，比精英所在的大城市强烈）

图 6-10 某时刻 QQ 同时在线人数

（3）3D 世界数据。现实世界的对象，诸如分子、人体和建筑物，具有体积和与其他条目的复杂关系。计算机辅助的医学影像、建筑制图、机械设计、化学结构建模和科学仿真被构建来处理这些复杂的三维关系。用户的任务通常处理连续变量，诸如温度或密度。结果经常被表示为体积和表面积，用户关注左/右、上/下和内/外的关系。在三维应用程序中，当观察对象时，用户必须处理察看对象时它们的位置和方向，处理遮挡与导航的潜在问题（图 6-11）。

使用增强的三维技术的解决方案，诸如概览、地标、远距传物、多视图和有形用户界面，正在设法进入研究原型和商业系统中。成功的例子包括帮助医生计划手术的声波图医学影像和使购房者了解建成的房屋看上去将是什么样子的建筑的走查或飞越。三维的计算机图形和计算机辅助设计工具的例子很多，但三维的信息可视化工作仍是有争议的。一些虚拟环境研究人员和商业图表制作者已经寻求用三维结构呈现信息，但这些设计似乎需要更多的导航步骤且使结果更难以解释。

除了1D线性数据、2D地图数据和3D世界数据之外，还有多维数据、时态数据、树数据、网络数据等数据类型。

图 6-11　3D世界的信息可视化

6.1.3　七个基本任务

分析数据可视化的第二个框架包含用户通常执行的7个基本任务。

(1) 概览任务。用户能够获得整个集合的概览。概览策略包括每个数据类型的缩小视图，这种视图允许用户查看整个集合，加上邻接的细节视图。概览可能包含可移动的视图域框，用户用它来控制细节视图的内容，允许缩放因子在3～30之间。重复有中间视图的这种策略使用户能够达到更大的缩放因子。另一种流行的方法是鱼眼策略，即变形放大一个或更多的显示区域，但几何缩放因子必须被限制在5左右，或针对可使用的上下文使用不同的表示等级。因为大多数查询语言工具都使集合概览的获取很困难，所以适当概览策略的规定是评价此类界面的有用标准。

(2) 缩放任务。用户能够放大感兴趣的条目。用户通常对集合中的某个部分感兴趣，他们需要工具使他们能够控制缩放焦点和缩放因子。平滑的缩放有助于用户保持他们的位置感和上下文。用户能够通过移动缩放条控件或通过调整视图域框的大小一次在一个维度上缩放。令人满意的放大方式，是先指向一个位置，然后发布一个缩放命令，通常通过鼠标来实现。缩放在针对小显示器的应用程序中特别重要。

(3) 过滤任务。用户能够过滤掉不感兴趣的条目。应用于集合中条目的动态查询构成信息可视化的关键思想之一。当用户控制显示的内容时，他们能够通过去除不想要的条目而快速集中他们的兴趣。通过滑块或按钮能快速执行显示更新，允许用户跨显示器动态突出显示感兴趣的条目。

(4) 按需细化任务。用户能够选择一个条目或一个组来获得细节。一旦集合被修剪到只有几十个条目，浏览该组或单个条目的细节就应该是容易的。通常的方法是仅在条目上单击，然后在单独或弹出的窗口中查看细节。按需细化窗口可能包含更多信息的链接。

(5) 关联任务。用户能够关联集合内的条目或组。与文本显示相比，视觉显示的吸引力在于它们利用人类处理视觉信息的感知能力。在视觉显示之内，有机会按接近性、包容性、连线或颜色编码来显示关系。突出显示技术能够用于引起对有数千条目的域中某些条目的注意。指向视觉显示能够允许快速选择，且反馈是明显的。当用户在视觉显示上执行动作时，眼、手、脑似乎流畅、快速地工作。然而，设计用于确定哪个关系是显而易见的这样的用户界面动作仍是一个挑战。用户也许还想把多种可视化技术结合在一起，这些技术是紧耦合的，以至于一个视图中的动作会触发其他所有耦合视图中的立即改变。正在开发工具以允许用户确定他们需要什么可视化技术和如何控制可视化技术之间的交互。

(6) 历史任务。用户能够保存动作历史以支持撤销、回放和逐步细化。单个动作就得到想要的结果的情况是少有的，信息探索本来就是一个有很多步骤的过程，所以保存动作的历史并允许用户追溯其步骤是重要的。然而，大多数产品并没有适当处理这种需求。在信息检索系统建模方面会得到进一步的发展，通过保留搜索序列，以便这些搜索能够被组合或细化。

(7) 提取任务。用户能够允许子集和查询参数的提取。一旦用户获得了他们想要的条目或条目集合，对他们有用的是，他们能够提取该集合并保存它、通过电子邮件发送它或把它插入统计或呈现的软件包中。他们可能还想发布那些数据，以便其他人用可视化工具的简化版本来查看。

6.2 新的数据研究方法

我们今天使用的许多传统图表，如折线图、条形图和饼图等都是苏格兰工程师、经济学家威廉姆·普莱菲尔发明的。他在 1786 年出版的《商业和政治图解》一书中，用 44 个图表记录了 1700—1782 年期间英国贸易和债务，展示出这段时期的商业事件。这些手工绘制在纸上的图表是对当时通行表格的重大改进。

直到 20 世纪 70 年代，人们还在通过手绘图看数据。约翰·图基在 1977 年出版了其开创性的著作《探索性数据分析》，他在书中描述了如何用钢笔而不是铅笔加深线条的颜色。现在看来这样的技巧已经很古老了。

技术的进步也让数据的量和可用性得到了极大的改善，这反过来给了人们以新的可视化素材，以及新的工作和研究领域。没有数据，就没有可视化。世界银行以易于下载的方式提供了有关美国的全国性数据，可帮助用户了解整个世界的发展状况。利用这些数据研究历年来各国人口的平均寿命，图 6-12(交互图)显示出大多数地区的平均寿命总体在增加(2009 年全球平均预期寿命为 67 岁)，其中的大回落表示某些地区发生了战争和冲突。

平均寿命图是调整过的多重时序图，是数据让它变得有意义了。但在互联网时代之前，这些数据即使存在也很难收集。斯蒂芬·冯·沃利用一份现成的、逗号分隔的文档算出了全美国 48 个州中任何一个地点到最近麦当劳的距离，并在地图上标注了出来。如图 6-13 所示，一个区域的颜色越亮，就意味着越能尽快吃到巨无霸。

从太空这一个更广阔的视角来看 NASA(美国国家航空航天局)使用卫星数据监视地球上的活动。例如，图 6-14 是显示水循环构成动画中的一幅快照，包括蒸发、水蒸气上升和降水的过程。根据这些数据建立的大气模型可以让人们看到地球历史中的重大变化。

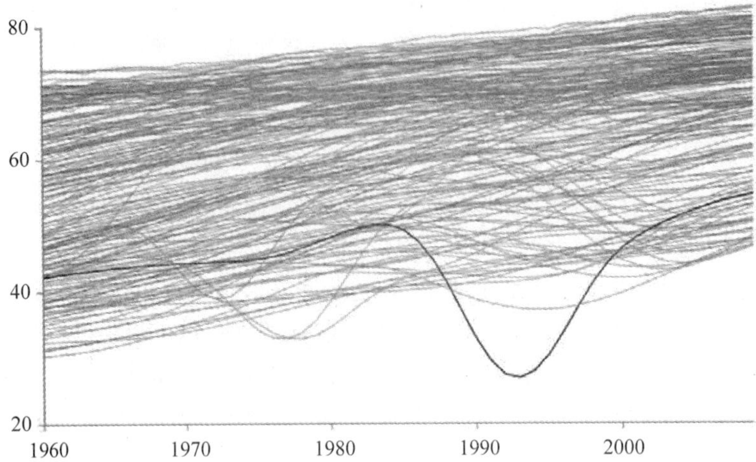

图 6-12　世界各地平均寿命

(http:///datafl.ws/24w)

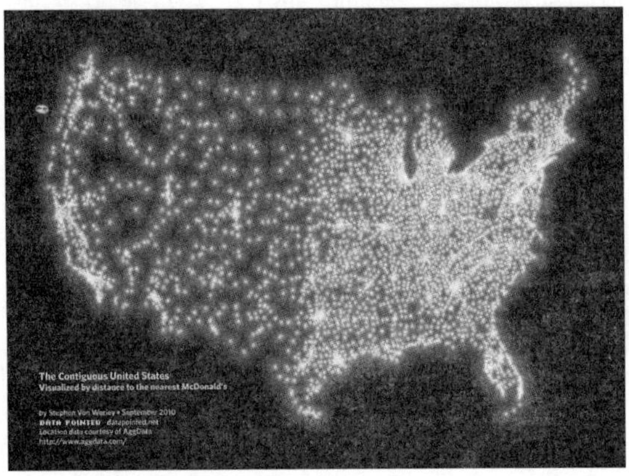

图 6-13　到麦当劳的距离

(2010 年)

图 6-14　水循环平面图

(NASA 戈达德航天飞行中心绘制,http://svs.nasa.bov/goto? 3811)

图 6-15 所示的“永恒的海洋”同样由 NASA 绘制，它使用了类似的数据和模型来评估洋流。这是多么的神奇！大量的数据使这一切成为可能。当然，不断增长的新数据类型需要比纸笔更强大的新工具来帮助探索研究。

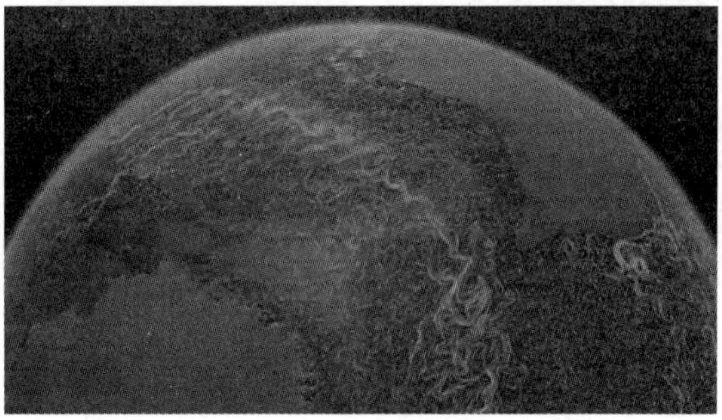

图 6-15　永恒的海洋

（NASA 戈达德航天飞行中心绘制，http://datafl.ws/2bc）

计算机的引入改变了人们分析和研究数据的方式。借助计算机，可以在数秒内制作出许多图表，从多个角度查看数据以及筛选出更复杂的数据集，而不用再像以前那样只能用手绘的图表。现在人们也拥有了更多的数据研究工具。例如，微软的 Excel 仍是许多人首选的办公软件，它可以完成许多工作，但人们想要使用的方法以及想要研究的深度都正在发生改变。

6.3　信息图形和展示

研究数据时，你会形成自己的见解，因此没有必要向自己解释这些数据的有趣之处。但当观众不仅仅是自己时，就必须提供数据的背景信息。通常这并不是指为图表配上详尽的长篇大论的文章或论文，而是精心配上标签、标题和文字，让读者为即将见到的东西做好准备。可视化本身——形状、颜色和大小，代表了数据，而文字则可以让图形更易读懂。注意，排版、背景信息和合理的布局也可以为原始统计数据增加一层信息。

通俗地说，可视化设计的目的是“让数据说话”。这意味着将数据或信息可视化。作为一种媒介，可视化已经发展成为一种很好的故事讲述方式。新闻机构正学着在其领域内使用可视化这种媒介。例如，2010 年 4 月，墨西哥湾的“深水地平线”石油钻井平台爆炸，导致近 4 亿升石油泄漏到大海中（图 6-16），《纽约时报》持续 3 个月对此进行了生动且全面的报道。它为原油泄漏如何结束、造成了什么影响以及为什么会发生泄漏提供了背景介绍。现在，距离这一事故的发生已经有很长时间了，回首这一系列的互动报道，其中的图表仍能传递丰富的信息，而且在未来数年中仍是如此。

马修·迈特在“图解博士是什么”的图表中运用这一点达到了很好的效果（图 6-17）。制作这一图表是为了对研究生进行指导，当然它也适用于所有正在学习，并且想要在自己领域中获得进步的人。

这些图并不华丽，它显示出不需要过多花哨的功能也可以吸引人们的目光。这同样也适用于数据。有价值的数据让图表值得一看。它传递了数据的故事。

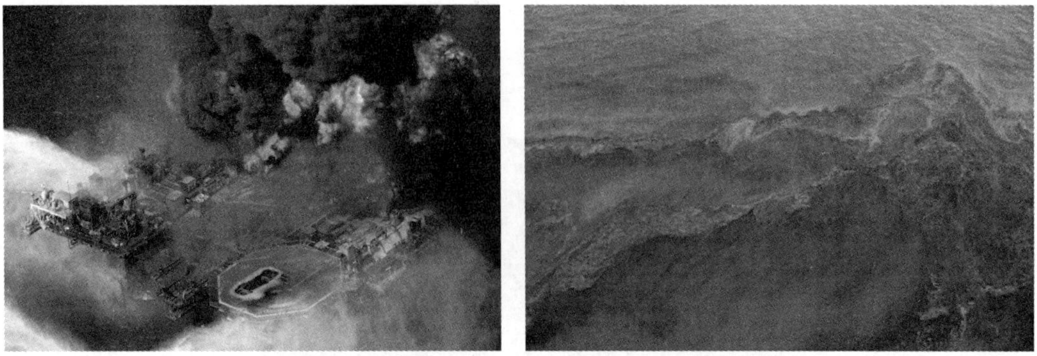

(a) (b)

图 6-16 墨西哥湾“深水地平线”石油钻井平台爆炸

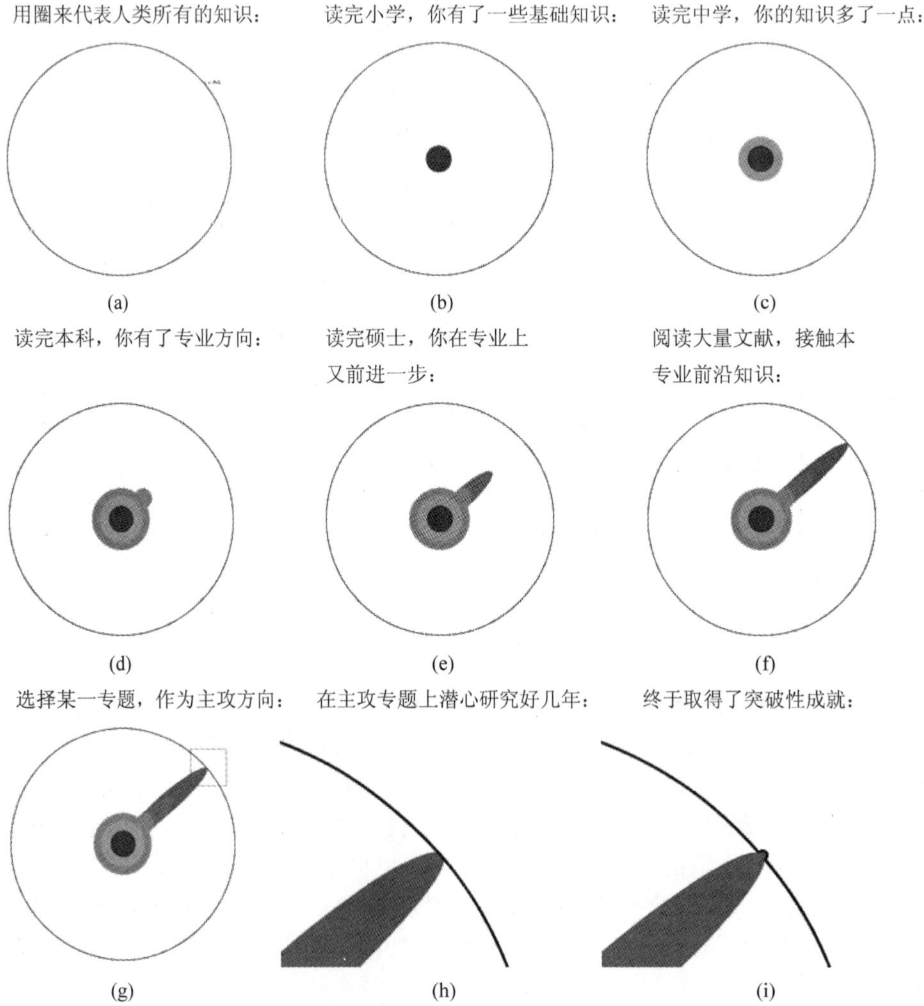

图 6-17 图解博士是什么

（马修·迈特，http://datafl.ws/25c）

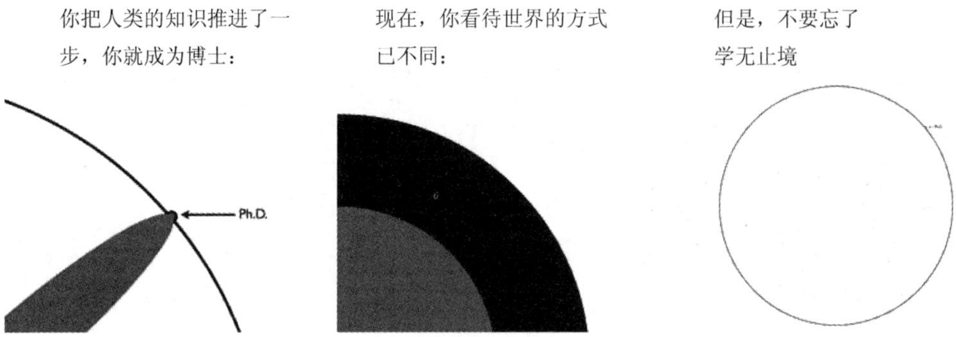

(j)　(k)　(l)

图 6-17 （续）

6.4 走进数据艺术的世界

数据艺术由那些分析和信息图形常有的数字特征组成，它更多的是为了让人们去体验那些让人感觉冰冷而陌生的数据。2012 年，在距离伦敦奥运会开幕还有几个月的时候，艺术家格约拉和穆罕默德·阿克坦在“形态”(Forms)图中将原本就很美的竞技运动演绎成衍生动画，如图 6-18 所示。小视频中播放一位运动员，如体操运动员或跳水运动员的腾空和翻转动作，大视频里同时生成由颗粒、枝条和长杆组成的图形，相应地移动。移动伴随有声音，让计算机生成的图形看起来更加真实。

(a)　(b)

(c)　(d)

图 6-18 “形态”图

（穆罕默德·阿克坦和格约拉，http://vimeo.com/37954818）

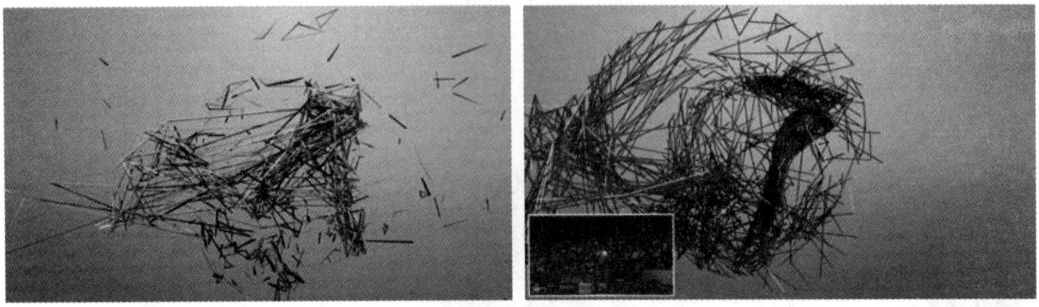

(e)　　(f)

图 6-18 （续）

虽然这些作品是用于艺术展或装饰墙壁的，但很容易看出它们对一些人的用处。例如，运动员和教练可能对完美的动作感兴趣，而视觉跟踪可以帮助他们更容易看到运动模式。“形态”可能不如动作捕捉软件回放动作那样直观，但机制是类似的。

这让人们再次开始思考“数据艺术是什么”，或者是更重要的问题——可视化是什么。可视化是一种应用广泛的媒介。在某一范围内有不同类型的可视化，但它们并没有明确清晰的界限（也没有必要）。可视化作品既可以是艺术的，同时又是真实的。

在费尔兰达·维埃加斯和马丁瓦滕伯格的另一幅作品“风图”（*Wind Map*）中，他们将可视化用作工具和表达方式，绘制了全美各地风的流动模式（图 6-19）。数据来自国家数字预测数据库的预报，每小时更新一次。可以通过缩放和平移数据库来进行研究，还可以把鼠标停在某处了解该地的风速和方向。地图上风的流动越集中、越快，预报的风速就越大。

图 6-19　风图

（2016-2-23，http://hint.fm/wind/）

对于研究风的模式的气象学家或是教授气象原理的老师，这个图很有用，但维埃加斯和瓦滕伯格将其看作艺术品。他们的目的是赋予环境生命感，使它看上去很美。你很容易沉浸在这些数据中，这些数据既是个性化的，又很容易与读者建立起关联。用传统的图表很难做到这些。也就是说，高质量的数据艺术和其他可视化一样，仍是由数据引导设计的。随着移动技术的进步，数字和物质间的差距变得更小，可视化将在连接这两个世界的过程中发挥出更大的作用。

可见，可视化的定义在不同人的眼中是不一样的。作为一个整体，可视化的广度每天都在变化。可视化的目的不同，目标读者可能就会迥然不同。但无论如何，可视化作为一种媒介，用处很大。

6.5 掌握可视化设计组件

所谓可视化数据，其实就是根据数值，用标尺、颜色、位置等各种视觉隐喻的组合来表现数据。深色和浅色的含义不同，二维空间中右上方的点和左下方的点含义也不同。

可视化是从原始数据到条形图、折线图和散点图的飞跃。人们很容易会以为这个过程很方便，因为软件可以帮忙插入数据，立刻就能得到反馈。其实在这中间还需要一些步骤和选择，例如用什么图形编码数据、什么颜色对寓意和用途是最合适的。可以让计算机帮你做出所有的选择以节省时间，但是至少，如果清楚可视化的原理以及整合、修饰数据的方式，你就知道如何指挥计算机，而不是让计算机替你做决定。对于可视化，如果你知道如何解释数据，以及图形元素是如何协作的，得到的结果通常比软件做得更好。

基于数据的可视化组件可以分为 4 种：视觉隐喻、坐标系、标尺以及背景信息。不论在图的什么位置，可视化都是基于数据和这 4 种组件创建的。有时它们是显式的，而有时它们则会组成一个无形的框架。这些组件协同工作，对一个组件的选择会影响到其他组件。

(1) 组件：不同组件组合在一起构成图表。有时它们直接显示在可视化视图中，有时它们形成背景图，这都取决于数据本身。

(2) 标题：描述数据以及高亮显示的内容。

(3) 视觉隐喻：可视化包括用形状、颜色和大小来编码数据，选择什么取决于数据本身和目标。

(4) 坐标系：用散点图映射数据和用圆饼图是不一样的。散点图中有 x 坐标和 y 坐标，其他图中则有角度，就像直角坐标系和极坐标系的对比。

(5) 标尺：有意义的增量可以增强可读性，就像改变焦点一样。

(6) 背景信息：如果可视化产品的读者对数据不熟悉，则应该阐明数据的含义以及读图的方式。

6.5.1 视觉隐喻

可视化最基本的形式就是简单地把数据映射成彩色图形。它的工作原理就是大脑倾向于寻找模式，你可以在图形和它所代表的数字间来回切换。这一点很重要，你必须确定数据的本质并没有在这反复切换中丢失，如果不能映射回数据，可视化图表就只是一堆无用的图形。所谓视觉隐喻，就是在可视化数据的时候，用形状、大小和颜色来编码数据。

必须根据目的来选择合适的视觉隐喻，并正确使用它。而这又取决于你对形状、大小和颜色的理解。看看图 6-20，它展示出了有哪些是我们能用的视觉隐喻。

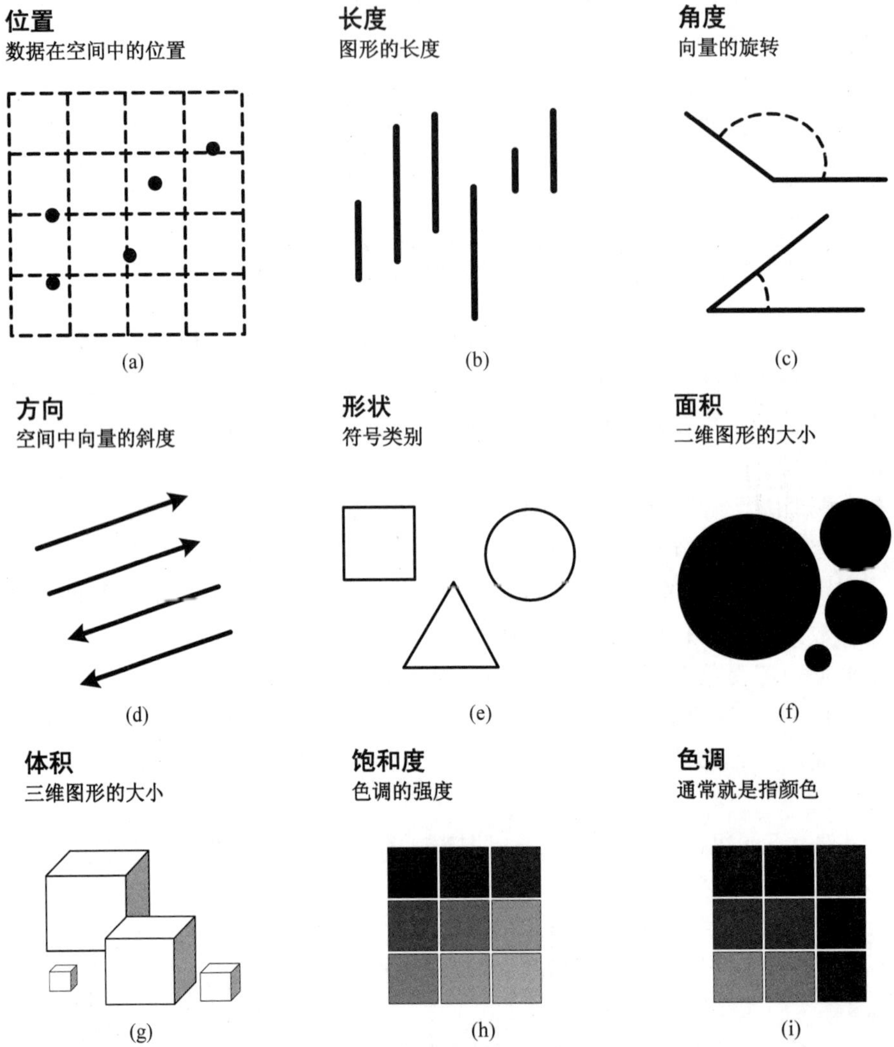

图 6-20　可视化可用的视觉隐喻

1. 位置

用位置作视觉隐喻时，要比较给定空间或坐标系中数值的位置。如图 6-21 所示，观察散点图的时候，是通过一个数据点的 x 坐标和 y 坐标以及和其他点的相对位置来判断的。

只用位置作视觉隐喻的一个优势就是，它往往比其他视觉隐喻占用的空间更少。因为可以在一个 XY 坐标平面里画出所有的数据，每一个点都代表一个数据。与其他用尺寸大小又比较数值的视觉隐喻不同，坐标系中所有的点大小相同。然而，绘制大量数据之后，一眼就可以看出趋势、群集和离群值。

这个优势同时也是劣势。观察散点图中的大量数据点，很难分辨出每一个点分别表示什么。即便是在交互图中，仍然需要鼠标悬停在一个点上以得到更多信息，而点重叠时会更不方便。

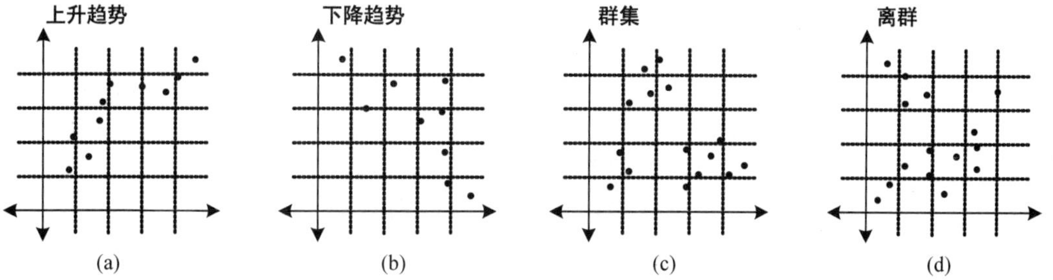

图 6-21 散点图

2. 长度

长度通常用于条形图中，条形越长，绝对数值越大。不同方向上，如水平方向、垂直方向或者圆的不同角度上都是如此。

长度是从图形一端到另一端的距离，因此要用长度比较数值，就必须能看到线条的两端，否则得到的最大值、最小值及其间的所有数值都是有偏差的。

图 6-22 给出了一个简单的例子，它是一家主流新闻媒体在电视上展示的一幅税率调整前后的条形图。

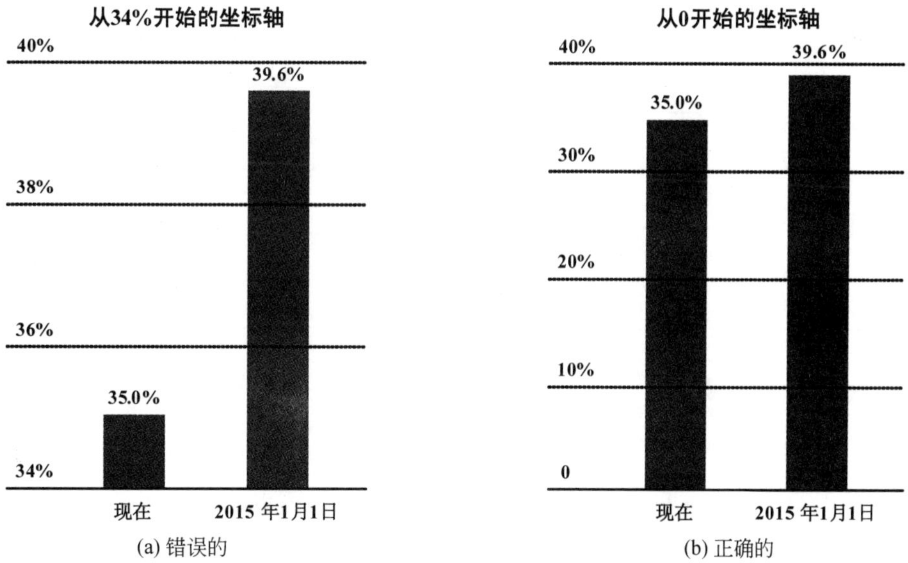

图 6-22 条形图

图 6-22(a)中两个数值看上去有巨大的差异。因为数值坐标轴从 34%开始，导致右边条形长度几乎是左边条形长度的 5 倍。而图 6-22(b)中坐标轴从 0 开始，数值差异看上

去就没有那么夸张了。当然,你可以随时注意坐标轴,印证你所看到的(也本应如此),但这无疑破坏了用长度表示数值的本意,而且如果图表在电视上一闪而过的话,大部分人是不会注意到这个错误的。

3. 角度

角度的取值范围是 0°～360°,构成一个圆。有 90°的直角、大于 90°的钝角和小于 90°的锐角。直线是 180°。

0°～360°之间的任何一个角度,都隐含着一个能和它组成完整圆形的对应角,这两个角被称作共扼。这就是通常用角度来表示整体中部分的原因。尽管圆环图常被当作是饼图的近亲,但圆环图的视觉隐喻是弧长,因为可以表示角度的圆心被切除了。

4. 方向

方向和角度类似。角度是相交于一个点的两个向量,而方向则是坐标系中一个向量的方向。你可以看到上下左右及其他所有方向。这可以帮助你测定斜率,如图 6-23 所示。在这个图中可以看到增长、下降和波动。

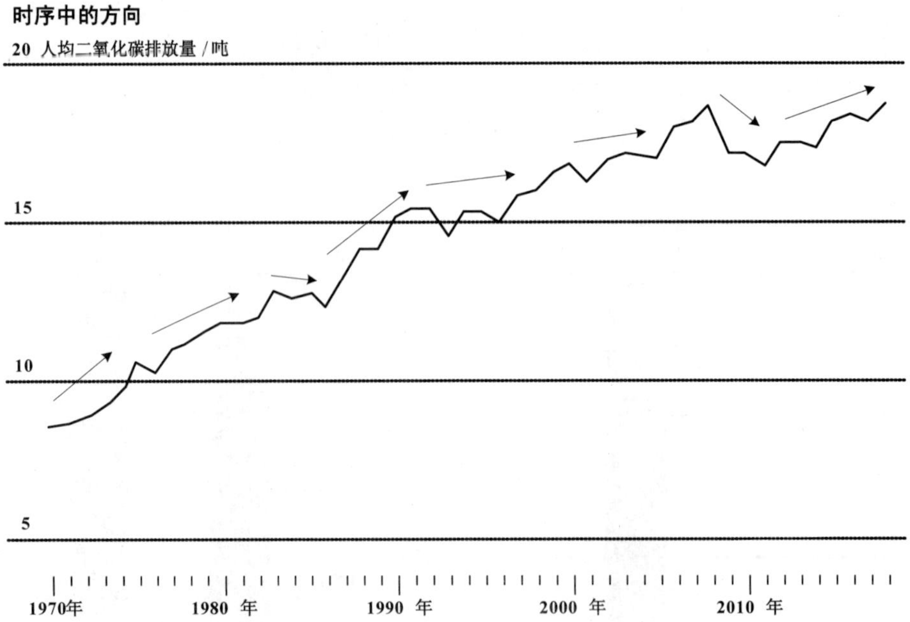

图 6-23 斜率和时序

对变化大小的感知在很大程度上取决于标尺。例如,可以放大比例让一个很小的变化看上去很大,同样也可以缩小比例让一个巨大的变化看上去很小。一个经验法则是:缩放可视化图表,使波动方向基本都保持在 45°左右。如果变化很小但却很重要,就应该放大比例以突出差异;相反,如果变化微小且不重要,那就不需要放大比例使之变得显著了。

5. 形状

形状和符号通常被用在地图中，以区分不同的对象和分类。地图上的任意一个位置可以直接映射到现实世界，所以用图标来表示现实世界中的事物是合理的。例如，可以用一些树表示森林，用一些房子表示住宅区。

在图表中，形状已经不像以前那样频繁地用于显示变化。例如，在图6-24中可以看到，三角形和正方形都可以用在散点图中。不过，不同的形状比一个个点能提供的信息更多。

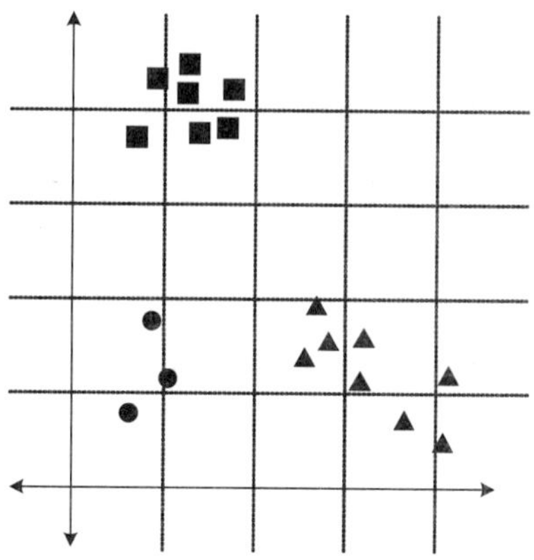

图6-24 散点图中的不同形状

6. 面积和体积

大的物体代表大的数值。长度、面积和体积分别可以用在二维和三维空间中，来表示数值的大小。二维空间通常用圆形和矩形，三维空间一般用立方体或球体。也可以更为详细地标出图标和图示的大小。

一定要注意所使用的是几维空间。最常见的错误就是只使用一维（如高度）来度量二维、三维的物体，却保持了所有维度的比例。这会导致图形过大或者过小，无法正确比较数值。

假设你用正方形这个有宽和高两个维度的形状来表示数据，数值越大，正方形的面积就越大。如果一个数值比另一个大50%，你希望正方形的面积也大50%。然而一些软件的默认行为是把正方形的边长增加50%，而不是面积，这会得到一个非常大的正方形，面积增加了125%，而不是50%。三维物体也有同样的问题，而且会更加明显。把一个立方体的长宽高各增加50%，立方体的体积将会增加大约238%。

7. 颜色

颜色视觉隐喻分两类，色相(hue)和饱和度。两者可以分开使用，也可以结合起来使用。色相就是通常所说的颜色，如红色、绿色、蓝色等。不同的颜色通常用来表示分类数据，每个颜色代表一个分组。饱和度是一个颜色中色相的量。假如选择红色，高饱和度的红就非常浓，随着饱和度的降低，红色会越来越淡。同时使用色相和饱和度，可以用多种颜色表示不同的分类，每个分类有多个等级。

对颜色的谨慎选择能给数据增添背景信息。因为不依赖于大小和位置，可以一次性编码大量的数据。不过，要时刻考虑到色盲人群，确保所有人都可以解读你的图表。有将近8%的男性和0.5%的女性是红绿色盲，如果只用这两种颜色编码数据，这部分读者会很难理解你的可视化图表。可以通过组合使用多种视觉隐喻，使所有人都可以分辨得出。

8. 感知视觉隐喻

1985年，AT&T贝尔实验室的统计学家威廉·克利夫兰和罗伯特·麦吉尔发表了关于图形感知和方法的论文。研究焦点是确定人们理解上述视觉隐喻(不包括形状)的精确程度，最终得出了从最精确到最不精确的视觉隐喻排序清单，即：

位置 →长度 →角度 →方向 →面积 →体积 →饱和度 →色相

很多可视化建议和最新的研究都源于这份清单。不管数据是什么，最好的办法是知道人们能否很好地理解视觉隐喻，领会图表所传达的信息。

6.5.2 坐标系

编码数据的时候，总得把物体放到一定的位置。有一个结构化的空间，还有指定图形和颜色画在哪里的规则，这就是坐标系，它赋予 XY 坐标或经纬度以意义。有几种不同的坐标系，图 6-25 所示的三种坐标系几乎可以覆盖所有的需求，它们分别为直角坐标系（也称为笛卡儿坐标系）、极坐标系和地理坐标系。

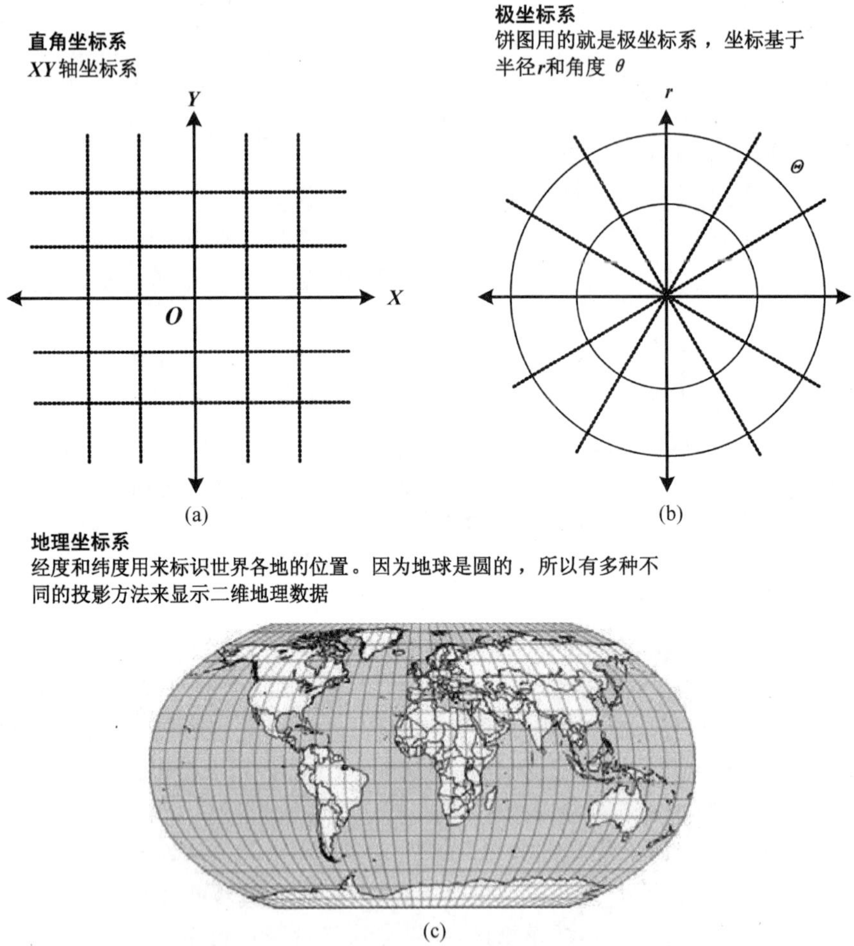

图 6-25 常用坐标系

1. 直角坐标系

直角坐标系是最常用的坐标系（对应如条形图或散点图）。通常可以认为坐标就是被标记为(x,y)的XY值对。坐标的两条线垂直相交，取值范围从负到正，组成了坐标轴。交点是原点，坐标值指示到原点的距离。举例来说，(0, 0)点就位于两线交点，(1, 2)点在水平方向上距离原点一个单位，在垂直方向上距离原点2个单位。

直角坐标系还可以向多维空间扩展。例如，三维空间可以用(x,y,z)三值对来替代(x,y)。可以用直角坐标系来画几何图形，以使在空间中画图变得更为容易。

2. 极坐标系

极坐标系（对应如圆饼图）由一个圆形网格构成，最右边的点是零度，角度越大，逆时针旋转越多。距离圆心越远，半径越大。

将自己置于最外层的圆上，增大角度，逆时针旋转到垂直线（或者直角坐标系的Y轴），就得到了90°，也就是直角。再继续旋转四分之一，到达180°。继续旋转直到返回起点，就完成了一次360°的旋转。沿着内圈旋转，半径会小很多。

极坐标系没有直角坐标系用得多，但在角度和方向很重要时它会更有用。

3. 地理坐标系

位置数据的最大好处就在于它与现实世界的联系，它能给相对于你的位置的数据点带来即时的环境信息和关联信息。用地理坐标系可以映射位置数据。位置数据的形式有许多种，但通常都是用纬度和经度来描述的，分别相对于赤道和子午线的角度，有时还包含高度。纬度线是东西向的，标识地球上的南北位置。经度线是南北向的，标识东西位置。高度可被视为第三个维度。相对于直角坐标系，纬度就好比水平轴，经度就好比垂直轴。也就是说，相当于使用了平面投影。

绘制地表地图最关键的地方是要在二维平面上（如计算机屏幕）显示球形物体的表面。有多种不同的实现方法，被称为投影。当你把一个三维物体投射到二维平面上时，会丢失一些信息，与此同时，其他信息则被保留下来了。如图6-26所示，这些投影都有各自的优缺点。

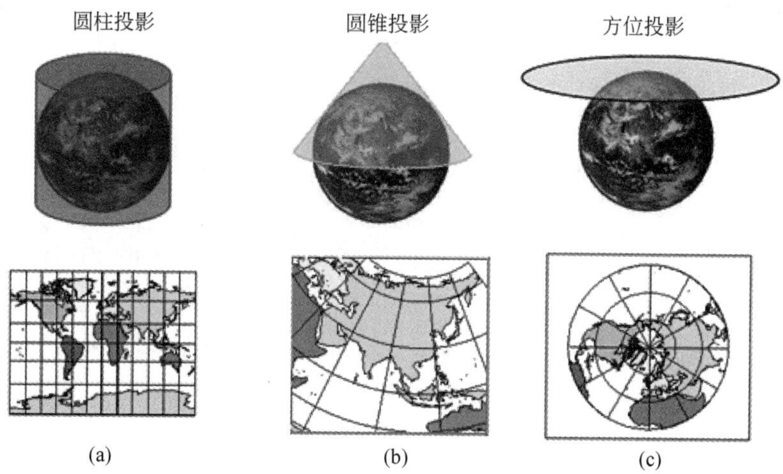

图6-26 地图投影

6.5.3 标尺

坐标系指定了可视化的维度,而标尺则指定了在每一个维度里数据映射到哪里。标尺有很多种,也可以用数学函数来定义自己的标尺,但是基本上不会偏离图 6-27 中所展示的标尺,这些标尺分为三种,包括数字标尺、分类标尺和时间标尺。标尺和坐标系一起决定了图形的位置以及投影的方式。

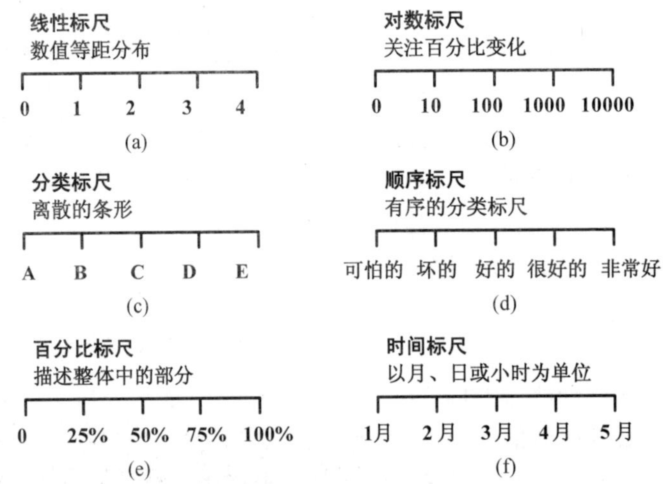

图 6-27 标尺

1. 数字标尺

线性标尺上的间距处处相等,无论处于坐标轴的什么位置。因此,在标尺的低端测量两点间的距离和在标尺高端测量的结果是一样的。然而,对数标尺是随着数值的增加而压缩的,对数标尺不像线性标尺那样被广泛使用。对于不常和数据打交道的人来说,它不够直观,也不好理解。但如果你关心的是百分比变化而不是原始计数,或者数值的范围很广,对数标尺还是很有用的。

百分比标尺通常也是线性的,用来表示整体中的部分时,最大值是 100%(所有部分总和是 100%)。

2. 分类标尺

数据并不总是以数字形式呈现的。它们也可以是分类的,例如人们居住的城市,或政府官员所属党派。分类标尺为不同的分类提供视觉分隔,通常和数字标尺一起使用。拿条形图来说,可以在水平轴上使用分类标尺(例如 A、B、C、D、E),在垂直轴上用数字标尺,这样就可以显示不同分组的数量和大小了。分类间的间隔是随意的,和数值没有关系。通常会为了增加可读性而进行调整,顺序和数据背景信息相关。当然,也可以相对随意,但对于分类的顺序标尺来说,顺序就很重要了。例如,将电影的分类排名数据按从糟糕到非常好的这种顺序显示,能帮助观众更轻松地判断和比较影片的质量。

3. 时间标尺

时间是连续变量，你可以把时间数据画到线性标尺上，也可以将其分成月份或者星期这样的分类，作为离散变量处理。当然，它也可以是周期性的，总有下一个正午、下一个星期六和下一个一月份。和读者沟通数据时，时间标尺带来了更多的好处，因为和地理地图一样，时间是日常生活的一部分。随着日出和日落，在时钟和日历里，我们每时每刻都在感受和体验着时间。

6.5.4 背景信息

背景信息(帮助更好地理解数据相关的 5W 信息，即何人、何事、何时、何地、为何)可以使数据更清晰，并且能正确引导读者。至少，几个月后回过头来再看的时候，它可以提醒你这张图在说什么。

有时背景信息是直接画出来的，有时它们则隐含在媒介中。至少可以很容易地用一个描述性标题来让读者知道他们将要看到的是什么。想象一幅呈上升趋势的汽油价格时序图，可以把它叫做“油价”，这样显得清楚明确。你也可以叫它“上升的油价”，来表达出图片的信息。你还可以在标题底下加上引导性文字，描述价格的浮动。

所选择的视觉隐喻、坐标系和标尺都可以隐性地提供背景信息。明亮、活泼的对比色和深的、中性的混合色表达的内容是不一样的。同样，地理坐标系让你置身于现实世界的空间中，直角坐标系的 *XY* 坐标轴只停留在虚拟空间。对数标尺更关注百分比变化而不是绝对数值。这就是为什么注意软件默认设置很重要。

现有的软件越来越灵活，但是软件无法理解数据的背景信息。软件可以帮你初步画出可视化图形，但还要由你来研究和做出正确的选择，让计算机为你输出可视化图形。其中，部分来自你对几何图形及颜色的理解，更多则来自练习，以及从观察大量数据和评估不熟悉数据的读者的理解中获得的经验。常识往往也很有帮助。

6.5.5 整合可视化组件

单独看这些可视化组件没那么神奇，它们只是漂浮在虚无空间里的一些几何图形而已。如果把它们放在一起，就得到了值得期待的完整的可视化图形。

举例来说，在一个直角坐标系里，水平轴上用分类标尺，垂直轴上用线性标尺，长度作视觉隐喻，这时得到了条形图。在地理坐标系中使用位置信息，则会得到地图中的一个个点。

在极坐标系中，半径用百分比标尺，旋转角度用时间标尺，面积作视觉隐喻，可以画出极区图(即南丁格尔玫瑰图)。

本质上，可视化是一个抽象的过程，是把数据映射到了几何图形和颜色上。从技术角度看，这很容易做到。你可以很轻松地用纸笔画出各种形状并涂上颜色。难点在于，你要知道什么形状和颜色是最合适的、画在哪里以及画多大。

要完成从数据到可视化的飞跃，你必须知道自己拥有哪些原材料。对于可视化来说，视觉隐喻、坐标系、标尺和背景信息都是你拥有的原材料。视觉隐喻是人们看到的主要部分，坐标系和标尺可使其结构化，创造出空间感，背景信息则赋予了数据以生命，使其更贴切，更容易被理解，从而更有价值。

知道每一部分是如何发挥作用的，尽情发挥，并观察别人看图的时候得到了什么信息：不要忘了最重要的东西，没有数据，一切都是空谈。同样，如果数据很空洞，得到的可视化图表也会是空洞的。即使数据提供了多维度的信息，而且粒度足够小，使你能观察到细节，那你也必须知道应该观察些什么。

数据量越大，可视化的选择就越多，然而很多选择可能是不合适的。为了过滤掉那些不好的选择，找到最合适的方法，得到有价值的可视化图表，你必须了解自己的数据。

【延伸阅读】

网络可视化的基本原则之一：丰富词汇

每开始一个网络可视化项目，都要考虑两个关键因素：节点（或称为顶点）和连线（或称为边）。这两个元素看似简单，但往往都没有得到充分应用。常见的设计都是用圆圈或正方形做节点，用难以辨认的线条连接起来——可视化工作者往往会忽略这两个最细小的元素。其实我们可以尝试考虑更多视觉属性，包括颜色、形状、大小、方向、材质、色调以及位置。以上 7 项来自雅克·贝尔坦的著作《图表记号学》(1984)中的图形属性列表，我认为可视化工作者应该学习综合运用这些视觉属性，并在实践中逐渐形成一种特定的语义关联，从而建立图形呈现和数据的特性之间对应关联。

更多样化的节点

节点是网络图中最基本的单位，代表系统中的个体。除了用空心方形或圆形来表示外，还可以加入色彩或其他视觉属性让这些节点的含义更加清晰。假如加入互动属性，节点还能够进行反应，提供不同背景下的数据信息。大部分视觉属性（如大小、颜色、形状、位置）能够反映一个节点的类型、重要性以及功能可交互性（这个节点能够进行互动吗？它和其他节点有没有隐秘的连线？它是否还有其他细节未显现？）。当我们开始考虑交互性，就会有一系列的关联特性需要进行探索。节点可以膨胀或收缩，显现或隐藏相关信息，并最终根据用户的评价标准和输入进行变化。例如图 6-28，这是哈佛大学伯克曼互联网与社会中心制作的动态信息图截图。图中展示了各种各样的媒体和个人。图中可见数量异常丰富的节点，让人能够一眼就看出不同的类别，例如博文、视频文件、音频文件、新闻稿件、维基百科词条、推特微博、图像以及人。

又如图 6-29，这是"CIA 世界概况信息库"中关于国家地理疆界和语言关系的交互信息图（B 表示两个国家接壤，P 表示隶属关系，S 表示使用某种语言）。随意选择某个国家的名称，界面就会立刻反应，显示出与这个国家相关的详细信息。

有表现力的边线

边线连接图中的节点，是任何网络信息图中的重要元素——没有这些连线，节点不过是空间中无意义散布的点。但是连线所表达的远不止连接两点这么简单。点与点之间的连线能够传达非常丰富的信息，例如地理或情感上的接近程度、交流的频率、友谊的延续时间等。

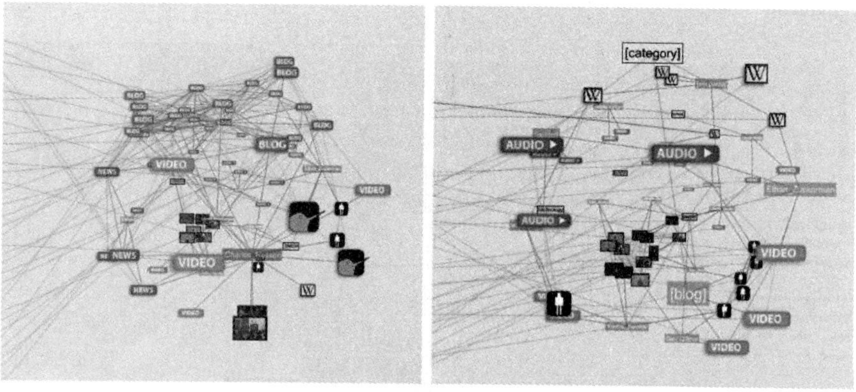

(a)　　　　　　　　　　　　(b)

图 6-28　网络节点的膨胀和收缩(1)

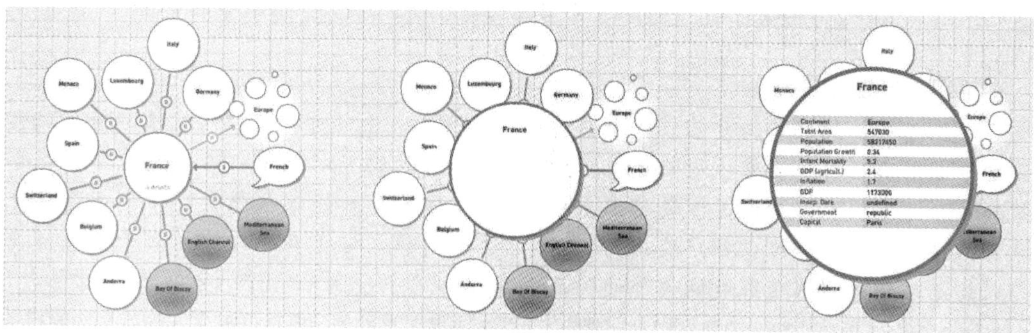

图 6-29　网络节点的膨胀和收缩(2)

边线所具备的丰富视觉表现力源于地图绘制的历史积淀。在一张传统的国家地图中,可以看到一系列的线条组合:两个主要城市之间通过各种各样的线段相连——主干道、次级道路、火车线路、河流以及其他路径,清晰易辨,各不相同。如图 6-30 所示是来自“维基百科:地图专题”的图例,这是一个教用户制作地理或者拓扑地图的页面,同时也是一个共享资源库,网友可以发布开放版权的图片、声音以及其他的媒体文件。从这个图例可以看到,不同的点通常会用不同的图形特征表示,例如首都、城市、村庄等;线条也一样,高速公路、次级公路、铁路线等也各有不同。这种区分在很多地图中都可以看到。

网络可视化也可以采用这样的制作手法。在制作连线时,要考虑如下要素:长度意味着数值的渐变,例如实际距离、亲密程度、力量强弱、相似度或者相关程度;宽度描述流体的密度或强度,也可以用来表达数值的渐变;颜色用于区分或强调特定的群体、类别以及集群,或者用来强调特殊的连线;形状可以描述不同的关系类型,例如家庭、朋友、同事。例如图 6-31,是一幅欧洲各国之间的通信网络图,橙线的宽度与国家之间年通信量成比例,比例为 1∶1 亿分钟语音通信。位于各国首都上的圆形标志表示这个国家年度对外输出通信总量。

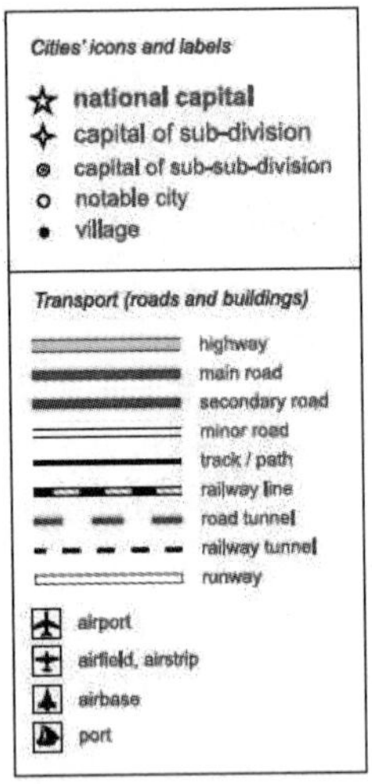

图 6-30　地图模板

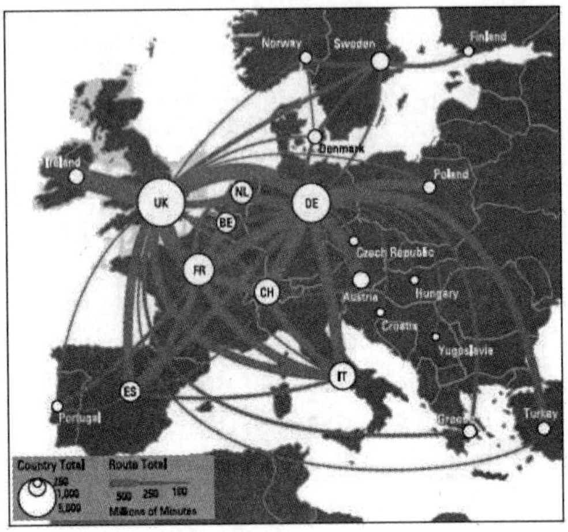

图 6-31　通信线路图

清晰的视觉语言

但是应用多种视觉属性的过程中要注意的一点是：并非所有人都能够第一时间读懂你的视觉语言。为了避免让用户记忆这么多的元素，我们可以使用一种广泛应用的制图技巧——使用图例。地图图例简单但重要，要让看地图的人能够快速辨认不同的图形元素。网络可视化同样可以推广使用图例，要让这些图形词汇更易于理解。我们的最终目的始终是让用户能够理解最终设计的作品。

资料来源：[美] Manuel Lima 著．杜明翰，陈楚君译．《视觉繁美——信息可视化方法与案例解析》．北京：机械工业出版社，2013

【实验与思考】

大数据可视化的领军企业 Tableau

1. 实验目的

(1) 熟悉大数据可视化的基本概念和主要内容；

(2) 通过网络搜索，了解大数据可视化的领军企业 Tableau，并由此进一步熟悉大数据分析与可视化的专业市场；

(3) 熟悉大数据分析、处理和可视化应用的主要方法。

2. 工具/准备工作

在开始本实验之前，请认真阅读课程的相关内容。

需要准备一台带有浏览器，能够访问因特网的计算机。

3. 实验内容与步骤

1) 概念理解

(1) 请结合查阅相关文献资料，简述数据可视化的 7 个数据类型是什么。

答：____

____

____

____

____

(2) 请结合查阅相关文献资料，简述数据可视化的7项基本任务是什么。

答：____

____

____

____

____

2) 访问Tableau公司官网

Tableau(读 ['tæblo])是桌面办公环境中一款定位于数据可视化敏捷开发和实现的，易于操作应用的商业智能工具软件(商务智能展现工具，图6-32)，它将数据运算与美观的分析图表完美地结合在一起，可以用它将大量数据拖放到数字“画布”上，迅速有效地创建好各种分析图表。Tableaude的用户无须编程，就可以完全自定义配置控制台。在控制台上不仅能够监测信息，还提供了完整的分析能力，灵活且具有高度的动态性。

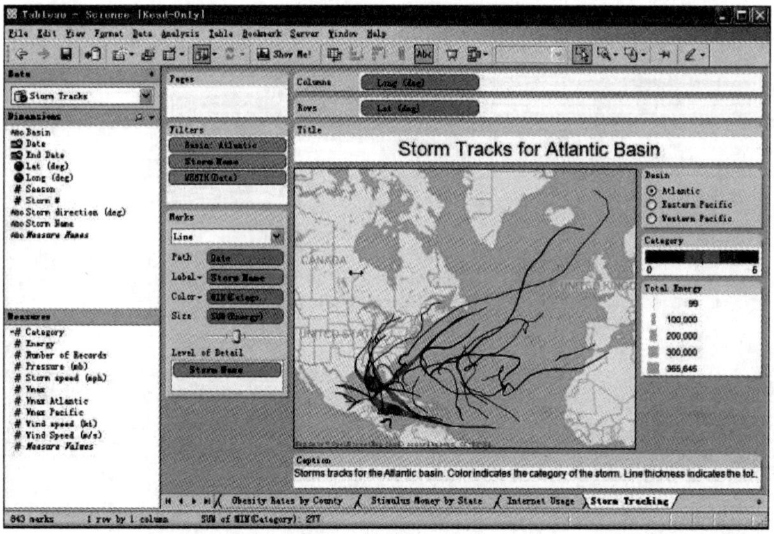

图6-32 Tableau案例

Tableau可以用来实现交互的、可视化的分析和仪表板应用，从而帮助企业快速地认识和理解数据，以应对不断变化的市场环境与挑战。数据可视化让枯燥的数据以简单友好的图表形式展现出来，是一种最为直观有效的分析方式。无须过多的技术基础，任何个人、企业都可以轻松学会Tableau，并运用其可视化功能对数据进行处理和展示，从而更好地进行数据分析工作。

(1) 浏览 Tableau 简体中文官网(www.tableau.com/zh-cn,图 6-33),从网页视频等内容中了解 Tableau 产品的特色及其表现力,熟悉 Tableau 数据可视化的主要功能。

图 6-33　Tableau 简体中文官网

请记录：在 Tableau 官方网站中，你最感兴趣的网页内容是什么？

答：____

____

____

(2) 浏览 Tableau 产品网页。

将鼠标指针指向 Tableau 官网上方的 Products(产品)项，请浏览了解。

请记录：Tableau 的产品包括：

① ____

② ____

③ ____

④ ____

⑤ ____

⑥ ____

4. 实验总结

____

____

____

____

5. 实验评价(教师)

____

____

第7章

数据可视化的过程

【导读案例】

关于泰坦尼克号的“镶嵌图”

泰坦尼克号(RMSTitanic)是当时世界上最大的超级豪华巨轮，被称为是“永不沉没的客轮”和“梦幻客轮”。它与姐妹船奥林匹克号(RMSOlympic)和不列颠尼克号(HMHSBritannic)一道为英国白星航运公司的乘客们提供快速且舒适的跨大西洋旅行，是同级三艘超级邮船中的第二艘。泰坦尼克号共耗资7500万英镑，吨位46328吨，长882.9英尺，宽92.5英尺，从龙骨到四个大烟囱的顶端有175英尺，高度相当于11层楼。

1912年4月10日，泰坦尼克号从英国南安普敦出发，途经法国瑟堡-奥克特维尔以及爱尔兰的昆士敦，计划中的目的地为美国的纽约，开始了这艘“梦幻客轮”的处女航。4月14日晚11点40分，泰坦尼克号在北大西洋撞上冰山，两小时四十分钟后，4月15日凌晨2点20分沉没，由于缺少足够的救生艇，1731人葬身海底，造成了当时在和平时期最严重的一次航海事故，也是迄今为止最广为人所知的一次海难(图7-1)。

图7-1　泰坦尼克号沉没

在数据可视化中，多变量数据的描述一直是一个富有挑战的课题，刺激着新技术的不断产生，如坐标图、散点图矩阵、关联直方图、镶嵌图等。这里，我们通过泰坦尼克号的例子来解释镶嵌图的概念。泰坦尼克号乘员2201人中有1731名旅客及工作人员丧生。表7-1显示的原始数据包含4个属性：性别、是否存活、舱位等级以及成人/儿童。

表 7-1 泰坦尼克号事件的原始数据

存活	年纪	性别	舱位			
			头等舱	二等舱	三等舱	工作人员
否	成人	男	118	154	387	670
是			57	14	75	192
否	儿童		0	0	35	0
是			5	11	13	0
否	成人	女	4	13	89	3
是			140	80	76	20
否	儿童		0	0	17	0
是			1	13	14	0

如果没有仔细分析,很难从这个表中读出有用信息。我们可以通过以下方法生成一个对应的镶嵌图:首先生成一个矩形,令它的面积表示船上的总人数(图 7-2(a))。然后根据舱位等级将这个矩形分成 4 个稍小的矩形,它们的面积表示各舱位的人员数(图 7-2(b))。

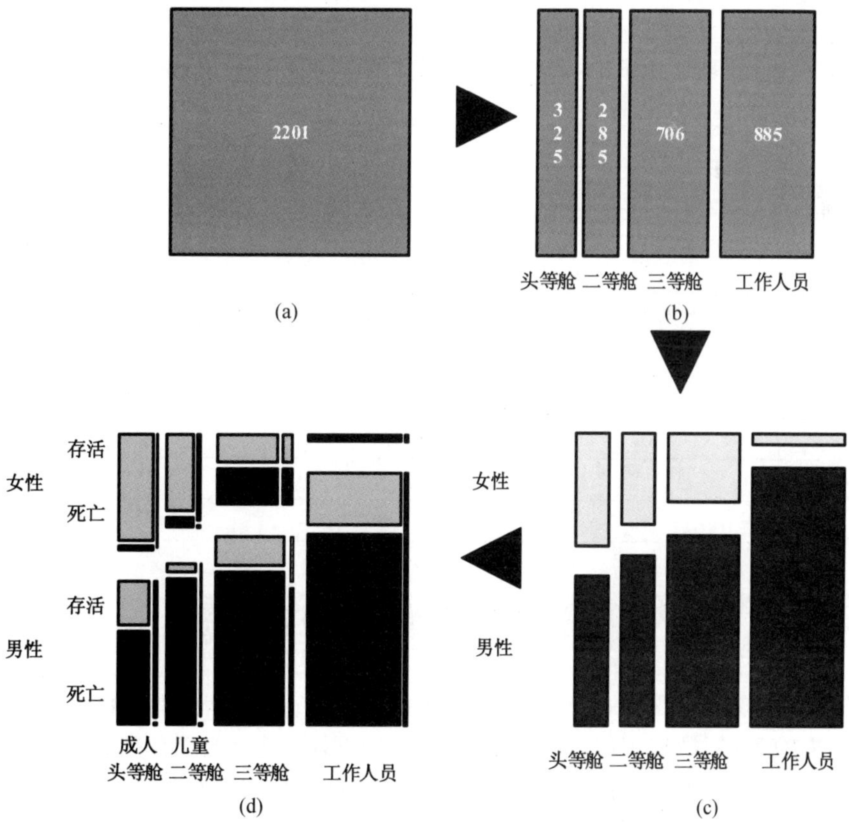

图 7-2 泰坦尼克号事件的镶嵌图生成过程

下一步再根据各舱位内的人员性别对这4个矩形进行细分(图7-2(c)),从中我们可以立即看出一些信息,如头等舱、二等舱和三等舱中的男女比例。最后,我们根据存活与否(存活表示为灰色,死亡表示为黑色)或成人/儿童对已有矩形进行再次细分(图7-2(d))。

这个镶嵌图提供了对泰坦尼克号事件的最直观的描述,同时也显现了很多新的信息,如乘坐三等舱或头等舱女性的存活率、女童较之于男童的存活率等。

阅读上文,请思考、分析并简单记录:

(1) 请通过网络搜索,了解并记录你感兴趣的更多关于泰坦尼克号事件的各个方面的信息,例如人文和技术信息等。

答:

(2) 仔细观察图7-2,你还会产生哪些问题、得到哪些信息?

答:

(3) 你认为,在事件描述中,表格和图形方式分别有哪些特点,它们彼此有什么关联?

答:

(4) 请简单记述你所知道的上一周发生的国际、国内或者身边的大事:

答:

7.1 分析数据,指导视觉探索

如今人们在新闻里、网站上和图书中看到的那些漂亮的图表,都是数据图形的典范。制作这些图表的人对数据理解得越深越透,就越能更好地表达自己的研究成果。“图片最伟大的价值在于它迫使我们注意到从未预见到的事物。”(统计学家约翰·图基)除了用于展示成果,可视化也是一个很好的数据分析工具,它可以帮助你探索数据,发现通常在统计检验中可能发现不了的东西。你只需要知道目标是什么,以及就已有的数据要提出什么问题。

研究者在分析中所采取的具体步骤会随着数据集和项目的不同而不同,但在探索数据可视化时,应着重考虑以下 4 点:

(1) 拥有什么数据?

(2) 关于数据你想了解什么?

(3) 应该使用哪种可视化方式?

(4) 你看见了什么,有意义吗?

这些问题中,每个问题的答案都取决于前一个问题的答案。图 7-3 显示了一个迭代过程。如果你拥有很多数据,在可视化这些数据的某一个方面时,所看见的东西可能让你对其他方面产生好奇,而这种好奇心反过来会导致产生不同的图表。

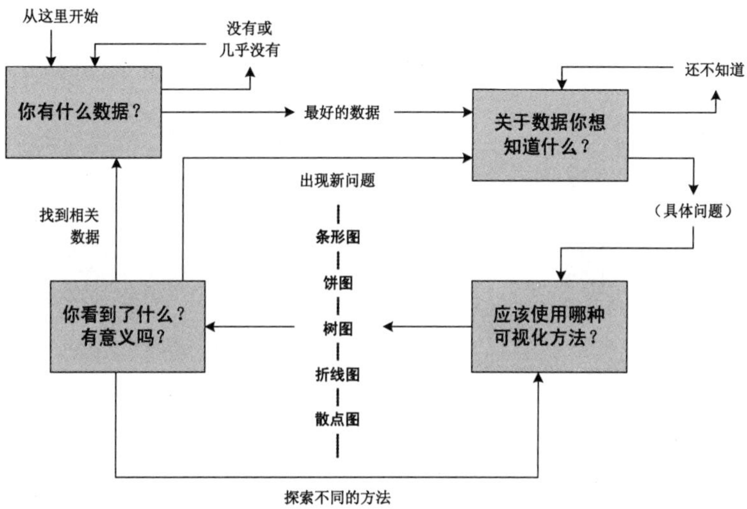

图 7-3 迭代的数据探索过程

7.1.1 你拥有什么数据

人们通常会想象可视化应该是什么样子,或者去找出一个想要模仿的例子。但是,临到要实践的时候,他们才意识到要么需要更多的数据,要么就是想要制作的图表并不适合那些数据——常见的错误是先形成视觉形式,然后再找数据。其实应该反过来,先有数据,再进行可视化。通常,获取需要的数据是最困难、耗时最多的一步。以所指定的格式获得数据,再轻松地将其导入选用的软件,这在实际工作中是很少见的。研究者可能需要通过访问 API 接口从网站中费力地获取数据,或从已有的数据中挖掘需要的数据。这时,编程有助于部分步骤的自动化,也有越来越多简单易用的应用程序可以帮助你管理数据。

研究数据的时候,应该经常停下来想一想它们代表着什么、来自哪里以及如何衡量其变化。

7.1.2 关于数据，你想了解什么

假设你有一些数据要研究。从哪儿开始着手呢？如果只有一个数据点就简单了，可以直接读取它的值，但是，大多数的发现都会来自外部信息和其他数据。另一方面，当你有一个包含数以千计甚至数个百万观察结果的数据集时——想象一下有那么多行的电子表格，这将非常具有挑战性，你却不知道从何下手。

为了避免淹没在数据的海洋中，开始的时候，应该先问问自己想从数据中了解什么。答案无须复杂深刻，只是不要太模糊，回答得越具体，方向就越明确。

例如，记者蒂姆·德·钱特研究世界人口密度，他很好奇如果全世界每个人都拥有相同的居住空间，城市会有多大。直接画出全球人口密度是一个简单的方法，而钱特却用了一个更友好的视角，如图 7-4 所示。

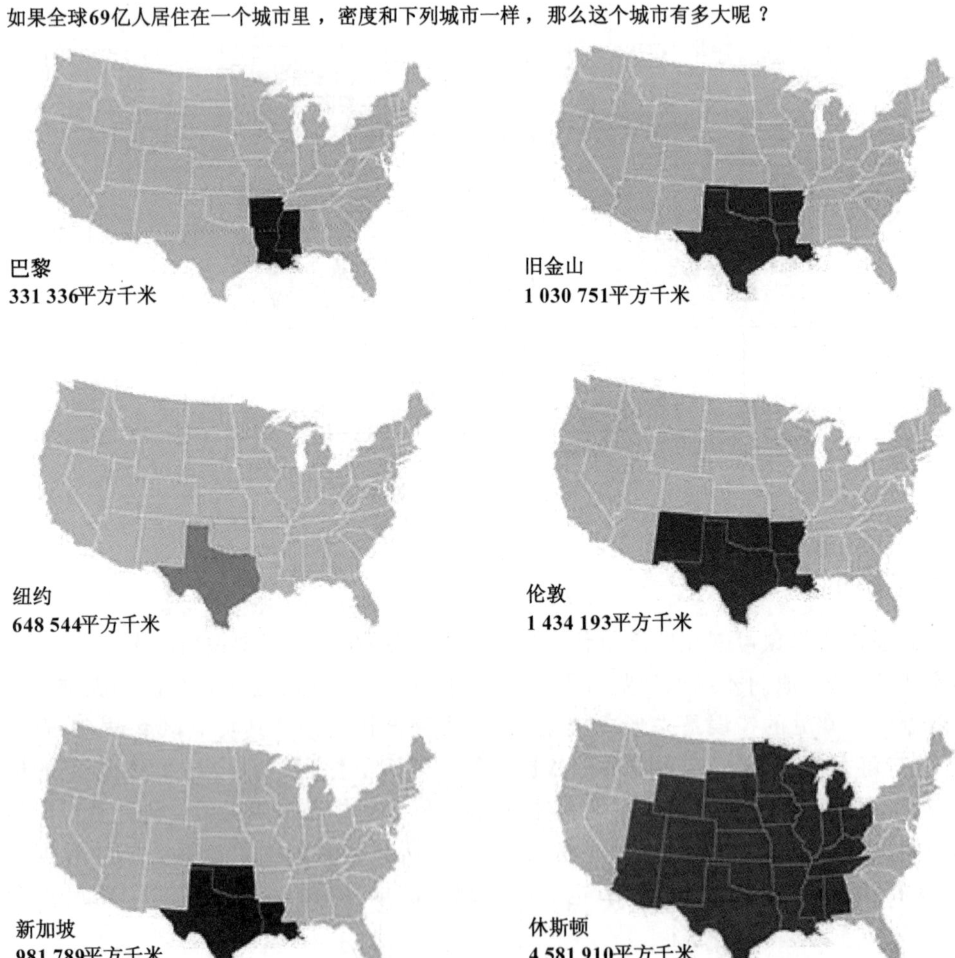

图 7-4　浓缩的世界人口地图

(2011，http://persquaremile.com)

你针对数据提问时，也给了自己一个出发的位置，幸运的话，随着研究的深入，会出现更多需要研究的问题。为更广泛的读者设计可视化图表时，要在研究过程中提出并回答读者可能会问的问题，这提供了研究的重点和目标，对设计过程也很有帮助。

7.1.3 应该使用哪种可视化方式

有很多图表和视觉隐喻的组合可以选择。在为数据选择正确的表格时，研究初期，更重要的是要从不同的角度观察数据，并深入到对项目更重要的事情上。制作多个图表时，要比较所有的变量，看看有没有值得进一步研究的东西。先从整体上观察数据，然后放大到具体的分类和独立的数据点。这也是实验视觉形式的好时机。如果尝试用不同的标尺、颜色、形状、大小和几何图形，可能会看到值得进一步探索的图形。如果你的目标是探索研究，那就不要让最佳实践清单阻止你尝试一些不同的东西，因为复杂的数据通常需要复杂的可视化。

传统的可视化图，如条形图和折线图很容易画，也很容易看明白，这使它们成了探索数据的出色工具。目标改变，选择也会改变。如果是设计仪表板，就要使系统状态显示一目了然，所以必须用直观的方式可视化数据以便于理解。如果目标是鼓励反思或激发情感，效率可能就不是主要的考量要素了。

7.1.4 你看到了什么，有意义吗

可视化数据后，你需要寻找一些东西，包括增加、减少、离群值，或者一些组合。同时也要注意有多少变化，以及模式有多明显、数据中的差异与随机性相比是怎样的。因为估值的不确定性、人为的或技术的错误或者是因为人或事物与众不同，会使观察结果与众不同。

找到有趣的东西时，问问自己："它有意义吗？为什么有意义？"人们常常认为数据就是事实，因为数字是不可能变动的。但数据具有不确定性，因为每个数据点都是对某一瞬间所发生事情的快速捕捉，其他内容都是你推断的。

7.2 分类数据的可视化

数据分析中常常需要把人群、地点和其他事物进行分类，分类可以带来结构化。图7-5显示了一些可视化分类数据的选择。

条形图是显示分类数据最常用的方法。每个矩形代表一个分类，矩形越长，数值越大。当然，数值大可能表示更好，也可能表示更差，这取决于数据集以及制作者的视角。条形图在视觉上等同于一个列表。每一条都代表一个值，你可以用不同的矩形来区分，也可以使用不同的标尺和图形表示同样的数据。

7.2.1 整体中的部分

把分类放在一起时，各部分的总和等于整体，例如统计每个地区的人数就得到了全国总人数。把分类看成独立的单元将有助于你看到整体分布情况或单一种群的蔓延情况。

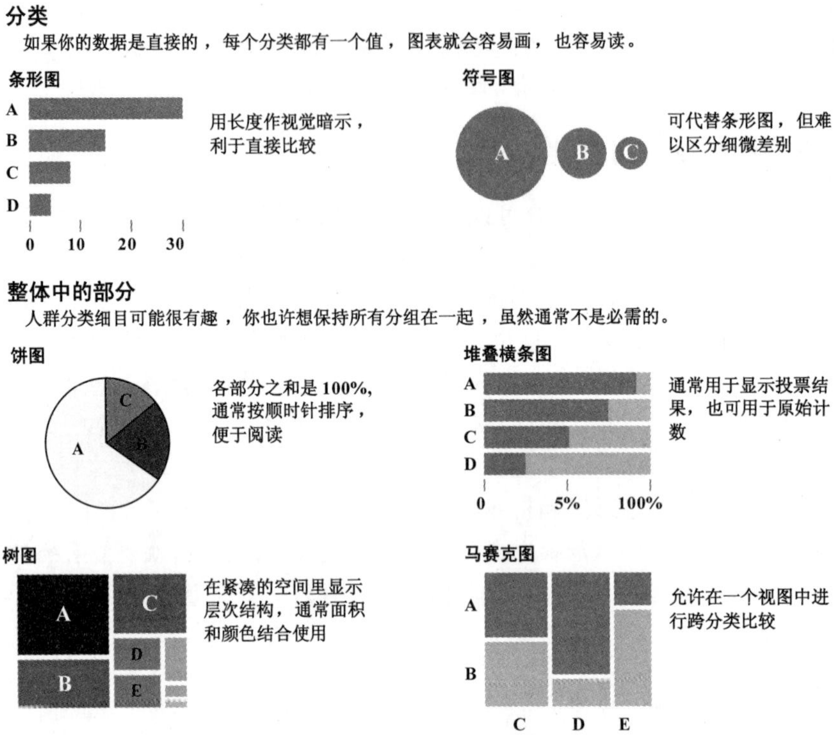

图 7-5 分类数据的可视化

在圆饼图中，完整的圆表示整体，每个扇区都是其中的一部分。所有扇区的总和等于100%。在这里，角度是视觉隐喻。

用户需要决定是否使用圆饼图。分类很多时，圆饼图很快会乱成一团，因为一个圆里只有这么点空间，所以小数值往往就成了细细的一条线。

7.2.2 子分类

子分类通常比主分类更有启示性。随着研究的深入，能看到更多内容和更多变化。显示子分类会使数据浏览更容易，因为阅读者可以将视线直接跳到他最关注的地方。

图 7-6 显示了在调查中自称是未成年人的父母或监护人的人所占的比例。这张图看

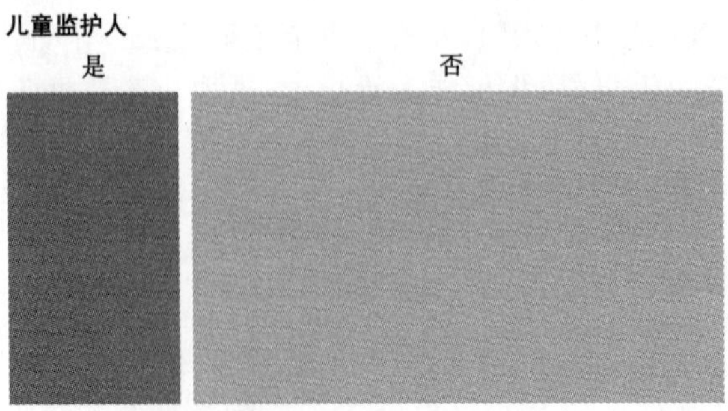

图 7-6 只有一个变量的马赛克图

起来像是堆叠横条图中的横条。段越大表示给出这个答案的人越多,可以看到大多数人都给出了否定的回答,一些人给出了肯定的回答(还有一些人则拒绝回答)。

如果想知道回答是与否的人所受教育的程度的对比情况呢?可以引入另一个维度:它的几何结构是一样的,即面积越大,百分比越高。例如,可以看到那些身为父母的人大学本科毕业率略低于未当父母的人(图7-7)。

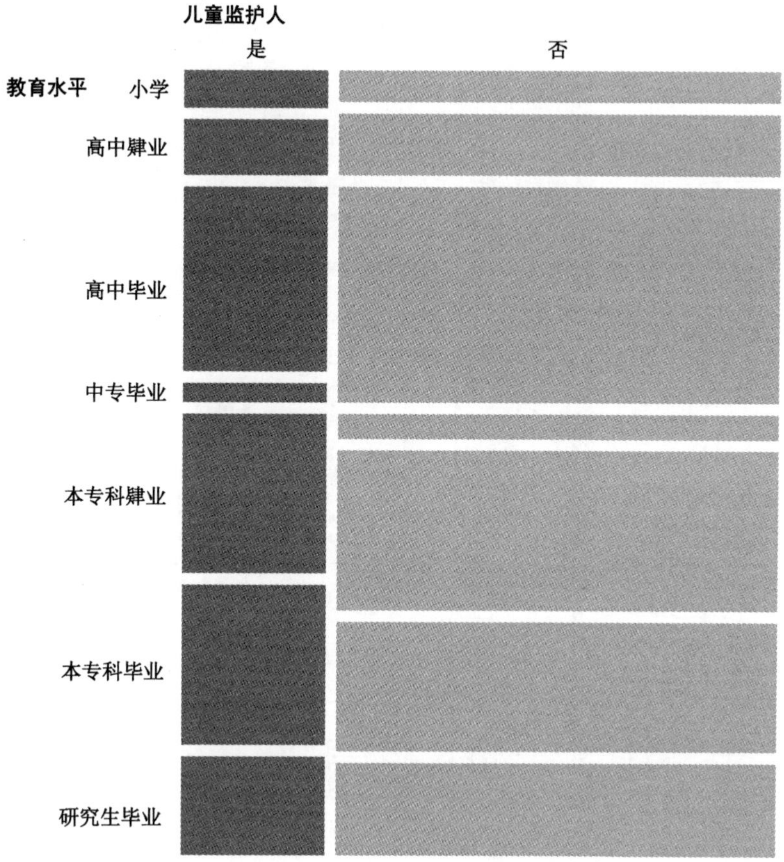

图7-7 两个变量的马赛克图

还可以继续引入第三个变量。学历和教育的定位是一样的,但可以看看他们使用电子邮件的情况。请注意图7-8中每一个子分类的垂直分割。可以继续增加变量,但正如所看到的,图表越来越难以读懂,所以需要谨慎。

7.2.3 看清数据的结构和模式

对于分类数据,通常能立刻看到最小值和最大值,这能让你了解到数据集的范围。通过快速排序,也可以很方便地查找到数据集的范围。之后,看看各部分的分布情况,大部分数值是很高、很低、还是居中。最后,再看看结构和模式,如果一些分类有着同样或差异很大的值,就要问问为什么,以及是什么让这些分类相似或不同的。

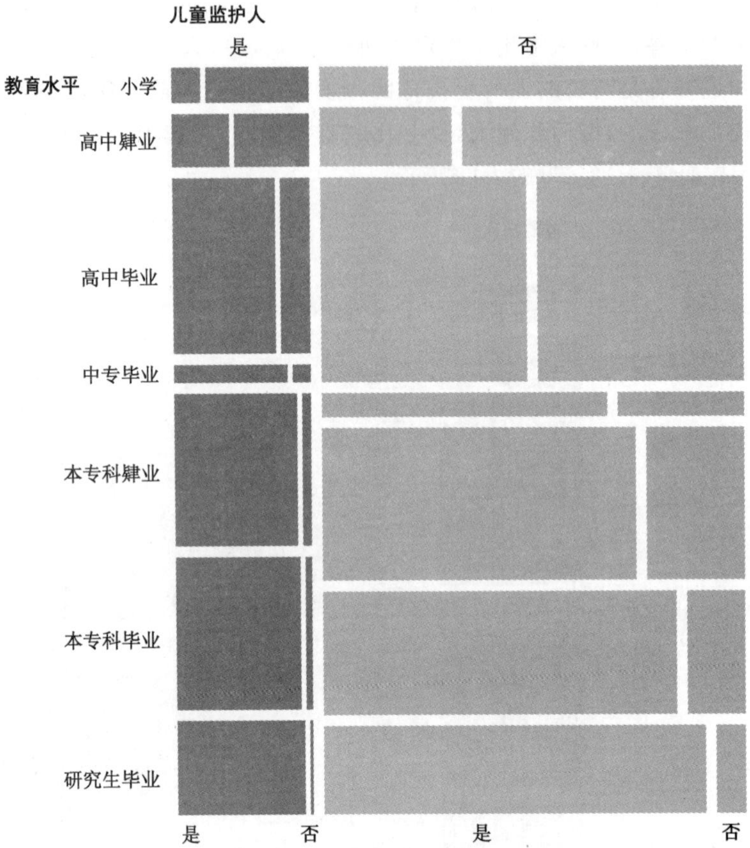

图 7-8　三个变量的马赛克图

7.3　时序数据的可视化

可视化时序数据时，目标是看到什么已经成为过去，什么发生了变化，以及什么保持不变，相差程度又是多少(图 7-9)。与去年相比，增加了还是减少了？造成这些增加、减少或不变的原因可能是什么？有没有重复出现的模式，是好还是坏？预期内的还是出乎意料的？

和分类数据一样，条形图一直以来都是观察数据最直观的方式，只是坐标轴上不再用分类，而是用时间。通常，时间段之间的变化幅度比每个点的数值更有趣。

7.3.1　周期

一天中的时间，一周中的每一天以及一年中的每个月都在周而复始，对齐这些时间段通常会有好处。然而，如果条形图看起来像是一个连续的整体，会更容易区分变化，因为可以看到坡度，或者点之间的变化率。当用连续的线时，会更容易看到坡度。折线图以相同的标尺显示了与条形图一样的数据，但通过方向这一视觉隐喻直接展现出了变化。

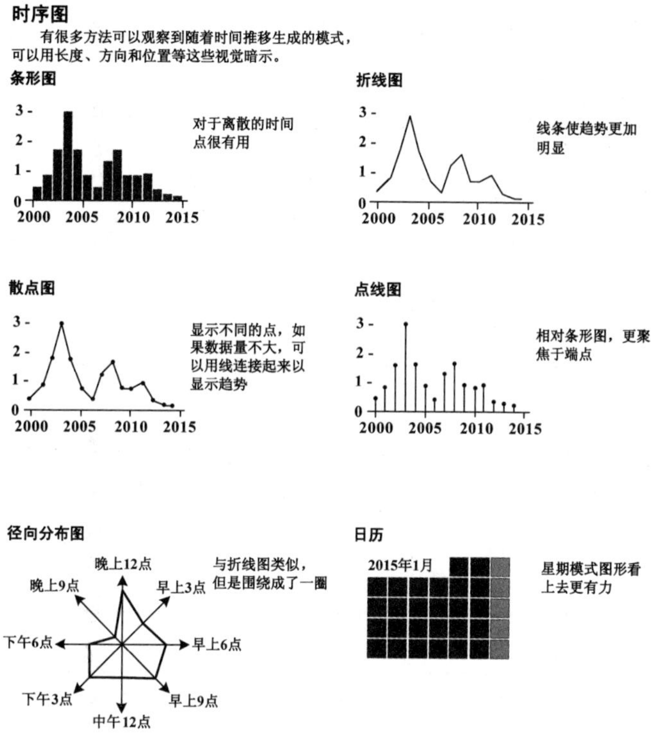

图 7-9　时序数据的可视化

同样，也可以用散点图，数据和坐标轴一样，但视觉隐喻不同。和条形图一样，散点图的重点在每个数值上，趋势不是那么明显(图 7-10)。

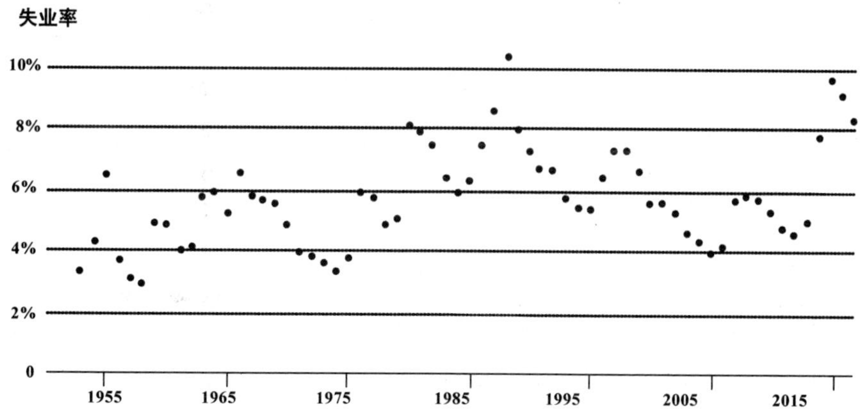

图 7-10　稀疏的散点图

如果用线把稀疏的点连起来，如图 7-11 所示，图的焦点就又变了。如果你更关心整体趋势，而不是具体的月度变化，那么就可以对这些点使用 LOESS 曲线法[①]，而不是连接

① LOESS 曲线法，即局部加权散点图，这是威廉·克利夫兰发明的统计方法，适合数据子集不同点的多项式函数，拟合后形成了平滑的线。这种方法用来绘制平滑曲线，结合了线性回归的简单性和非线性模型的灵活性。

每个点，如图 7-12 所示。

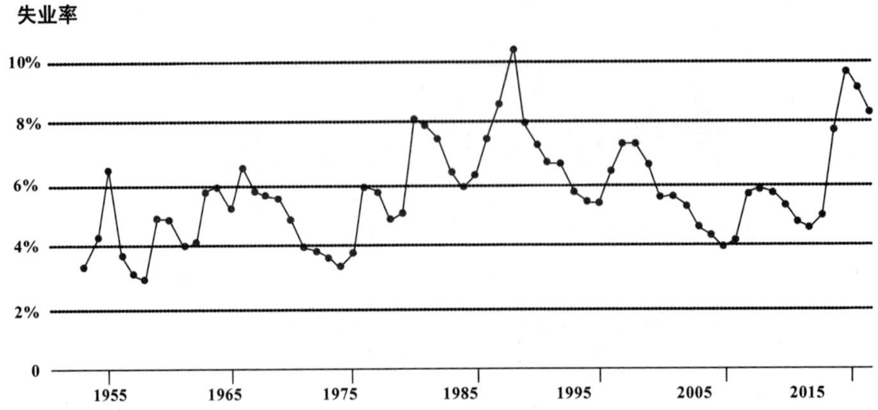

图 7-11　用线连接的稀疏散点图

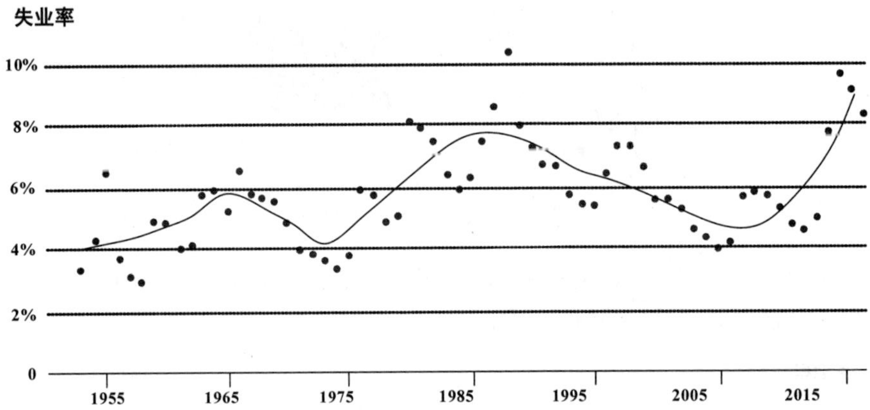

图 7-12　拟合的 LOESS 曲线

当然，图表形式的选择取决于数据，虽然开始时可能看起来有很多选择，但通过实践能知道使用何种图表最合适，相似的数据集也可能有很多不同的选择。

7.3.2　循环

影响到经济以及失业率的因素很多，所以在各个显著增加的间隔中并没有表现出什么规律。例如，数据没有显示出失业率每十年上升 10%。然而，很多事情都是在规律性地重复着。学生们有暑假，人们也常在夏天度假，午餐时间通常很集中，因此街角那些卖肉夹馍的摊位一到中午就经常会排起长队。

来自机场的航班数据也显示了类似的循环现象，通常星期六的航班最少，星期五的航班最多。切换到极坐标轴，图 7-13 里的星状图（也称雷达图、径向分布图或蛛网图），从顶部的数据开始，顺时针看。一个点越接近中心，其数值就越低，离中心越远，数值则越大。

因为数据在重复，所以比较每周同一天的数据就有了意义。例如，比较每一个星期一

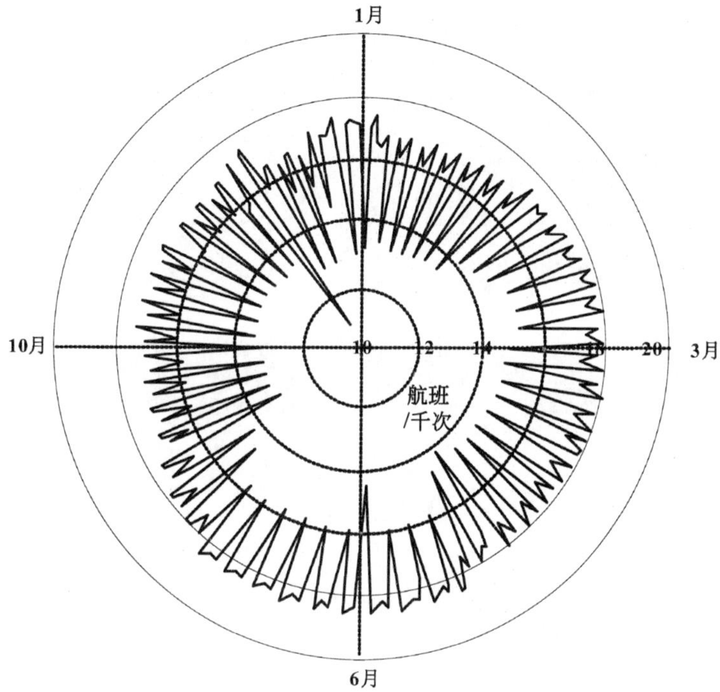

图 7-13 时序数据的星状图

的情况。要弄清那些异常值的日期，最直接的方法就是回到数据中一天天地查看最小值。

总体来说，我们要寻找随时间推移发生的变化。更具体地说是要注意变化的本质。变化很大还是很小？如果很小，那这些变化还重要吗？想想产生变化的可能原因，即使是突发的短暂波动，也要看看是否有意义。变化本身是有趣的，但更重要的是，要知道变化有什么意义。

7.4 空间数据的可视化

空间数据很容易理解，因为任何时刻你都知道自己在哪儿——知道自己住在哪儿，去过哪儿以及想去哪儿。

空间数据存在自然的层次结构，可以并需要以不同的粒度进行探索研究。在遥远的太空中，地球看起来就像个小蓝点，什么也看不到；但随着画面的放大，就可以看见陆地和大片的水域了，那是大陆和大洋。继续放大，还可以看见各个国家及其海域，然后就是省、州、县、区、市、镇，一直到街区和房屋。从概要视图到细节视图的放大倍数被称为缩放系数。当缩放系数在 5～30 之间时，相互协调的概要视图和细节视图对是有效的；然而，对于较大的缩放系数，就需要一个额外的中间视图(图 7-14)。

全球数据通常按国家分类，而国家的数据则按州、省或地区分类。然而，如果对各个街区或相邻区域的差异有疑问，那么这种高层级的集合就没有太多用处。因此，研究路线取决于拥有的数据或者能够得到的数据。

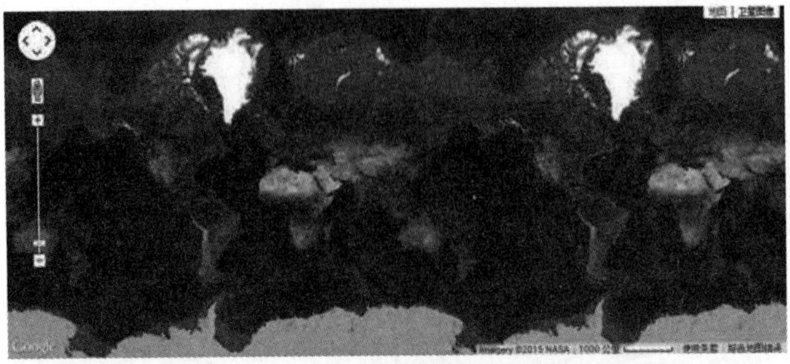

(a) 全球视图

(b) 中国视图

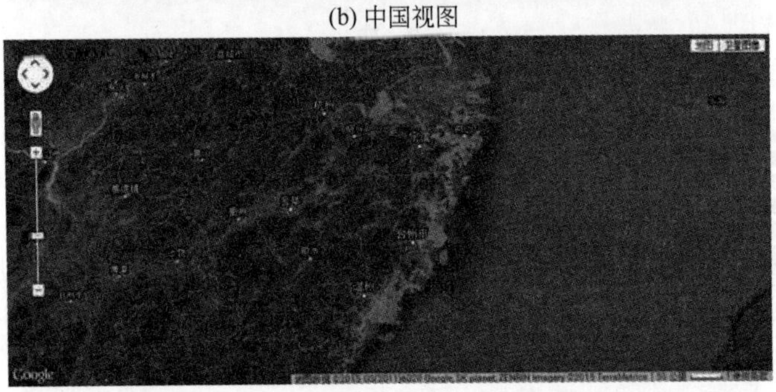

(c) 浙江视图

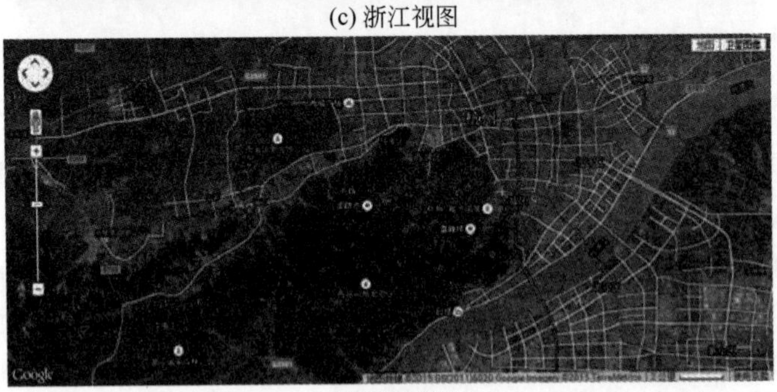

(d) 杭州视图

图 7-14　全球和中间视图，它们为杭州的细节视图提供概要

为了维护个人隐私，防止个人住址泄露，通常要在发布数据前聚合空间数据。有时你不可能在更高粒度级别进行估计，这个工作量太大了。例如，在具体国家之外很少能见到全球的数据，因为很难在每个国家都获取到这么详细的大样本数据。

如果估算同样的东西，为什么不合并研究呢？方法不同，很难获取可比较的结果。而在其他时候，合并数据也是有意义的，因为人们想要比较不同的区域。例如，如果使用开放数据，通常能看到对国家、省市和县的估算。虽然不是很详细，但仍然可以从聚合数据中得到信息。

等值区域图是在某个空间背景信息中可视化区域数据时最常用的方法。这种方法使用颜色作为视觉隐喻，不同区域根据数据填色。数值大的区域通常用饱和度高的颜色，数值小的区域则用饱和度低的颜色。

有时空间数据确实包含具体的地点，但你对整体会更感兴趣。你可能有包含许多地点的数据集，在大城市里也有许许多多的位置点。在绘制完整的地图时，这些点会重叠在一起，很难分辨出在密集的地区到底有多少数据。

空间数据和分类数据很像，只是其中包含了地理要素。首先，你应该了解数据的范围，然后寻找区域模式。某个国家、某个大洲的某个区域是否聚集了较高或较低的值？关于一个人满为患的地区，单独的数值只能告诉你一小部分信息，所以想想模式隐含的意义，参考其他数据集以证实自己的直觉判断。

7.5 让可视化设计更清晰

在研究阶段，你要从各种不同的角度观察数据，浏览它的方方面面。你之所以更了解图表，是因为在研究了大量快速生成的图表后你了解了更多的信息。因此，要用图形方式向人们展示研究结果，就必须确保受众也能很容易地理解图表，应该设计更清晰的、简单易读的图表。有时候数据集是复杂的，可视化也会变得复杂。不过，只要能比电子表格提供的有用见解更多，它就是有意义的。无论是定制分析工具还是数据艺术，制作图表都是为了帮助人们理解抽象的数据，尽力不要让读者对数据感到困惑。

7.5.1 建立视觉层次

第一次看可视化图表的时候，你会快速地扫一眼，试图找到什么有趣的东西。而实际上.在看任何东西时，人的眼睛总是趋向于识别那些引人注目的东西，例如明亮的颜色、较大的物体，以及处于身高曲线长尾端的人。高速公路上用橙色锥筒和黄色警示标识提醒人们注意事故多发地或施工处，因为在单调的深色公路背景中，这两种颜色非常引人注目。与此相反，人山人海中躲得很隐蔽的某个人就很难找到。

你可以利用这些特点来可视化数据。用醒目的颜色突出显示数据，淡化其他视觉元素，把它们当作背景。用线条和箭头引导视线移向兴趣点。这样就可以建立起一个视觉层次，帮助读者快速关注到数据图形的重要部分，而把周围的东西都当作背景信息。对于没有层次的图表，读者就不得不盲目搜寻了。

举例来说，图 7-15 是显示 NBA 球员使用率和场均得分的散点图。数据点、拟合线、网格和标签都用同样的颜色，线条粗细也一样，没有呈现出一个清晰的视觉焦点。这是一张扁平图，所有的视觉元素都在同一个层次上。

很容易通过一些细微的改变做出改进。例如，使网格线变细以突出数据，而网格线粗细交替，很容易定位每个数据点在坐标系中的位置；减少网格线的宽度使其成为背景，用

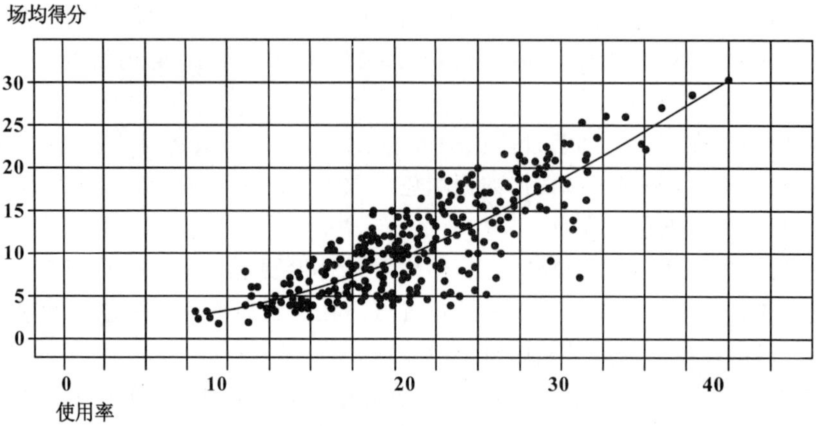

图 7-15 所有视觉元素都在同一个层次上

颜色和宽度把图表的焦点转移到拟合线上。进一步调整，减少网格和数值标签，减少网格线。现在，图表的可读性强多了，如图 7-16 所示。

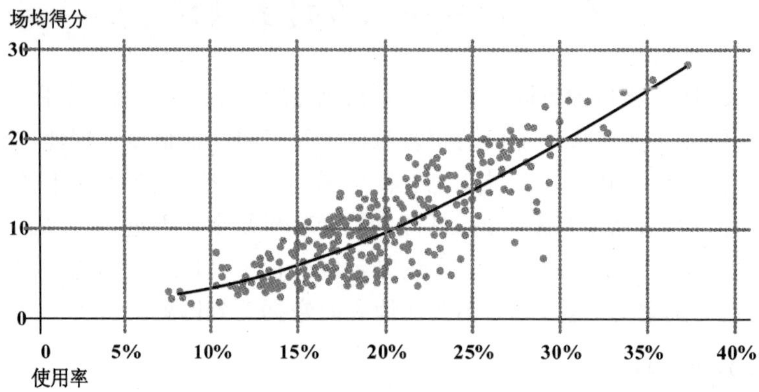

图 7-16 调整后的图 7-15

即使绘制图表只是为了研究或对数据进行概览，而不是为了察看具体的数据点或者数据中的故事，例如趋势线，你仍然可以通过视觉层次将图表结构化。同时呈现大量的数据会造成视觉惊吓。按类别细分则有助于读者浏览图表。

有时候，视觉层次可以用来体现研究数据的过程。假设在研究阶段生成了大量的图表，你可以用几张图来展示全景，在其中标注出具体的细节另有图表单独表示。可以用这个思路来设计图表，带着读者跟你一起分析数据。

最重要的是，有视觉层次的图表容易读懂，能把读者引向关注焦点。相反，扁平图则缺少流动感，读者难以理解，更难进行细致研究。这肯定不是你想要的结果。

7.5.2 增强图表的可读性

用视觉线索编码数据，就需要解码形状和颜色以得出见解，或理解图形所表达的内容，如图 7-17 所示。如果你没有清楚地描述数据，画出可读性强的数据图，颜色和形状就失去了其价值。图形和相关数据间的联系若被切断，结果就变成了一个几何图而已。

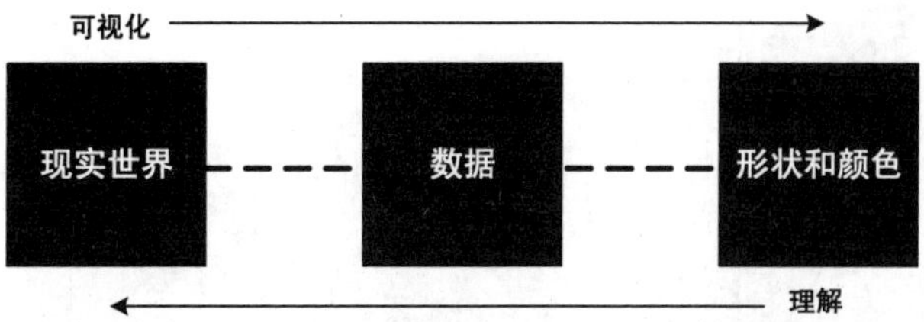

图 7-17 视觉隐喻和数据所表达内容的联系

必须维护好视觉隐喻和数据之间的纽带，因为是数据连接着图形和现实世界。图形的可读性很关键。你可以对数据进行比较，思考数据的背景信息及其所表达的内容，并组织好形状、颜色及其周围的空间，使图表更加清楚。

例如，在图 7-18 中，尼古拉斯·加西亚·贝尔蒙特基于来自美国国家气象局的数据，将美国的风场制作成可视化动态图。交互的动画展示了过去 72 个小时里风的动向。线条代表风向，圆圈半径代表风速，颜色代表气温。每个标志都是一个气象站，你可以用鼠标点击图上面的任何位置以了解更多的细节。

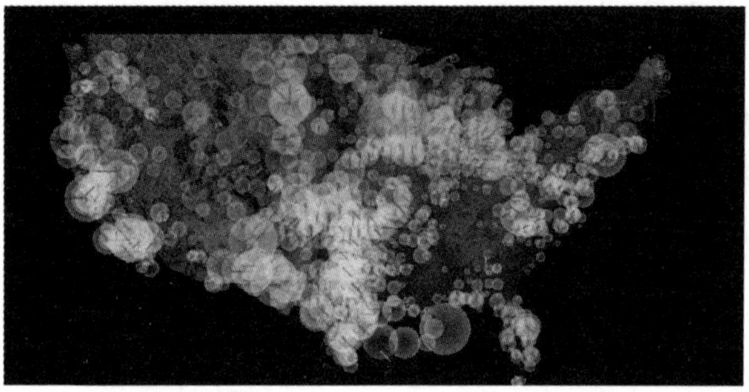

图 7-18 美国风场图

(2011，https://bit.ly/18VRaVb)

马丁·瓦滕伯格和费尔兰达·维埃加斯也用同样的数据将风场可视化，但和图 7-18 的外表不一样，给人的感觉也不一样。如图 7-19 所示，线越密集，越长，代表风速越大。

图 7-18 中的地图用圆圈显示了 1200 个气象站的一种模式，感觉像是探索的工具；而图 7-19 中加入了风的路径，感觉更像是艺术品。可以反复体会，两张图都提供了类似的见解，可帮助你推断当前的风场。由于前者更像工具，你可能会用分析的心态看图中的数据，而用欣赏画廊中艺术品的心态看待后者。

7.5.3 允许数据点之间进行比较

允许数据点之间进行比较是数据可视化的主要目标。在表格中，我们只能逐个对数据进行认识，而把数据放到视觉环境中就可以看出一个数值和其他数值的关联有多大、所有数据点是如何彼此相关的。可视化作为更好地理解数据的一种方式，如果不能满足这个基本需求，那它就没有价值了。即便你只想表明这些数值都是相等的，允许进行比较并得出结论仍然很关键。

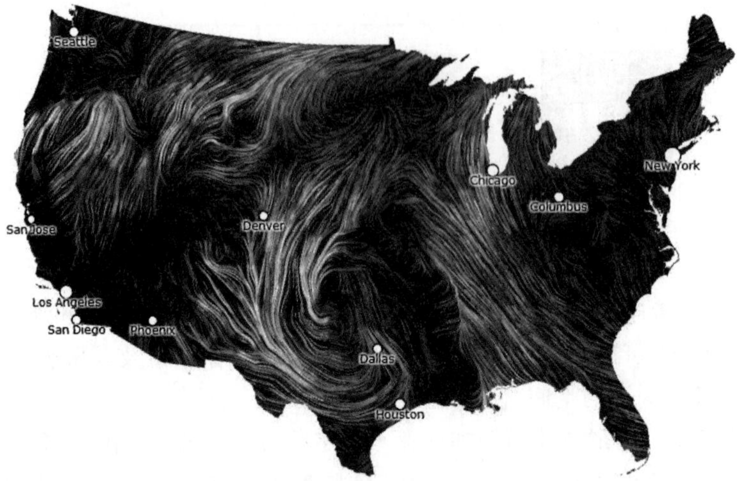

图 7-19　美国风图

(2012,http://hint.fm/wind/)

传统的图表,例如条形图、折线图和点阵图,它们都设计得让数据点的比较尽可能直接和明显。它们把数据抽象成了基本的几何图形,可以比较长度、方向和位置。如图 7-20 所示,你通过一些微妙的变化就可以让图表更难读或易读。例如用面积作视觉隐喻。用面积来表示数值,不是用半径长度和边长来判断气泡、方块等图形的大小,而是用总面积。实际上,图形的大小取决于人们怎样用图形来诠释数据。

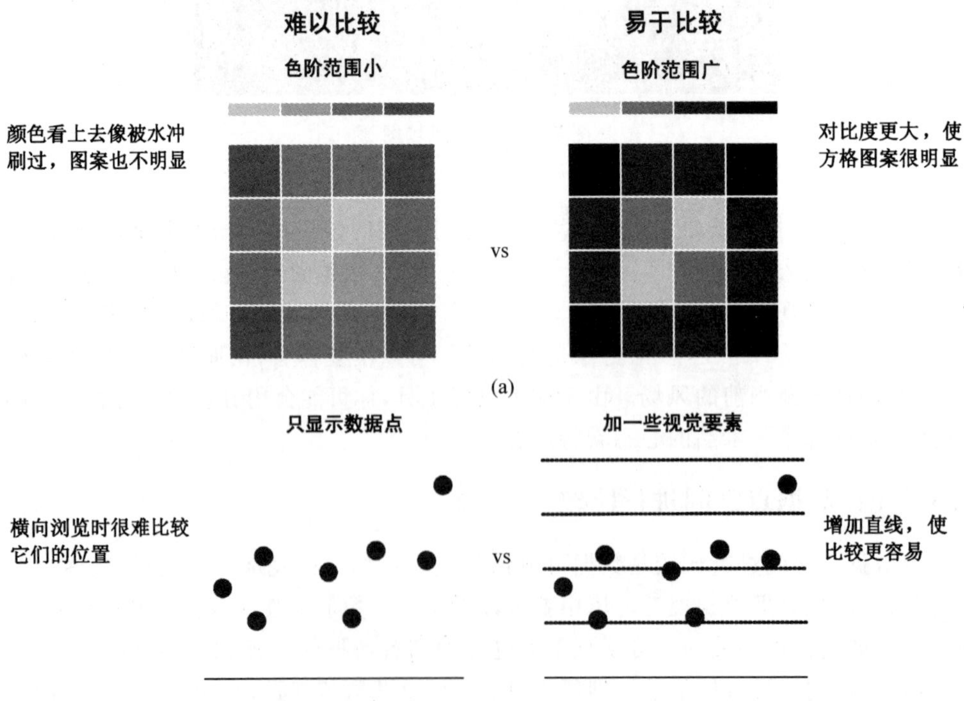

图 7-20　允许比较

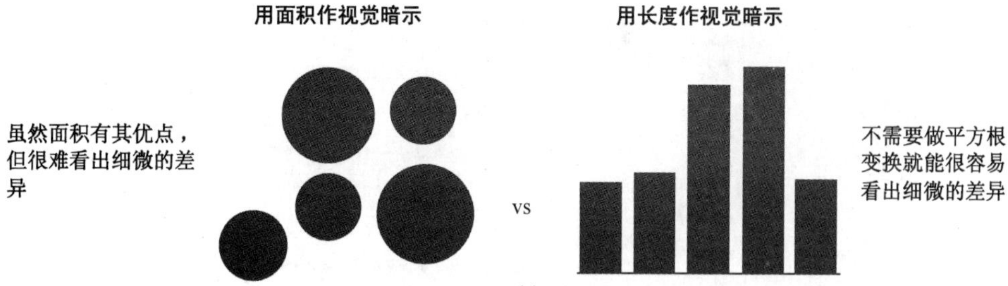

(c)

图 7-20 （续）

然而，与位置或长度相比，分辨出二维图形间的细微差异会更困难。当然，这并不是说不能用面积作视觉隐喻。相反，当数值间存在指数级差异时面积就大有用武之地了。如果细微的差别很重要，就得用其他的视觉隐喻了，例如位置或长度。

另一方面，气泡图把大数据和小数据放在同一个空间里，不能像条形图一样直观、精确地比较数值。但是就这个例子而言，条形图也不能很好地进行比较。这里还需要一些权衡。

引入颜色作为视觉隐喻还有一些其他需要考虑的因素。例如，你知道色盲人群看到的红色和绿色是怎样的，如果用相同饱和度的红色和绿色，对色盲人群来说这两种颜色是一样的。颜色选项也会根据所用的色阶和表达的内容而改变。

7.5.4 描述背景信息

背景信息能帮助读者更好地理解可视化数据。它能提供一种直观的印象，并且增强抽象的几何图形及颜色与现实世界的联系。可以通过图表周围的文字引入背景信息，例如在报告或者新闻报道中；也可以用视觉隐喻和设计元素把背景信息融入到可视化图表中。

如图 7-21 所示，斯蒂芬·冯·沃利在绘儿乐蜡笔谱图中展示了颜色种类的增加。1903 年，绘儿乐品牌第一支蜡笔问世的时候，只有 8 种颜色。多年来，绘儿乐延续并开发了已有色调中的其他颜色。到 2010 年已经有 120 种颜色了。例如，除了红色，还有棕橘红色、砖红色、红褐色、紫褐色、橙红色、橘红色、紫红色、西瓜红、亮紫红色、糊涂红和猩红色等。

用真实的颜色来表现每一年所有的不同的色调，以此显示出多样性的增加，这样做是有意义的。如果换成灰度模式，就需要给每个颜色加上标签，很快，到 1949 年时就会乱成一片，无法看清。

通常，视觉隐喻的选择会随着你对图表的期望而变化。不能达到预期效果的图表只会困扰读者——当然，这是从设计角度来看的，而非数据的角度。意外显示出的趋势、模式和离群值总是受欢迎的。

举例来说，美国是一个两党制国家，有民主党和共和党。蓝色代表民主党，红色代表共和党，因此图 6-9 中的地图反映了政党的颜色。翻转两种颜色，比例不会变，但是因为

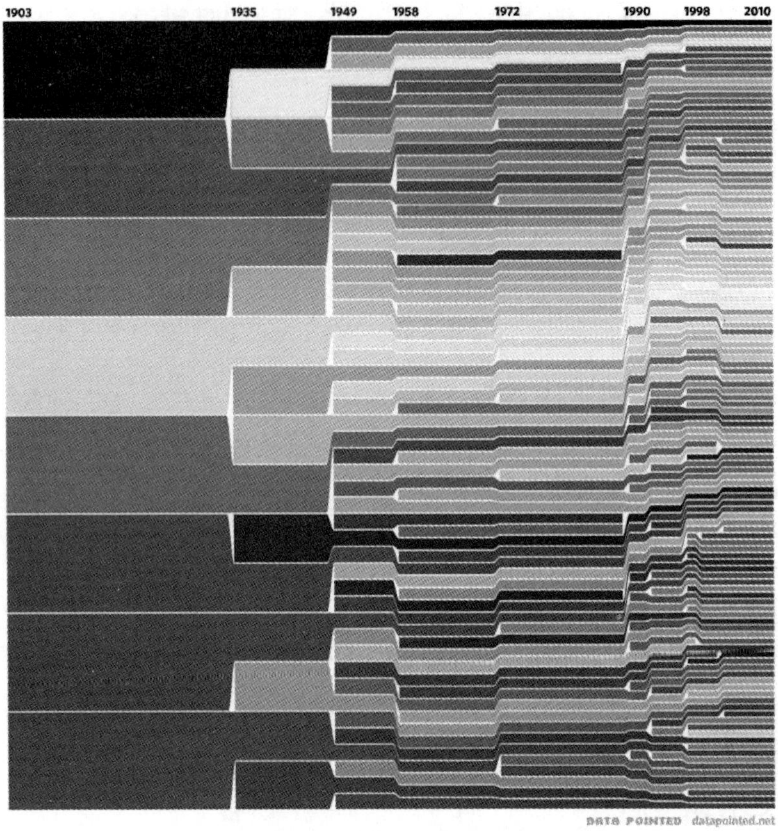

图 7-21　1903—2010 年"绘儿乐色彩图"

(https://bit.ly/1f9sqMI)

大家已经习惯了原先的政党颜色,会使读者误以为巴拉克·奥巴马赢得了中西部地区和东南区的支持,而米特·罗姆尼则得到了西部地区和东北地区的支持。

背景信息同样可以影响到几何图形的选择。例如,美国劳工统计局每个月会发布关于失业和就业的人数估计。图 7-22 显示了从 2008 年 2 月到 2010 年 2 月间的失业人数情况。在这段时间里,每个月的失业人数高于就业人数。条形越长,表明那个月的失业人数越多。

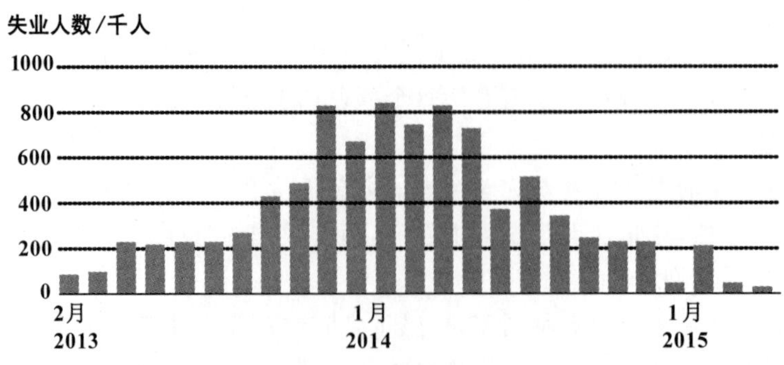

图 7-22　常见的数据可视化

图中全是正数值,这本身是合情合理的,但要考虑这个图通常出现在什么样的场合。人们期望看到正数方向表示就业,负数方向表示失业。然而,图 7-23 的坐标系中用负数方向表示失业,负的失业数也就是新增就业机会数。所以,像图 7-23 那样用负值来表示失业更直观。那些否定的事情,用下降来表示减少更合理。而另一方面,当目标就是减轻体重时,体重的降低标在坐标轴的正向一侧效果会更好。

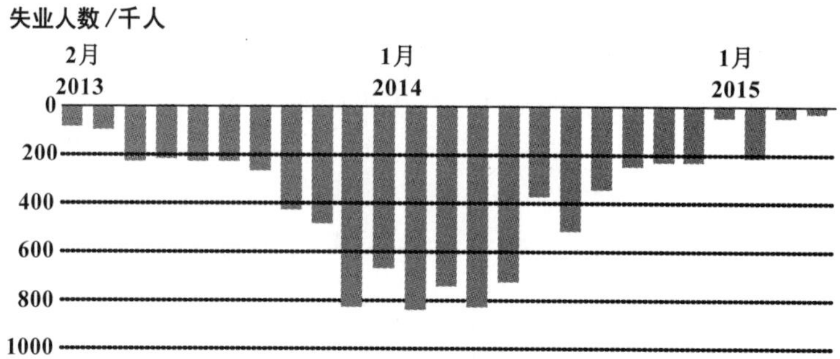

图 7-23 背景信息中的数据可视化

背景信息对于图表的理解十分重要。我们再来看个例子,图 7-24 是一幅来自实时航班追踪网站 FlightAware 的地图。从航班信息页中,可以知道这是 2012 年 4 月 19 日的 N48DL 次航班,从路易斯安纳州的斯莱德尔飞往佛罗里达州的萨拉索塔,飞行时间为 4 小时 23 分钟。

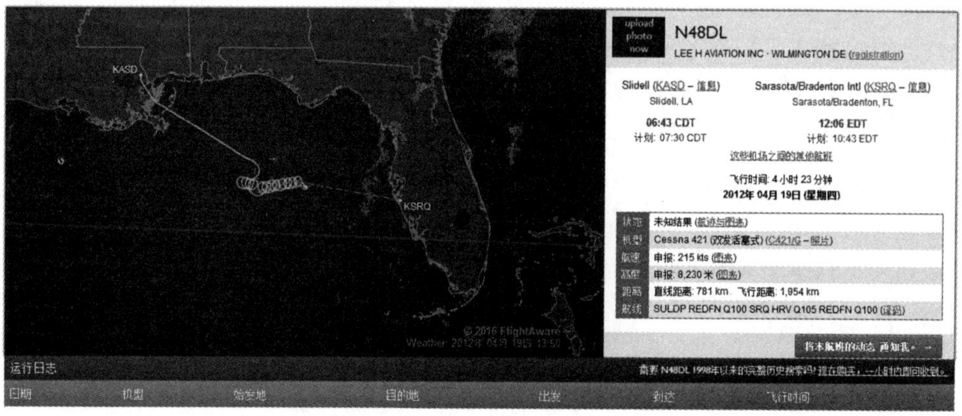

图 7-24 从美国路易安纳州斯莱德尔飞往佛罗里达州萨拉索塔的航班

除了看起来像个简陋的航班跟踪系统外,这张地图并没有什么值得注意的地方。但是,实际情况是这是一架小型飞机的航线,这架小飞机在墨西哥湾上空盘旋了 2 个多小时后,最终坠入大海,飞行员失踪——此时此刻,这张地图突然就有了别的意义。

有时,研究某个数据集一段时间后,你很容易忘记其他人不会像你那样熟悉数据。当你知道所有的细节后,很难退回去并想起当初第一次打开文档或数据库时的感觉——只是一堆数字。这就是大部分人刚看到可视化图表时的感受,因此要加快他们理解数据的速度。

可视化是探索数据的好工具，随着技术的进步，与几年前相比，计算机已不再是一种限制因素。因此，要从数据中获取尽可能多的关键信息，以理解数据代表了什么、意味着什么，关键是你要了解如何利用已有的工具以及知道提出什么样的问题。这与是否找到合适的软件关系反而不大。

要考虑拥有什么数据、能得到什么数据、数据来源是什么、如何获取以及所有变量的意义是什么，然后用这些额外的信息来指导视觉探索。如果把可视化当作分析工具，你必须尽可能多地了解数据。即使你可视化数据的目的仅是为了将其用于报告中，探索研究也可以让你获得意外的认识，这有助于你制作出更好的图表。

【延伸阅读】

用遗传学数据重构人类进化谱系

摘要：人类起源与演化是最受关注的科学问题之一。近年来的遗传学研究成果成为理解人类演化历史的最坚实证据。由于黑猩猩等类人猿与现代人的基因组差异极小，所以猩猩科与人科合并了，而黑猩猩更属于其中的人族。人族源于大约 700 万年前，其中，真人属在 200 多万年前源于南猿属，是普通意义上的人类。人类前期演化出树居人、能人、卢道夫人、匠人等，后期演化出直立人和智人两大分支。基于对智人中的现代人、尼安德特人、丹尼索瓦人的基因组分析比较，发现他们是在 80 万～60 万年前分化的，所以智人可以相应分为南方智人、北方智人和东方智人三支。现代人都属于南方智人，大约 20 万年前发生了体质变化，在 7 万年前走出非洲，扩散到全世界，形成现今的 8 个种族。Y 染色体的谱系演化与种族的形成是同步发生的，因此两者有较好的对应关系。正确认识人类历史与种族差异，反对宣扬种族优劣的种族主义，有助于促进人类社会的和谐，也有助于推进医学等相关科学的发展。

近来基于基因组学的遗传学研究成果颠覆了以往的古生物学和生物分类法，甚至动摇了传统的人类阶段进化论。我们将根据最新的遗传学研究成果，从猿类到现代人种来逐步重构人类的进化历程。

1. 类人猿的谱系

长期以来，人类认为人这个物种是如此的与众不同，应该脱离于动物界，是一个全新的类群。然而，随着系统生物学和进化生物学的建立，生物学家认识到人类依然属于灵长类动物的范畴，与其他的猿类有着很近的遗传关系。在灵长类中，没有尾巴的物种称为猿。现存的猿类有两大类：小猿和大猿。小猿是各种长臂猿，一般单列为一个科，是没有争议的。而对于大猿，传统做法是分为猩猩科和人科，猩猩科包括红猩猩、大猩猩和黑猩猩三个属，而人科只有人类一个属。但是很多进化学家怀疑，把人科从猩猩科划出来完全是人类一厢情愿的做法。而近年来不断完善的灵长类基因组学的研究，使得我们更深入地认识了猿类的系统发生关系，也确定人类并不是一种另类。参见图 7-25。

人科的谱系因为形态特征的模糊性，传统的形态分类有着先天缺陷，不同的进化路线上可能出现类似的形态。而基因组的差异则是明确而且可以量化的，显然是一种更好的

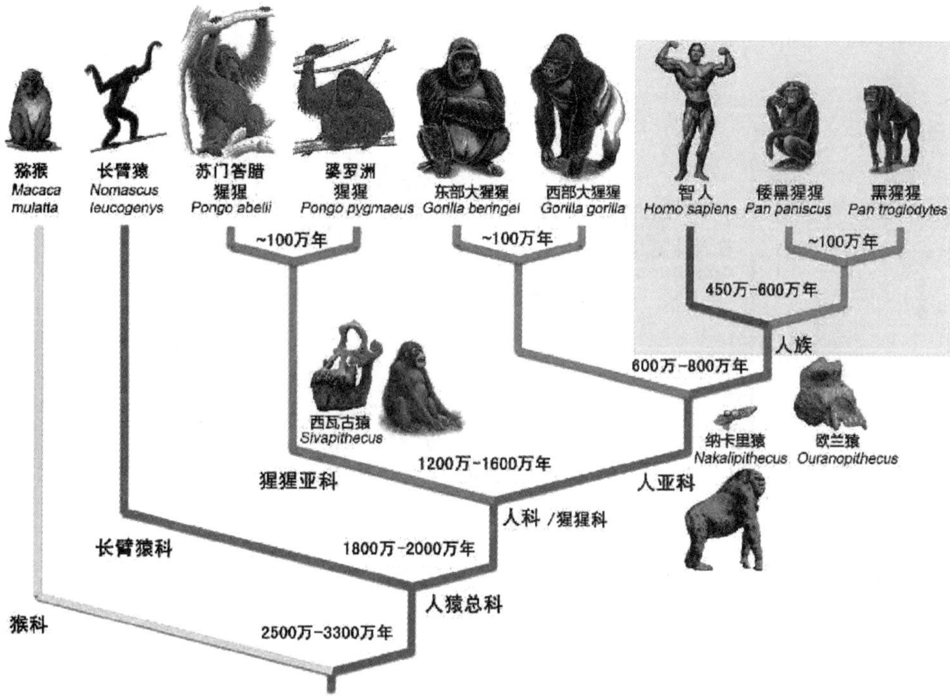

图 7-25　类人猿的遗传谱系：倭黑猩猩和黑猩猩与现代人同为人族

进化学研究材料。两个物种之间的基因组差异程度，与它们之间的分化历史长度是成正比的。所以，通过与地质年代的校正，基因组差异可以转化为分化时间。一般来说，动物界中在大约 1000 万年以内演化形成的各个物种可以划在一个"科"内。人类与黑猩猩的基因组只有不到 2%的差异，分化历史也不到 600 万年，显然不可能分属两个科。所以，人科与猩猩科就合并了。目前国际上普遍采用的科名是"人科"(Hominidae)。其下再分猩猩亚科(红猩猩)和人亚科(大猩猩、黑猩猩、现代人)。但是红猩猩和其他猩猩的分化年代远超过 1000 万年，所以或许也可以单列为一个科。

在人亚科中，分出了大猩猩族和人族。很多被冠以"人"的物种，其实都包含在人族之中。根据目前的古生物学发现，最早的人族的物种是发现于非洲中部的沙赫人，距今大约 700 万年。这显然已经早于人类与黑猩猩的分化年代，所以黑猩猩自然在人族之内，而且从形态上已经比沙赫人更为进化，有更大的脑容量。既然沙赫人都已被称为"人"，或许黑猩猩也应该被证明，不能再称为"猩猩"，至少叫做"黑猿"。实际上中国古代所称的猩猩仅指红猩猩，所以颜色有猩猩红。

2. 人族的谱系

如图 7-26 所示，人族的第二类物种是 2000 年发现于肯尼亚的千禧人，距今有约 600 万年。千禧人的形态与黑猩猩非常接近，而其大腿骨的形态甚至比晚 300 万年的南猿更接近人类(真人属)。或许南猿并非我们的直系祖先，人类有可能从千禧人直接演化而来。不过由于超过 5 万年的化石几乎无法分析 DNA，所以遗传学在人族演化研究中作用有限。而千禧人的化石也非常少,无法据此做出明确的判断。

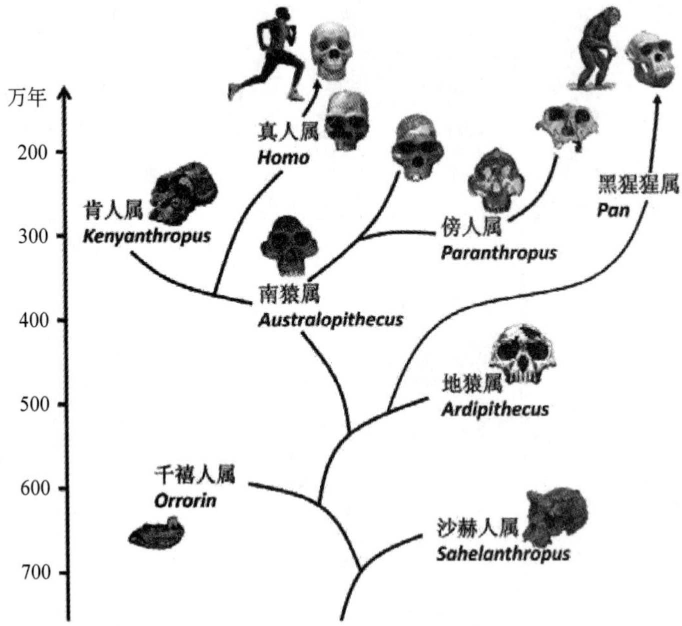

图 7-26 人族各属的系统树:距今 300 多万年前,从南猿属分出的真人属最终胜出

地猿发现于埃塞俄比亚,距今约 500 万年。这一类群的形态与黑猩猩更为接近,非常有可能是黑猩猩的祖先。但是它们的牙齿像南猿的,所以还是难以判断其属于黑猩猩还是人类的分支。约 400 万年前,南猿出现了,发展成了人族物种中一个兴盛的类群,目前发现的依次有湖畔南猿、阿法南猿、羚羊河南猿、非洲南猿、惊奇南猿、源泉南猿,延续了大约 200 万年。肯尼亚平脸人能否成为一个独立的属,目前还有争议。从南猿演化出了两个进化策略截然相反的类群:傍人和真人。傍人非常粗壮,头顶有着发达的矢状嵴,也就是有发达的头部肌肉,后部臼齿有现代人的两倍大,但是颅腔很小。所以傍人有着发达的咀嚼能力,属于四肢发达、头脑简单的类型,很像是一种猛兽。但最新研究认为傍人主要是食草的。与傍人相反,真人则脑容量不断增大,四肢和牙齿趋向于纤弱。发达的头脑最终使得真人在进化中胜出,繁衍至今。

最有意思的是,距今二三百万年前的非洲,曾经同时生活着好几种人类的近亲,有南猿、傍人、真人中的能人和卢道夫人,所以人类曾经并不孤单。

3. 真人属的谱系

我们传统意义上称的人类,实际上是狭义的人类概念,也就是生物分类学上真人属的各个物种。真人属起源于大约 200 多万年前。目前找到的最早的真人化石是非洲东部约 230 万年前的能人,这一人种可能延续到了大约 140 万年前。但是 2010 年在南非的豪登发现的树居人,在形态上比能人更原始,可能是更早出现的人类。不过目前找到的树居人化石的时间段是距今大约 190 万到 60 万年,不排除今后还能发现更早的化石。卢道夫人可能是能人的一个分支,发现于肯尼亚,距今大约 190 万年。

前期的人类除了上述三种以外，在 180 万～130 万年前的非洲东部和非洲南部，还演化出了另一种人类——匠人。匠人从脑容量等方面看，可能拥有比能人更高的智力，在工具制作方面也比能人更先进。与能人分化以后，匠人成为我们现代人最有可能的直系祖先。由于前期人类化石的年代久远，无法进行 DNA 分析，而四个物种并没有都留下后代可供遗传分析，所以分子遗传学对于前期人类的谱系分析无法提供帮助。很有可能树居人与能人在 200 万年前已经分化，而在 190 万年前卢道夫人和匠人从能人分化出来。

后期的人类传统上分为三大类，即猿人（直立人）、古人（早期智人）、新人（晚期智人），曾经被认为是人类发展的三个阶段。现在，阶段论早已被古人类学和遗传学的研究结果所抛弃。首先，从古人类学的化石发现看来，直立人走出非洲，从西亚到东亚的扩张早至 180 万年前。而分子遗传学对现存的各个大洲的现代人分支进行了分析，无论是全基因组分析，还是线粒体 DNA 分析和 Y 染色体谱系分析都得到了一致结果，发现所有现代人都是 20 万年以内重新起源于非洲的。所以现代人不可能是亚洲的直立人的后代，直立人和智人是两个不同的分支，而不是两个阶段。参见图 7-27。

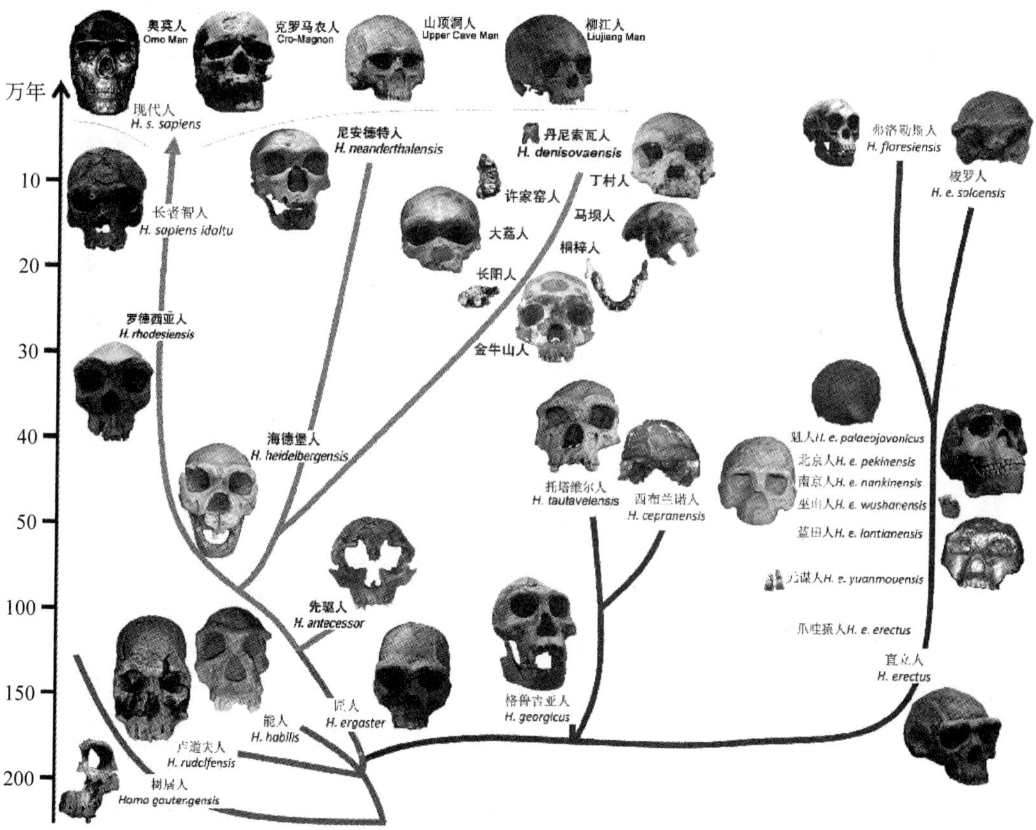

图 7-27 真人属内部的谱系结构：智人与直立人是后期的两大分支

从匠人演化出的直立人分支上，还可能分化出了数个近缘分支，包括法国的托塔维尔人、意大利的西布兰诺人、格鲁吉亚的格鲁吉亚人。180 万年前的格鲁吉亚人是迄今发现在非洲之外的最早的人类化石。这几种人也往往被认为是直立人的亚种。直立人的标准种是印度尼西亚的爪哇人，50 万年前东亚和东南亚的人类都属于直立人的各个亚种，其中最著名的有北京猿人、蓝田猿人、元谋猿人等。不过，元谋猿人的化石仅有两颗牙。虽然直立人在东亚和东南亚广泛分布，但种群可能非常小，很多分布点持续时间很短，这些种群已陆续灭亡，其中印尼爪哇岛的梭罗人一直生存到了 14 万年前。直立人中最奇特的是印尼东部弗洛勒斯岛发现的弗洛勒斯人。这个人类物种生存于 9.4 万～1.3 万年前，身材极其矮小，小于 110 厘米。这是迄今发现的最矮小的人类，可能是因为数万年生存于狭小的海岛，应对贫乏的资源而产生的适应。由于特殊的形态，弗洛勒斯人一般被认为是已经区别于直立人的独立物种。

1）三分智人

智人的谱系研究最近有了重大进展。成功获得尼安德特人和丹尼索瓦人的全基因组数据可能是近十年内人类进化研究中最重大的成果。欧亚大陆西部的尼人生活到距今大约 3 万年前，欧亚大陆东部的丹人生活到距今大约 4 万年前。通过比较尼人、丹人、现代人的全基因组差异，三者之间的演化谱系结构展示得清晰无遗。尼人和丹人之间有大约 60 万年的分化，而他们与现代人都有大约 80 万年的分化。所以这三个类型应该代表着智人的三个主要分支。现代人都是 20 万年以内走出非洲的，其直系祖先可能是非洲早期智人——罗德西亚人。尼人广泛分布于欧洲和西亚，甚至散布到中亚。丹人虽然发现于阿尔泰山区，但是可能代表着整个东亚和东南亚地区的早期智人。所以，早期智人和晚期智人的名称意义并不确切，更好的名称可以是南方智人、北方智人、东方智人。

不过，母系线粒体的谱系分析得出了稍有不同的三者的间拓扑结构。现代人与尼人分开 40 多万年，两者与丹人分开大约 100 万年。纯母系的结构与全基因组结构的差异，可能暗示着人类迁徙中的复杂故事，一个人群接受其他人群的女性可能是比较容易的。智人分化的年代，与猩猩、大猩猩、黑猩猩三个属内各两个物种的分化年代基本一致，原因可能是当时全球发生了气候剧变。

智人的起源时间估计在大约 120 万年前。迄今发现的最早的欧洲人——西班牙阿塔坡卡发现的先驱人就是那个年代的。先驱人已经具有了很多智人的特征。但由于先驱人只是在西班牙昙花一现，可能不久就灭绝了，成为了人类进化中的旁支，并没有留下后代。最早明确属于智人的人类物种是海德堡人。这一类群主要发现于欧洲，生存年代大约在 60 万～40 万年前。海德堡人的脑容量与现代人基本相当，可能是因为他们身材巨大。欧洲海德堡人的平均身高达到了 180 厘米。有些学者认为非洲同时期的人类也属于海德堡人，例如南非发现的“巨人”，是人类物种中最高大的，达到 213 厘米。海德堡人可能有了语言，已经开始埋葬死者，很可能是三种智人分化之初的阶段，属于尚未形成形态差异的时期。

对于智人三个分支之间可能发生过的遗传交流，也就是尼人和丹人有没有遗传成分传到现存的现代人中，是人类进化研究中最引人入胜的课题。在尼人和丹人的基因组数据出来之前，对于三种智人之间的遗传交流只能局限于猜想。现在，通过比较三种基因组，我们已经能够比较精确地知晓。在 2010 年之前，通过纯父系的 Y 染色体和纯母系的线粒体 DNA 分析，在现代人中没有发现任何尼人或者丹人的成分。但是最近的全基因组分析得到了稍有不同的结果。非洲现代人中，依旧没有发现任何尼人或丹人的遗传成分。但是在非洲之外的现代人群中，都发现有1%～4%的尼人基因组成分。而且，这些基因交流是在大约7万年前现代人刚刚走出非洲的时候发生的，其后就再也没有发生过，虽然现代人与尼人在欧洲共存了数万年。所以走出非洲以后分化形成的世界各地的人群中都保存了相同的尼人基因比例。

丹人虽然发现于北亚地区，但是在亚洲大陆上的现代人群中没有发现任何丹人的遗传成分。反而，在大洋洲的新几内亚土著人群中发现了大约6%的遗传比例。很有可能新几内亚土著的祖先在迁徙途经中南半岛时接触到了丹人群体，发生了基因交流。所以可以确定，丹人的地理分布很广泛，至少从北亚到东南亚都存在，而且人口不少，有机会把可观的遗传基因流传到新几内亚现代人中。丹人生活的时期，与"东亚早期智人"的生活时期大致重合，可以推断所谓"东亚早期智人"与"丹人"就是同一个物种。

东亚现代人为何没有与丹人发生基因交流，这是一个不容易解释的事实。研究者曾经期待早期的东亚现代人会有更多的尼人或者丹人遗传成分。但是，2013年新发布的北京周口店地区4万多年前的田园洞人基因组，却与现代的中国人几乎没有差别，没有更多"早期智人"的遗传成分。看来，三种智人之间的基因交流可能发生过，但是非常有限。

2）现代人的8个分支

非洲的南方智人在至少16万年前开始发生明显的形态变化，在埃塞俄比亚演化出了长者智人，其形态间于罗德西亚人和现代人之间。但在埃塞俄比亚还发现了几近20万年前的奥莫现代人，说明长者智人可能在更早的时间就形成了，只是有些群体并没有演化成现代人的形态。所以现代人至少20万年前就起源了。但是这些最早的群体并不能全部生存下来，并不能把所有的基因库都流传到现代。因此，从不同遗传方式的基因组区段，可以把现代人的谱系追溯到不同的年代。纯母系的线粒体谱系可以最远追溯到大约20万年前，而纯父系的Y染色体只能追溯到14.2万年前。这说明女性有更公平的生育权，也更容易被其他群体接受。所以20万年到14.2万年之间的很多女性都留下了直系后代至今，而期间的父系只有一个最终留下直系后代至今。

由于男性对族群的主导性，父系的遗传类型（Y染色体类群）容易变少。所以不同群体之间差异最大的遗传物质是Y染色体类群，也叫做Y染色体单倍群。全世界的Y染色体单倍群构成了一个可靠的谱系。Y染色体的主要单倍群的形成需要长期的隔离演化，这与现代人种族的隔离演化机制是一致的。所以现代人发展早期，Y单倍群与人种应该有过很好的对应关系。不过由于近几千年来人群的大规模融合，这种对应关系稍有打乱（参见图7-28）。

Y染色体的根部类群是A型，仅存在于非洲。其次是B型，也在非洲。所以从Y染色体来看，现代人肯定起源于非洲。C以后的类群（C～T）从B分化出来的年代大约是7万年，所以现代人走出非洲的年代不会早于7万年。A、B、C、D、E这5种类群，每一类内部的亚型都是大约6万年前开始分化形成的。这一时段就是现代人最早的种族形成时期。在距今7万多年前，地球上发生了一次巨大的灾难，苏门答腊岛上的多峇火山发生了超级大爆发，史称多峇巨灾。此后地球进入了冰期，许多动物种群灭亡，人类群体也大量灭亡。留下的少许小群体隔离分布在非洲中部到东北部，形成了数个种族。其后由于冰期的海平面下降，大陆之间出现了很多新的陆地连接，人类群体开始向各大洲迁徙，种族

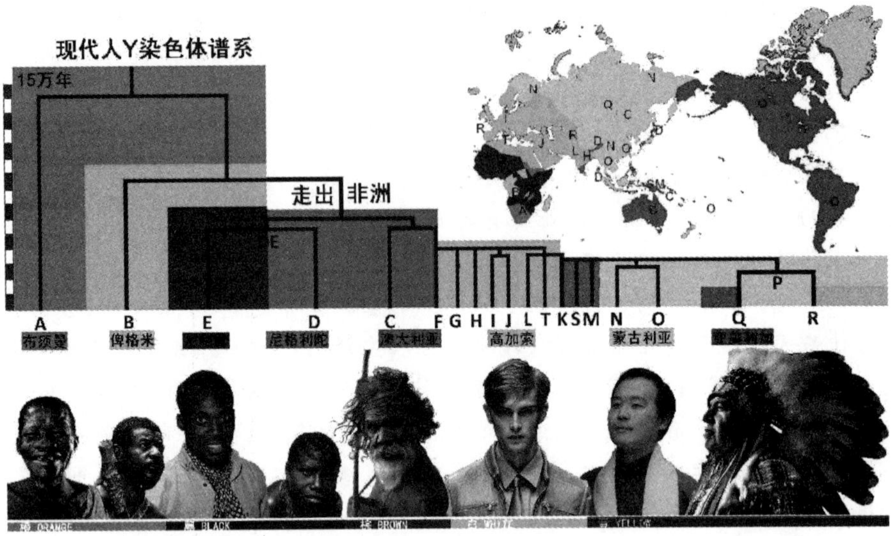

图 7-28　全世界的 Y 染色体类群分化与现代人 8 个种族的形成是同步的

进一步演化。

1863 年，德国生物学家海克尔绘制了一张人类种族起源图谱（图 7-29）。在这张图谱中，全世界的人类分成 12 个种族。现在，我们对全球的人群有了全面的普查，所以发现海克尔遗漏了两个矮人种族——非洲的俾格米人与亚洲的尼格利陀人。对各人种的遗传基因的分析也发现，海格尔列出的某些人种其实是其他人种的混合群，例如奴比人种和卡佛人种是黑人种与侯腾图人种的不同混合群，德拉威达人种是地中海人种与澳洲人种的混

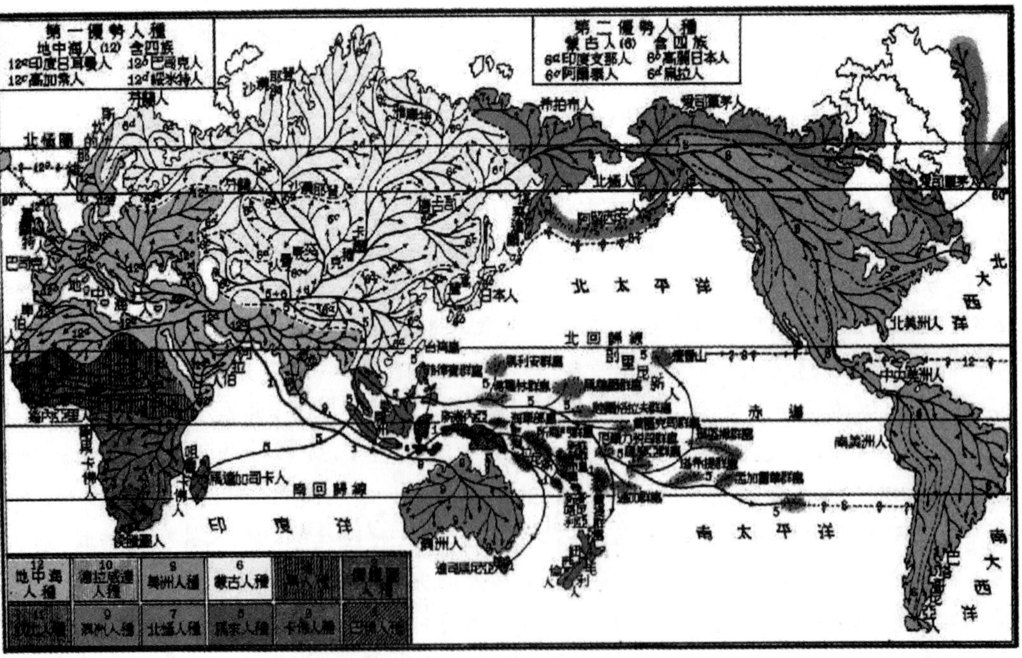

图 7-29　海克尔在《自然创造史》中绘制的人类种族起源图谱

合，马来人种是蒙古人种与尼格利陀人种的混合。而美洲人种与北极人种的差异，以及澳洲人种与巴标人种的差异，其实并不大。

全世界的人群一共有5种肤色：橙、黑、棕、白、黄。从全基因组的分析看来，全世界的人群可以分成8个人种：布须曼、俾格米、尼格罗、尼格利陀、澳大利亚、高加索、蒙古利亚、亚美利加。按照体质形态特征，全世界的现代人也可以分为上述8个人种。近年来，由于政治上反种族主义的需要，西方遗传学界提出特别的观点，认为种族的概念是没有遗传学根据的。其证据主要是种族之间都存在过渡类型，没有绝对的界线；大多数基因等位型在各个种族内都有一定的频率分布。实际上，种族主义的错误在于认为种族有高低贵贱之分，这导致了人类历史上的多次种族灭绝惨剧。反对种族主义，是要反对种族歧视，反对种族在先天上有优劣之分，而不是否认种族在外形和遗传历史上的客观差异。如果说黑人与白人在生物学上没有差异，这显然不符合客观事实。西方遗传学界提出的种族之间有过渡，其实是近几千年来人群的混合造成的。例如，在加勒比群岛上，还存在美洲印第安人与黑人之间的过渡类型，显然是人群混合形成的，而不是美洲人从非洲渐变而来的过渡类型。等位基因类型在种族之间也大多没有必要差异截然，毕竟现代人与黑猩猩的基因组也只有2%以下的差异。所以种族的基因组之间，只要有少数基因有特异性分布，就足以支持种族的生物学存在了。

3）Y染色体谱系与人种的同步演化

参见图7-30。与现代人各个种族对应关系最好的遗传材料是Y染色体的谱系。根据Y染色体的谱系分析，最古老的类型是A群，集中分布于非洲南部和东北部，也零星分布于中非。相关的人种是非洲南部的布须曼人（旧称开普人种或侯腾图人种），非洲东北部的尼罗-撒哈拉人（奴比人种）也与之有关。A群下面的有些亚型只出现在埃塞俄比亚的一些群体中。最近的研究指出，A群可以追溯到非洲中部偏东北地区，非洲南部布须曼人的A群也是从北方而来。布须曼人的科依桑语系的语音是世界语言中最为特别的，有着复杂的搭嘴音。包括尼罗-撒哈拉人在内的布须曼人种的肤色呈橙红色，而不是常见的非洲人的黝黑色。考古学和遗传学研究都发现，非洲的黑人只是最近一千年来从非洲西部扩张到非洲东部和南部的，此前非洲大部分区域的居民都是橙色人种。在黑色人种和橙色人种的接触中，Y染色体A群也流入了非洲中南部的黑人中。

年龄其次的Y染色体类群是B群，大致对应中非、刚果等地热带雨林中的俾格米小矮人。非洲东部坦桑尼亚的哈扎比人Y染色体也多为B群，他们的身高也同样偏矮。俾格米人种非常适应在热带雨林中生活，有些村落完全建造于雨林的树冠上。他们的肤色也偏橙色，不同于西非尼格罗人的黑色，所以也算是一种橙色人种。矮小的俾格米人与高大的尼格罗人在毛发上的特征差异也很明显。成年俾格米男人有着浓密的胡须，而尼格罗人的胡须一般很稀疏。

两个橙色人种与其他人群的分化都在7万年以上。其他分支都是7万年之内走出非洲的人群的后代。其中D和E最早是黑人的类群，他们可能是六七万年前在埃塞俄比亚与也门所在的红海口处分离。携带E群的人群回到非洲，一路向西，成为非洲西部的尼格罗大黑人；而携带D群的人群辗转向东迁徙，成为东南亚的尼格利陀小黑人。两种黑人的分布区域相距如此遥远，这是非常不可思议的格局。而在身高上也达到两个极端。

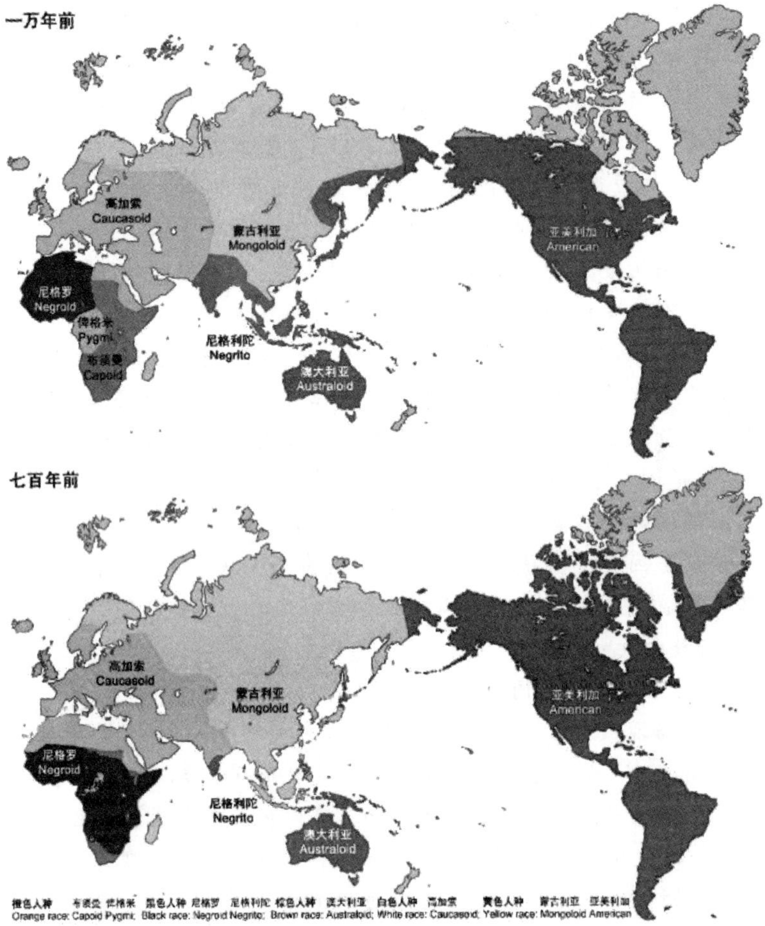

图 7-30　现代人 8 个种族的历史地理分布示意图

（灰色部分为无人区）

尼格罗人非常高大，非洲西部有些种群的成年男子往往超过 180 厘米，而尼格利陀人成年人一般不会超过 150 厘米，甚至更为矮小。尼格利陀人现在仅存于缅甸以南的安达曼群岛、泰国和马来西亚边境山区、菲律宾中北部山区。但是其对应的 Y 染色体 D 群广泛分布于青藏高原、日本列岛和中南半岛。所以这些区域很可能是尼格利陀人的历史分布区，不过后来在黄色或棕色人种的影响下发生了人群体质变化。很有意思的是，菲律宾的尼格利陀人中没有发现 D 群 Y 染色体，而有着来自新几内亚的棕色人种的 C 群和 K 群染色体。这可能是棕色人种后期的扩张影响。而日本列岛最早的居民绳文人有着 D 群染色体，身材也在 150 厘米以下，应该属于尼格利陀人种，但是面貌特征却是典型的澳大利亚棕色人种。所以，在迁徙路线的末端，人种之间交流的复杂程度远超我们的想象。

携带着 Y 染色体 C 群和 F 群的人群跨过红海以后，继续向北进发，F 来到了两河流域，而 C 来到印度河流域。在这两个区域中，两个人群演化成了不同的人种。C 人群形成了棕色人种，在五六万年前扩散到东亚、东南亚和澳大利亚、新几内亚、美拉尼西亚，也被称为澳大利亚人种。而 F 人群则是白种人和黄种人的祖先。

大约在三四万年前F大类开始从两河流域、里海南岸扩张，其下有G～T 14种亚型。G、H、I、J、L、T在欧亚大陆西部成为高加索人种。高加索人种虽然往往被称为白人，但是肤色不一定很白。大约2万年前O和N人群来到东亚形成蒙古人种，取代棕色人种成为东亚的主体人群。大约1.3万年前，N人群从东亚扩张到北亚和北欧。也是在大约2万年前，Q和R人群来到了中亚，但是他们并没有在当地形成独特的种族，而是大多融入了周边的种族。大多Q人群向东迁徙加入蒙古人种，部分继续东迁，大约1.5万年前跨过白令海峡进入美洲，形成亚美利加人种。R是中亚地区的主要类群，但同时大量向西迁徙加入高加索人种，成为南欧人群的主流。

随着Y染色体谱系研究的深入，对Y染色体各个类群分化时间的分析越来越精确，人类群体演化的历史将越来越明确。客观准确地认识人类的演化历史，了解种族、民族和群体方方面面的异同，使我们更好地理解人群之间、人与自然之间应有的和谐关系，更好地维护人群的身体健康和社会健康。

资料来源：李辉(博客)，复旦大学现代人类学教育部重点实验室，2014-08-19

【实验与思考】

绘制新的泰坦尼克事件镶嵌图

1. 实验目的

(1) 熟悉大数据可视化的基本概念和主要内容；

(2) 通过绘制泰坦尼克事件镶嵌图，尝试了解大数据可视化的设计与表现技术。

2. 工具/准备工作

在开始本实验之前，请认真阅读课程的相关内容。

需要准备一台带有浏览器，能够访问因特网的计算机。

3. 实验内容与步骤

参见本章的导读案例，为表7-1所示的泰坦尼克号事件生成一个镶嵌图(及其生成过程)，注意使用不同步骤(例如，是否存活→性别→舱位等级→成年人/儿童)。

镶嵌图可以在纸上手绘，如果使用软件工具(例如Visio)则需要打印。请将你绘制的镶嵌图粘贴在下方，并注意折叠。

(镶嵌图作品粘贴线)

请列出你从泰坦尼克事件镶嵌图作品的描述中提取出的信息。

答： ____________________

____

____

____

4. 实验总结

5. 实验评价(教师)

第8章

数据可视化组织

【导读案例】

德克萨斯大学体系的透明化

美国德克萨斯大学(德州大学,UT,University of Texas at Austin,图 8-1)是德克萨斯州境内最顶尖的高等学府之一,建于 1883 年,其主校园离位于奥斯汀的德州州政府总部不足一里。现有学生人数约五万,为全美高等教育最庞大体系之一,也是单一校园中学生人数中第五大的大学。一个世纪以来,德克萨斯大学体系一直致力于通过教育、研究和健康保健等提升德克萨斯州以及全世界人们的生活。

图 8-1 德克萨斯大学

如图 8-2 所示为德克萨斯大学的校园生活,拥有如此多的学生和员工,必然会产生大量数据,而德克萨斯大学也确确实实对那些数据做了些事情。从 2004 年开始,大学每年都会发布有关整个大学体系状况的年度会计报告。这些报告以图表、图形和原始数据的方式展示了具有洞见性的有关整个体系、学校、学生等数据的现状。

事实上,并非每个学校都能提供这种透明程度的报告(滚动一份会计报告,你会很吃惊地发现德克萨斯大学竟然能够对数据进行回溯),然而,它还做了很多可视化组织所做的事情:通过数据可视化,它将其可视化和透明化推进到一个更高层次。尤其是部署了 SAS 的复杂数据可视化应用,还不仅仅只是面向其员工,任何人只需连接互联网都可以了解这些数据。

(a)　　　　　　　　(b)

图 8-2　德克萨斯大学的校园生活

2011 年 5 月，德克萨斯大学启动了一个卓越平台项目，这是一个推进德克萨斯州教育和健康保健转型的宏伟计划，其愿景是：“我们子孙后代的未来正处于令人堪忧的境地。我们如何能够为不断增长的学生提供更便捷、更廉价的高等教育？我们如何才能够培养更多的医生、护士和健康专家，不断推动德克萨斯州健康医疗质量的提高？”

实现这样的理想需要完善数据访问，需要新的数据可视化应用，还需要完全不同的组织化心智模式。2011 年 12 月，德克萨斯大学上线了全系统生产力仪表盘，这是一个公开的门户，对大学运营管理和每个校园绩效都提供了对外开放的视图。上线时，包括德克萨斯州从业人员、立法会委员、媒体以及一般公众等任何人都能对大学的学生和管理数据进行探索。其核心就是，仪表盘可以让用户查看覆盖范围广泛的指标，并对大量数据进行探索，其中包括学生的成果、教员的成就、研究和技术的转化以及财务和成果等。仪表盘还能够让用户下载他们所需要的信息，以在 Excel 或其他应用上进行进一步深入的分析。换言之，在理想情况下，它们会引发进一步的问题和对数据的探索。让数据更开放蕴藏着巨大利益。

2013 年 1 月，德克萨斯大学推出 SAS 的可视化分析(Visual Analytics，VA)，这种方式使数据观察更具移动友好性。通过 VA，大学数据现在可通过任何终端在任何地方获取。也就是说，员工和公众无须受联网计算机等条件限制，也可以访问大学的公开数据。通过 iPad，用户可以利用 SAS 移动 BI 的 App 来浏览数据，因为这种方式可将数据洞见随身携带到任何地方。

推出 VA 后不久，德克萨斯大学升级了其仪表盘，增加了更强大的数据可视化的新功能，这个功能使得用户能够创建更高级的数据视图。总体上说，这些视图提供了数据相关的所需上下文信息，使得员工能够理解并更好地做出决策。

这些年来，德克萨斯大学已经采集了大量的学生数据，数据量增长迅速，包括入学和学位数据、学生财务资助数据、课程级别数据等。近年来，UT 已经开始采集教师生产力方面的数据，包括研究经费和学术产出等。

迄今为止，人们已经看到德克萨斯大学学术方面已经在常规性地利用数据进行更好的决策，且非常成功。基于其在全系统范围内的沟通方式，不同运作部门都已经开始关注并跃跃欲试。基于这些成功经验，德克萨斯大学计划将数据可视化和数据发现推广到现有的其他系统中。例如共享服务、养老稽核、基础设施、风险管理，甚至保安办公室等单位都迫切需要开展他们的数据可视化，从而提出更好的问题并进行更好的决策。更重要的是，他们展示出新的数据和机会以发现更有意义的关系和模式——还不仅仅局限于单个领域，而是贯穿大学全体系内。

2013 年 4 月，SAS 授予 UT 教育界卓越奖项的年度获得者称号。这项荣誉意味着“这是一家利用 SAS 改善运营、强大领导能力，为当前的工作职位培养学生、激发创新，并/或开拓教育机会的教育组织”，SAS 在其宣讲稿中这样解释道。

德克萨斯大学在很多层面都颇具启发性。首先，通过拥有新的数据源和新型数据可视化工具，整个体系及其构成成员所做的成就为未来的数据发现奠定了坚实的基础。其次，大学证明了行政支持的重要性，是的，通过员工、团队和部门的分头努力，自然会发生很大变化，但是在大型企业，高层对数据透明化、可视化和探索性的支持的重要性，怎么说都不为过。

最后，即使对于小数据而言，希望一蹴而就的想法是不明智的，因为很大程度依赖组织文化、资源及其他优先事项等诸如此类的条件。认识到早期的成功以及曾经犯下的错误，对于数据可视化的部署是完全可行的策略，将学到的经验传递给其他人，可为组织节省大量时间和花费。

阅读上文，请思考、分析并简单记录：

(1) 德克萨斯大学是一所什么样的大学，长期以来，学校致力于数据可视化，主要做了哪些实际工作？

答：____________________

(2) 请通过网络搜索阅读，了解什么是 SAS 系统，这个系统对大数据分析和可视化有什么作用？

答：____________________

(3) 据你了解，你所在的院校在大数据分析、运用与可视化领域开展的工作与德克萨斯大学相比，情况和程度如何？如果把德克萨斯大学在这方面的成就算作 100，请给你所在的院校打个分。

答：____________________

(4) 请简单描述你所知道的上一周内发生的国际、国内或者身边的大事：

答：

8.1 可视化组织的快速发展

今天，对数据进行可视化的需求越来越强烈，其原因很简单：数据实在太多太多。亚马逊、苹果、Facebook、谷歌、Salesforce.com、推特及其他著名技术公司都已经认识到数据生态系统和平台的重要性，尤其对用户数据而言。

8.1.1 什么是数据驱动

一个数据驱动的组织会以一种及时的方式获取、处理和使用数据来创造效益，不断迭代并开发新产品，以及在数据中探索。

有很多方式可以评估一个组织是否是数据驱动的，例如：

(1) 产生的数据量；

(2) 使用数据的程度；

(3) 内化数据的过程。

其中有效地使用数据的程度是关键。

公司有使用数据来改善效益的历史。例如，任何好的销售人员都知道如何去向消费者推荐采购，而亚马逊却将这个技术移到了线上——那些浏览过这些商品的客户同样浏览了另外一些东西。这种简单的协同过滤的实现是亚马逊诸多特性的一种，是一个对于传统搜索之外的机缘巧合的强大的机制。

数据产品是社交网站的心脏，它们的数据必然是庞大的用户数据集，形成了一张图。也许对于社交网络来说，最重要的产品是某种帮助用户链接彼此的工具。任何新的用户需要找到新的伙伴、熟人或者联系方式，但让用户自己去搜索他们的朋友可不是一个好的用户体验。如同领英(LinkedIn)工程师发明了 People You May Know(PYMK，你可能认识的人)来解决这个问题。在理论上的确很容易完成这项工作，根据已经存在的关系图，我们可以准确地发现新用户的关系网络。这样的推荐朋友比自己去选择更为高效。PYMK 已经成为了每个社交网站的必备部分。Facebook 不仅支撑了自身版本的 PYMK，他们还监控了用户获得朋友的时间。使用精密的跟踪和分析技术，他们已经标识了让一个用户长期参与的时间和连接数。通过学习达到信任的活动的层级，他们已经将网站设计成为能够有效降低新人加一定数量朋友为其好友的时间。

类似地，Netflix 在线电影完成了同样的任务。当你注册时，他们强烈推荐你添加你打算观看的电影。他们已经发现一旦你增加超过某个数量的电影，你成为一个长期用户的概率将大大增加。借助这个数据，Netflix 可以构造、测试和监测产品流来最大化新人转变为长期顾客的数量。他们简化了高度优化的注册/试用服务，有效利用了这样的信息来快速和高效地黏合客户。

Netflix、LinkedIn 和 Facebook 并不是仅有的使用用户数据来鼓励客户长期参与的公司。如 Zynga，它不仅仅关注游戏，还会常态化地监测用户身份和他们的行为，生成了一个不可思议的大数据。通过分析用户在一段时间内在一个游戏中的交互行为，他们已经识别出那些直接导致成功游戏的特征。基于用户和其他用户的交互行为的数目、前 n 天内用户建造的房子数目、在前 m 个小时内他们杀死了的怪物个数等，他们便可以知道用户将成为长期会员的概率的变化。他们找到了如何达成参与的挑战的关键点，并已经设计出产品来鼓励用户达到这些目标。通过持续测试和监测，他们优化了对这些关键点的理解。

谷歌和亚马逊在使用 A/B 测试来优化网页的展示方面是先行者。在互联网发展历史上，设计者们借助直觉和本能来完成工作。这没有任何错误，但是如果你对一个页面做出修改，你需要确保这个改动是有效的。你卖出更多的产品了么？用户需要多久才能发现想要的东西？多少用户放弃并转向了其他网站？这些问题只能借助实验、收集和分析数据来完成，这些是数据驱动公司的第二特性。

雅虎已经对数据科学做出了很多重要的贡献。在看到谷歌使用 MapReduce 来分析海量数据后，他们认识到了自身需要同类的工具来完成自己的事务，这就是 Hadoop。现在 Hadoop 是数据科学家的最重要的工具之一，已经由 Cloudera、Hortonworks、MapR 等公司商业化了。

数据驱动组织的座右铭之一是：“If you can’t measure it, you can’t fix it(如果你无法衡量它，你不能修复它)。”这个态度给人一种美妙的能力来传达这种价值，其方式包括如下几种。

(1) 产生和收集尽量多的数据。不管你是做商业智能还是构建产品，如果不能收集数据，就不能使用数据。

(2) 以一种积极和省时的方式来度量你的产品或策略是否成功，如果你不去度量结果，你又如何得知呢？

(3) 让更多的人来观察数据。任何问题可能只是因为一些简单的原因导致。更多有经验的专家可以从不同的角度迅速发现问题出在哪儿。

(4) 刺激对数据产生变化或者不变的背后原因的好奇心。在一个数据驱动的组织，每个人都在思考数据。

如果试着以上面的心态来收集数据和度量你能做到的每件事，思考自己收集的数据背后的意义，就将会超前于大多数只是嘴上说说的公司。每个人都应该看看数据。

8.1.2 新的互联网环境

过去几年间，网络在很多方面发生了很大变化，其中最显著的变化就是网络变得越来越可视化，而很多变化都是因数据驱动而发生的。

1. 关联数据和更语义化的网络

数据越来越多、越来越开放,网络也因此而越来越成熟,数据仓库的孤立状态被打破时,数据间的关联也就越来越强。今天,无论我们身处何处都能与所有数据相连,网络在我们眼前变得更语义化(即更有意义)。

所谓"关联数据"描述的是语义网对于片段数据、信息和知识进行揭示、分享和关联的实践活动。当以往不能关联的数据现在得以关联,不仅人类,机器也将从中大受裨益。而这通常可以通过如统一资源标识符(URI)以及资源描述框架(Resource Description Framework,RDF)等资源网络技术来实现。

2. 采集数据更趋便利

在互联网时代之前,很多大型企业组织通过被称为抽取、转化和加载(ETL,Extract,Transform,Load)的程序,将他们的数据在不同系统间移动。数据库管理员和其他技术人员通过写脚本或存储过程使这个程序尽可能自动运行。其核心就是,ETL 从系统 A 抽取数据,转换或变换成对于系统 B 来说友好的数据格式,然后将数据加载到系统 B。无数公司依靠 ETL 实现着各种不同类型的应用。

现在,很多成熟的企业正在逐渐用 API 取代 ETL,通过 API 访问数据的方式根据数据使用和采集需要而被优化。在很多情况下,与 ETL 相对,API 只是适合处理更大量的数据,移动及 APP 经济意味着与客户交互发生在较以往更为广阔的背景环境。客户和合作伙伴通过大量 APP 及服务与企业进行交互。与传统系统不同,这些新的 APP、它们的交互方式以及它们所生成的数据全都在发生迅速变化,在很多情况下,企业并没有"控制"数据,因此,传统 ETL 不能也不可能胜任。

API 使得企业组织的很多核心业务职能得以完善。第一,它们较 ETL 的方式获取数据更快、更及时;第二,它们使得企业能够(更)迅速地判断数据质量问题;第三,基于创新、问题解决以及协同等理念,开放的 API 总体上倾向于能够促进更开放的心态。API 不仅有益于企业组织,也有益于它们采集数据更趋便利的生态系统——即它们的客户、用户和开发者。

3. 借助云和数据中心更高效

IT 的历史可以被划分为三个时代,即主机时代、客户端-服务器时代和移动-云时代。从一个时代迈进另一个时代并非发生在旦夕之间。虽然趋势已不可阻挡,但是主机对于很多成熟企业组织及其运营而言,仍必不可少。然而,在可预见的未来,更多的企业将脱离 IT 业务。一个恰当的例子是亚马逊的网络服务所取得的巨大成功。简言之,越来越多的企业认识到他们不能像亚马逊、Rackspace、VMware、微软 Azure 及其他公司那样将 IT"做"得性能可靠还物美价廉。云时代的基础架构即服务(IaaS)、平台即服务(PaaS),使网络已经变得越来越可视化、越来越高效,而数据也越来越趋于友好。

8.1.3 更好的数据工具

现有的商业智能解决方案以及统计软件包等方面已经取得了很大进步。来自

MicroStrategy、微软、SAS、SPSS、Cognos 及其他公司的企业级应用均已大大提升他们产品的功能。但是，除了着眼于成熟产品的优化改良之外，要全面领会我们所看到的创新浪潮，必须超越传统 BI 工具来看。云计算、SaaS、开放数据、API、SDK 和移动化等的崛起，已经共同开辟出快速部署和少硬件甚至零硬件需求的时代，而新的用户友好且更强劲有力的数据可视化工具也已经出现，它们共同使得可视化组织能够以更创新、更吸引人的方式呈现数据。

今天，比以前更多不同的、强有力的、灵活的、便宜的可视化工具可供各种规模的不同组织所使用，它们也包括可供创业公司建立企业及解决方案的免费网络服务。凭借上述这些工具、服务和市场，员工们通过他们的数据讲述动人的故事，使得人们采取行动并制定更好的商业决策。而且，借助这些工具，员工们无须再成为专门的技术人员或程序员才能对不同类型和不同来源的数据实现即时可视化。具备合适的工具，可视化组织正在探索隐藏的以及新呈现的趋势，可以便捷地与数据进行交互并分享数据。他们能够判断藏身于大量数据中的机会和风险，他们做到这些而无须 IT 部门的强力参与。

8.1.4 更透明的组织

事实上，很少有公司真的喜欢信息透明和信息共享，在绝大多数办公环境中，信息对企业的可见性也严格限定于高层管理者通过内部会议、E-mail、标准报表、财务报告、仪表盘以及关键绩效指标(KPI)等方式来实现。总体来说，默认为只在“需要知道”的基础之上进行共享。

但是，认为与员工、合作伙伴、投资人、客户、政府、用户以及市民共享数据是不可思议的，这样的想法已经一去不复返了。现在更常见的是，越来越多的高级管理层及公司创始人相信透明度越高带来的效益越显著。数据透明度越高带来的三大好处是：

(1) 企业数据质量的提升；

(2) 避免不必要的冒险；

(3) 支撑全组织层面的共享和协同。

越来越多的先进企业组织认识到透明的好处远远超过其付出的成本，他们开始拥抱新的默认运作模式——共享数据。不难想象，不远的将来，协同和完全透明的企业将能够为其员工——也可能甚至是其合作伙伴和客户——提供了解企业正在发生什么情况的360°视图。

即使是那些拒绝更开放办公环境的组织，因为有更好的工具和信息访问方式，因此不顾行政约束，总体上也有所突破并受到民主化影响，导致保护数据隐私在今天说起来容易做起来难。

8.1.5 竞争新态势：有样学样

每当一家成功的上市公司推出一项新的产品、服务或功能时，它的竞争对手会格外关注。情况一直都是如此。通常，遵照相关专利、知识产权以及政府法令等，推出一项跟风的有形产品可能需要花费数年之久，而一项数字产品或功能的仿制通常只需数天或数周，尤其是当一家公司根本不在乎专利索赔时。

实际上，亚马逊、苹果、Facebook(脸书)以及谷歌这四家巨头公司的产品及服务已经无处不在，而每家公司都互相关注着其他公司的一举一动，他们也绝不会因为“借用”其他公司的功能而有所羞愧。这种竞争心态并远不止仅局限于这四大巨头公司，它已经蔓延到推特、雅虎、微软以及其他技术翘楚。例如，Groupon 在最初的短暂成功后所发生的事情——Groupon 大获成功之后，很快，亚马逊、Facebook 和谷歌立马添加了自己的类似每日特惠(Daily Deal)。还有，正如在导言中所介绍的，Facebook 于 2013 年引进推特的类似功能，如视频分享 Instagram、认证账号以及话题标签等。Facebook 的 12 亿用户不必非得做些什么来获取这些新功能；它们只是自动出现在了那里。

社交网络能够迅速推出新的产品功能并自动更新，而软件厂商也越来越多地借助网络向其客户迅速推出新的功能。例如，Salesforce. com 等公司很大程度因为 SaaS 的普及而使其市值升至数十亿美元。如果 Tableau 最新发布的产品包含了一个新的流行功能，其他厂商通常也会一拥而上迅速加以模仿，并呈现在其用户面前。现在软件厂商们如果希望他们的客户升级版本并使用新的功能，已经不再需要等待产品的下一版发布。

8.1.6 元数据和源数据

所谓元数据(MetaData)是描述数据及其环境的数据，它是描述数据属性的信息，用来支持如指示存储位置、历史数据、资源查找、文件记录等功能。换句话说，元数据是关于数据仓库的数据，指在数据仓库建设过程中所产生的有关数据源定义、目标定义、转换规则等相关的关键数据。同时元数据还包含关于数据含义的商业信息，所有这些信息都应当妥善保存，并很好地管理，为数据仓库的发展和使用提供方便(图 8-3)。

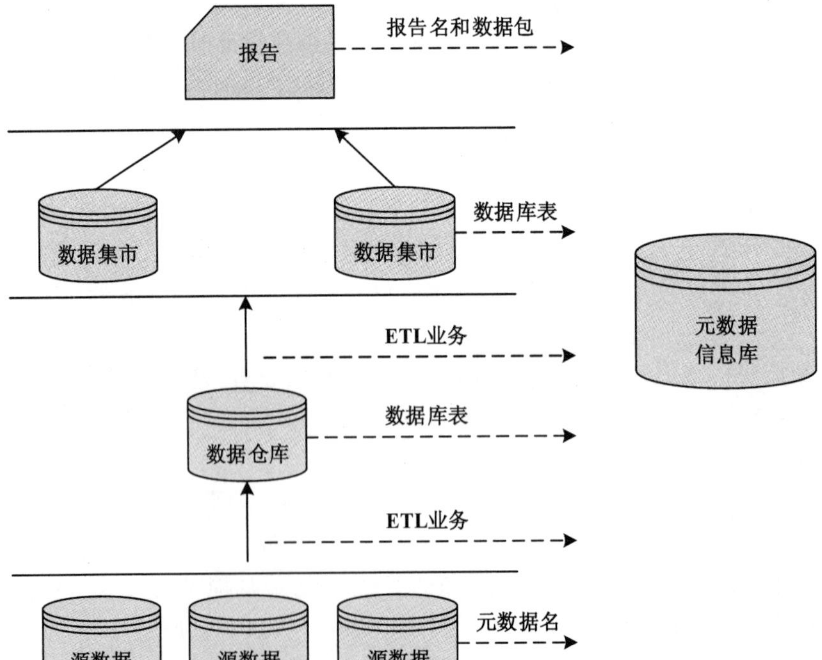

图 8-3 元数据和源数据

以安全部门获取的通信信息为例，通信信息通常包括通信内容，而所谓元数据，是指通信信息所有的电话号码和呼叫时长。在这里，有效的数据可视化通常不仅包括通信信息，还包括元数据。例如，对于照片的数据可视化可能要表示出每张照片在哪里、在什么时候拍摄、照片主题或标签、照片在哪里（如 Facebook、Instagram 等）发布以及诸如此类的信息。

8.2 典型的可视化组织——Netflix

Netflix 是美国的一家流媒体视频服务提供商，主要从事在线影片租赁业务(图 8-4)。公司能够提供超大数量的 DVD 供顾客快速方便地挑选影片并免费递送。Netflix 大奖赛从 2006 年 10 月份开始，公开了大约 1 亿个 1～5 的匿名影片评级，数据集仅包含了影片名称、评价星级和评级日期，没有任何文本评价的内容，比赛要求参赛者预测 Netflix 的客户分别喜欢什么影片。2015 年 8 月 4 日，Netflix 宣布于 9 月 2 日正式进入日本市场。2016 年 1 月 18 日，Netflix 宣布计划在中国推出流媒体视频服务。Netflix 已经成为世界级最大的大数据公司之一。

图 8-4 Netflix

8.2.1 创办 Netflix

1997 年 Reed Hastings 和 Marc Randolph 创办了 Netflix，最初只是开展通过邮递租借 DVD 的业务。那之前，要租借视频必须亲自去连锁实体店，左淘右淘，希望在现有存货中有所斩获。很多客户找不到他们想要的片子。当他们找到后，又经常因迟还视频而交滞纳金。2000 年，Blockbuster 实体店收到了将近 8 亿美元的滞纳金，占到其全部收入的 16%。

Hastings 和 Randolph 相信，视频租借模式已经成熟并走向衰落。更重要的是，他们已经构思出更好的计划。Netflix 提供免费邮递、不收滞纳费以及大量可供选择的片名，并且提供一个简单界面，客户可依此管理自己的视频排序——全部都以一个可支付的价格提供。于是，“红包”邮件开始到处出现。

即使当 Netflix 已经开始启动,视频租赁实体店作为当时的老牌 DVD 租赁公司,可以想象得到,他们对于通过邮递租 DVD 的想法嗤之以鼻。这在当时简直就是"创新者两难境地"的经典案例。传统的想法认为,客户不可能吃 Netflix 这一套模式,他们不会想要花上几天工夫等着要看的视频通过邮递到达。还有,邮件会丢失、邮递会增加成本、DVD 会损坏、客户会偷窃,总之,通过邮递租 DVD 绝对行不通。

事实的结果是,那些曾经著名的视频租赁实体店到如今不是倒闭就是宣布破产,都已经关门大吉。

8.2.2 Netflix 自我颠覆

虽然 Netflix 颠覆了那些传统的连锁视频租赁实体店企业,同时它也奠定了颠覆自己的基石——尤其对其所提供的通过邮递租赁的 DVD 业务而言。用硅谷的流行行话来说,这家公司已经在走下坡路了。Netflix 于 2007 年开始流视频业务。

随着实物 DVD 向流媒体的转变,Netflix 管理层意识到其客户生成了多得令人难以置信的数据——还不仅仅是有关谁在看什么节目的数据。据说,Netflix 一直深谙数据的重要性,除所看节目之外,现在它还在收集订户尽可能多的信息,包括以下几个方面。

(1) 通过地理定位数据,发现客户在哪里观看视频;

(2) 它的客户通过什么终端在看视频;

(3) 客户什么时候观看视频——星期几和具体时间;

(4) 在有限范围内,当客户观看视频时正在做什么(Netflix 跟踪客户每次看电影或电视节目的后退、快进和暂停行为)。

但是 Netflix 并不满足于此,它也从诸如 Nielsen 等第三方购买元数据,从 Facebook、推特及其他网站采集社交媒体数据。对于 Netflix 来说,其最独特的做法就是采集数据。一篇网络文章写道(以下是 Netflix 一些激动人心的统计数据(如今已经超过甚至更多)):

(1) 超过 2500 万用户;

(2) 每天 3000 万次播放;

(3) 仅 2011 年最后 3 个月期间所产生的流视频超过 20 亿小时;

(4) 每天 400 万个评分;

(5) 每天 300 万次搜索。

Netflix 的基础架构是依照不同规模、速度、大数据和复杂算法等进行建设的,因此,即使不是实时,Netflix 也能跟上数据的更新速度,快速进行统计汇总。

从结果来看,Netflix 的成长可谓疾速(无论从其股价还是订户数来看),它已经区别流视频和实物 DVD 从而有效拆分为两个业务。Netflix 流服务的订购用户已经是其通过邮递租赁 DVD 业务用户的三倍,其中 70%的订户所观看的是电视。总之,3300 万订户每月观看 Netflix 内容流时间共达 10 亿小时。令人震惊的是,现在 Netflix 的流业务占到北美全部家庭夜晚所产生全部互联网流量的大概 1/3。

若没有足够有力的基础平台和工具来处理数据洪流并将数据可视化,Netflix 也就不可能取得今天的成功。可视化组织认识到,对一种新商业模式的采纳,更像是一个方程式的改变,这么一种"转变"几乎总是需要采用新的更强有力的数据管理工具。

8.2.3 大数据整合战略的构成

2012年12月25日圣诞节，当Netflix流业务停止工作时，很多美国人在推特上发布了这件事。微博业务因#fail标签而暴增(看看那天的一条常见推特：现在我不得不跟家人谈话，可是我想看××节目。劳驾，Netflix!)。然而，实际上，这个问题跟Netflix一点关系都没有。长话短说，这个事故，是一位亚马逊员工在亚马逊网络服务的流量配置系统不小心删除了关键数据，于是，混乱接踵而至。

这个小故障及其所引发的后果表明了Netflix依赖AWS(亚马逊网络服务)的程度之深。若没有AWS，Netflix也就不能提供如此多流内容到虚拟的或现实的世界。实际上，Netflix很长一段时间以来已经是全球最大的AWS客户，据报道，它使用这项服务的量已经超过亚马逊本身！正如Ashlee Vance在《彭博商业周刊》上所写：

Netflix是全球最大的云计算用户之一，这也就意味着它在别人的设备上运行着一个数据中心。这家公司按小时租用服务器和存储设备，并且其计算能力全部从Amazon.com的云计算部门租用其提供的亚马逊网络服务，这个部门自己也运作视频流业务并与Netflix形成竞争。

亚马逊和Netflix是一对典型的"友敌"，他们既互为合作伙伴又互为竞争对手。但是Netflix也不仅仅使用AWS提供的数据管理能力，相反，正如Vance所指出的，"Netflix已经建立了一系列复杂工具使其软件能够在亚马逊的云上运行良好"。确切地说，亚马逊也认识到这些应用的价值，它模仿很多Netfilix的先进做法并将其向其他商业客户推广。

虽然很多技术都是专用的，但Netflix还是定制了大量开源软件支撑其业务的关键部分运作。从Netflix的基础技术设施来看，开源软件扮演着的重要性仅次于AWS的角色。银幕背后，Netflix与Hadoop、Hive和Pig一样在开源大数据中处于举足轻重的地位。

每个新的应用和改善都使Netflix更接近其最终目标，换言之，Reed Hastings并不满足于仅仅对他的客户目前正在做什么——消费大量的内容——做出判断。跟很多企业一样，Netflix也在寻求着做出准确预言的能力，与很多企业不同，Netflix确实拥有基础平台和数据来实现其想法。

Netflix采集并分析大量数据，这直接强化了其对于客户下一步想要观看什么进行预测的能力。公司的高级数据科学家Mohammad Sabah说："一旦摄制人员名单开始滚动，意味着(公司)已在采集JPEG和注释数据。"更重要的是，Netflix还会考虑其他没那么明显的数据源。不久的将来，Netflix可能基于诸如电影声音甚至风景等因素来进行推荐。这些电影或节目的元数据能为Netflix提供更深入了解其客户想看什么的更有价值的洞察。所有这些洞察都传递到其对大量内容采集的决策中。

8.2.4 Netflix文化灌输

在诸如Netflix数据驱动的环境中，数据可视化扮演着重要角色。根据其企业博客，Netflix将数据可视化视为最重要的元素。很多Netflix的主系统都包含数据可视化这一重要元素。还有，与其他可视化组织一样，Netflix是以常规、持续而非临时、偶尔的方式在使用着数据可视化工具。即 Netflix 员工常规性地通过观察现有的数据可视化工具改进算法、获得新洞察并解决棘手的业务问题。

Jeff Magnusson 在公司担任数据平台架构经理一职。在 2013 年 6 月 27 日的 Hadoop 高峰会上，他提供了一扇难得的窗户，使我们得以一窥 Netflix 的大数据理念。Magnusson 与他的同事——一位软件工程师 Charles Smith 一起进行演示。演讲的题目为："通过 Netflix Hadoop 工具包观看 Pig 如何飞翔。"在这场演讲中，Magnusson 和 Smith 列举了 Netliix 数据理念的三条关键原则：

(1) 数据应该可采集，且易于为人们所发掘及处理；

(2) 无论你的数据集大还是小，要能将其可视化并使其更易于解释；

(3) 数据发掘所花时间越长，其价值变得越小。

这些原则解释了 Netflix 之所以成为可视化组织典范的根本原因。其商业核心一定建立在一些全球最复杂的大数据工具之上，而其中肯定不乏数据可视化应用。立足一个更高层面来说，这些工具为两个关键团体的利益服务：一个是客户，另一个是技术专家。然而，还需强调的是，为以上两个团体的利益服务，也意味着最终使包括管理者、投资者、非技术员员工及其他在内的所有人受益。

1. 客户洞察

Netflix 会进行不同电视剧受众构成的彩色详细图解分析，准确地对这些差异进行定量化。更重要的是，Netflix 还能发现它们是否对订户的观看习惯、推荐、评分和偏好存在显著的影响。

在 Netflix，对比相似图片的色度并非是由空闲时间的员工所开展的一次性实验，而是一项常规性工作。Netflix 认识到在这些发现中存在巨大的潜在价值。说到底，这家公司已经建立了能够揭示这一价值的相关工具。在 Hadoop 高峰会上，Magnusson 和 Smith 讲到了标题、颜色和受众的有关数据如何在各方面助力 Netflix。例如，色彩分析使得这家公司能够测算与客户之间的距离。用 Smith 的话来说，即可以判定"每个客户在最近 N 天 216 向量的平均标题颜色"。

有多少家公司能够对自己的客户了解到这种程度？可以大胆猜测，能做到这样的公司很少。即使对其客户只是了解到 Netflix 所了解程度的一半，相信很多公司也会很高兴。

Netflix 是如何做到的？通过大数据和数据可视化，Netflix 将其令人难以置信的个性化无缝落实到每个客户身上。同时，Netflix 还能很方便地对有关客户、风格、观看习惯、趋势及其他任何方面进行数据汇总。因为具备这些数据，Netflix 能够回答大多数公司不能甚至问不出来的问题。有关颜色和受众覆盖方面，包括以下问题。

(1) 特定的客户群存在向特定受众覆盖类型变化的趋势吗？如果是这样，个性化推荐是否应该自动变化？

(2) 哪种标题颜色吸引哪些客户？

(3) 一部原创剧是否存在理想的受众覆盖？或者说，是否需要将不同的颜色用于不同的受众？

……

简单来说，Netflix能够基于优秀数据、数据可视化和对两者重要性的文化共识，提出更好的问题并做出更好的决策。

2. 更好的技术性和网络化诊断

虽然Netflix已经创建了一些全球最强大的大数据工具，但它并没有止步于此；它还在不断开发出新的所需工具。一次，由于特定脚本的原因，导致Apache Pig[①]原始代码理解起来很困难，Netflix通过一个名为Lipstick的可视化工具解决了这个问题，通过这个自己开发的程序将代码转换为有向无环图(DAG)，这使得在大型项目中更容易发现错误。而图表方式也使得开发人员能够对正在执行的MapReduce[②]工作进行察看。

这就是可视化组织的基本真相。简单来说，即使是技术人员也能从可交互的数据可视化中获益。通过Lipstick，负责建立和维护企业平台的人员可以更好地理解以下内容：

(1) 哪些工作已经安装；

(2) 用户能否看到他们想要的数据；

(3) 为什么一项工作没执行成功；

(4) 新出现的趋势。

发现新趋势的能力不容小觑，尤其是对于Netflix这样拥有3000万订户的公司而言。Netflix不是如AT&T这样的企业，它不能强迫客户签订苛刻的、高惩罚性的两年合约，Netflix的订户是按月支付的。Netflix通过关键元素(变量)的数值能够实时判断其订户的使用模式。

毋庸置疑，Netflix能够实时添加订户所在位置、人口统计及设备等有关的新增变量。除需理解客户偏好和观看习惯之外，Netflix的人员还需与数据进行交互以对系统问题进行调查。

综上所述，关于Netflix对其订户所有层面的基础信息的了解程度，相信你已开始有所感受。例如，Netflix知道它的哪些客户在哪里通过什么设备在看哪些节目，甚至还知道其中的原因。当然，单是通过数据可视化并不能了解到这个层面的知识。然而，假如不是拥有强大的数据可视化工具，我们很难想象Netflix能发展成我们现在看到的这样——也很难认识到这些工具对于其业务运营至关重要的作用。Netflix一直保持着前进步伐，不断创建新工具供客户使用。

8.3 创业公司的数据可视化

像Netflix这样的巨头公司确实能力非凡，但是，一家单独的创业公司是如何拥抱可视化组织的理念，如何将创业数据可视化做到很好呢？事实证明，即使收益颇低、员工数

① Apache Pig是对很大的数据集进行分析的平台，它包括表达数据分析程序的高级语言以及评估这些程序的相应架构。Pig程序最突出的特点是，它们的架构使其能够适应大量并行运作。

② MapReduce是利用并行分布式算法集群处理大型数据集的编程模型。

量很少，一家公司对实现数据可视化的认识和心态，至少在某种程度上，可以战胜其资金和人力资源的缺乏。

8.3.1 Wedgies的创业

由 Jacobson 和 Porter Haney 于 2012 年创建的 Wedgies 公司，本部在内华达州拉斯维加斯市，是一家 5 人创业公司，其产品让用户通过推特能够很容易地创建简单调查。这家公司的使命就是帮助世界消除烦人而笨拙的调查。Haney 这样描述公司的起始："Jimmy 和我坐在我的餐桌旁，想要为我们周围的人创建一些有用的东西。我们看到人们在推特和 Facebook 上询问大量的问题，然后回收开放式的答复。我们决定创建 Wedgies 实时对这些答复进行汇总并可视化呈现。"

技术的世界里几乎不存在新手，Haney 和 Jacobson 在启动 Wedgies 之前就知道他们想要什么。如前所说，技术创业成本自 2000 年以来已经成数量级下降，每个月花费成千上万美元在平台架构（如服务器、数据库及其他管理所有东西的软件等）的日子已经一去不复返。"现在大多数网站和移动 APP 在同样供给 Dropbox（一款免费网络文件同步工具）动力的云服务上运行"，Jacobson 说，"一经正确配置，运行 1 台和 100 台服务器的区别只是指令及月度计费的档次不同而已。这使得我们可以聚焦于创业的生命线，即我们的客户身上。"

就像今天很多的消费者服务一样，Wedgies 已经拥抱免费增值模式。任何人只需单击几下就可免费获取简版 Wedgies。免费选项包括以下内容。

(1) 品牌定制化：客户能够改变图片和色彩，以更好地反映个体品牌特色。

(2) 更完善的分享：客户可以在其自身网站进行投票，而不再局限于 Wedgies. com 网站。

(3) 编辑：客户可以创建 5 个选项以上以及多项选择问卷。

(4) 欺诈防范：Wedgies 利用算法对重复投票进行监测，保障客户可以采集到质量更好的数据。

8.3.2 用户体验至高无上

网站成熟化的结果之一就是设计和用户体验（Use Experience，UX，指当使用某产品、系统或服务时某个人的感觉）已经成为白热化话题。Web 1.0 的时候，人们访问网站的原因只是因其新奇或没有其他可替代物，然而，这种日子已经一去不复返。过去几年间，我们已经看到围绕消费者导向的网站、服务、设备、内容和 App 等的真正季风正在刮起，而且我们还没看到这阵风的尽头。未认识到提供用户友好、社交性以及可视化等用户体验重要性的企业很少见——而 Wedgies 也并非特例。在这个行家里手云集的环境里，差异化是必需的，而优秀的 UX 则成了潜在的终极手段。

除其作为首要重要因素之外，UX 在很大程度上还是一项保健因素。请听我解释。今天虽然并没有什么可以保证一定成功，但更为确定的是：忽视或错失 UX 几乎注定会导致失败。换言之，即使 Haney 和 Jacobson 创建了世界上最了不起的 UX，不利的变数依然很大。虽然一些创业公司看起来具备全部的正确要素，如可靠的商业模式、经验丰富的领导层、战略性的合作伙伴关系等，但是，依然不断有大量创业公司失败了。

再了不起的设计也改变不了一个现实——我们的世界十分拥挤，即他们称其为大数据的一个原因。对于任何一个人来说，关于任何话题的无限内容只需一部智能手机，即可尽在把握。没有人愿意看乏味的柱状图，更不要说将它们分享给他人。对于 Wedgies 来说，要获得任何牵引力，它不仅需要易于使用而且必须怡人耳目。Wedgies 设计得不仅让人耳目一新，而且让创建和分享简单到毫不费脑。只需一次单击，Wedgies 用户就可以创建调查，下载高质量 PNG 格式的可视化，并且很便捷地与朋友及在他们的社交网络上进行分享。用户还可以通过多种方式快速地利用他们的调查结果。

创建公司之前，Haney 和 Jacobson 已经做了相关研究。他们知道人类的思维习惯于识别和认知人脸。Jacobson 说："在可视化中通过利用人脸能够帮助我们迅速聚焦于有趣的趋势之上。"Wedgies 在其可视化中根据两种标准对人脸进行分类。首先，用户在调查中选了哪个选项，其次，所有人都一起扎堆投票吗？Wedgies 将后者用户群称为敌友(Frenemies)，原因是，他们不可能总是意见一致，但他们会对同类调查进行投票，而且很显然，他们会互相分享调查。

通过利用人脸和地理信息，Wedgies 发现了一些有趣的事情：它的用户花费更多的时间来观察他们面前的数据。这样一来，网站黏性上升，并且激励其他用户继续使用 Wedgies——在这个拥挤的世界里，这可并非易事，因为注意力已经成为一种珍贵的财富。

创建一个 Wedgie 实在好玩，它可以满足人们的好奇心，但更多的人是出于职业的目的而利用 Wedgies 来采集有价值的信息。例如，2013 年 7 月 28 日，《今日美国》记者 Jeff Gluck 正在报道印第安纳波利斯赛道的 NASCAR 赛事，跟大多数比赛不同，这次比赛在泥土路上进行。Gluck 创建了一个 Wedgie 询问他的关注者们是否喜欢新的路面。图 8-5 展示的就是这个 Wedgie。

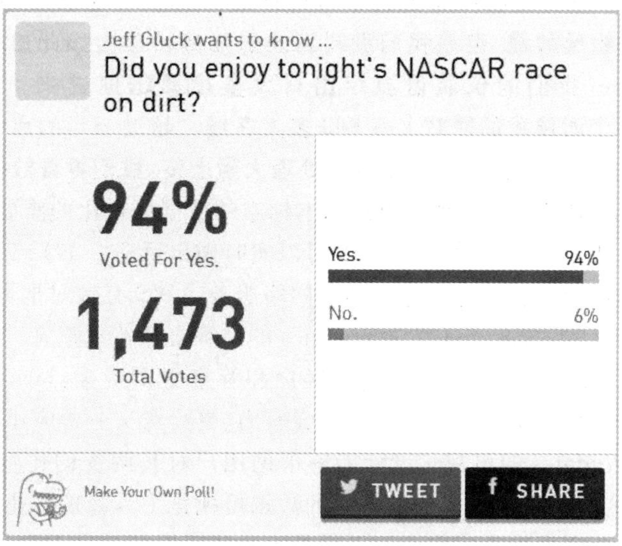

图 8-5 对 NASCAR 赛事的调查

在 Gluck 创建有关 NASCAR 的 Wedgie 不久后，访问暴涨，15 分钟之内，他收到的响应超过 1400 个。在赛后新闻发布会上，Gluck 还利用这个方式来确定向赛车手提什么问题。实际上，Wedgie 使得他能够采集数据并将他的工作做得更好。

8.3.3 应用开源工具

虽然在规模上几乎不能跟 Netflix 相比，但是 Wedgies 与流视频巨头具有的共同特征远超人们的想象。每个企业都以类似的概念方式建立了自身的基础技术平台。就 Wedgies 方面而言，一个单独的 Wedgie 所产生的响应是 10 个或 1000 万个都无所谓。跟 Netflix 一样，Wedgies 的设计立足更长远，它不需要定期进行代码维护。

让我们来看看 Wedgies 利用不同数据可视工具处理其运营的一些具体方式。

Jscobson 和 Haney 是免费开源工具的精明用户。这家公司借助 Google Analytics 及其内置仪表盘。无数个人和企业都在利用 Google Analytics 以了解它们的流量来源、最受欢迎的网页以及人口统计构成等诸如此类的信息。它更适合目前 Wedgies 的商业需求。至于后者，Jacobson 利用的是 D3 与在附录中列出的一些开源的图表库。

Wedgies 的数据可视化工具让其员工能够了解传统表格数据中不容易出现的问题和趋势，并能够给出所需的答复。用 Jacobson 的话说，"社交数据就是这方面的最好例子。虽然能很容易看到某人有多少推特粉丝，但这类基本数据不能告诉我们那人粉丝的参与程度如何。即使是推特的转发数量也说明不了什么。"换言之，没办法真正知道转发推特的人是否阅读了相关内容或参与的方式是否有意义。"看见一个行业领域专家通过 Wedgie 较一个在推特上拥有成千上万粉丝的品牌能获得更好的参与度，实属平常。"

当 Gluck 的 NASCAR 调查产生反响时，幕后的 Jacobson 也能看到正在发生的事情并几次做出反应。他查询 Wedgies 的内部数据可视化工具以及 Google Analytics 测算网站性能并查看其可视化指标。回顾 NASCAR 调查，Jacobson 说道：

我们知道 Gluck 是一位在推特上有很多粉丝的 NASCAR 记者。他注册我们的网站之后我们看了他的粉丝数量，但是我们没料到他的推特粉丝会如此热情地参与。Gluck 创建了他的 Wedgie，我们的仪表盘显示出有大量投票迅速进来。我们查询 Google Analytics 后确认那个时候我们网站上有 500 多人在线。超过一半的点击来自移动设备。30 秒后，我已经调大我们的云服务器带宽以处理大量上传，我们看着数据如潮水般涌进。

Wedgies 完全理解了作为可视化组织基本标志的数据可视化的重要性。只有当我们能看到正在发生着什么事情的时候，我们才可以实时做出反应。如果 Jacobson 没有监测 Gluck 的 Wedgie 的状态，也没有通过亚马逊网络服务 AWS 有针对地做出应对，那么，调查崩溃是完全有可能的，而这一过程对 Wedgies 的品牌必然造成损害。

Wedgies 是否应该继续成长，获得更多客户和筹集更多资金，Jacobson 和 Haney 将做出是否购买——或更像是租赁——其他更强有力、更具意义分析应用的评估。

就前端而言，Wedgies 的可视化设计能够帮助用户对其调查创建生动而简单的数据可视化。而幕后，这家公司利用复杂但廉价的数据可视化工具管理其业务，同时为企业的未来成长和专业化奠定了基础。作为一个颇具天分的程序员，Jacobson 和 Haney 并没有在核心技术上花费数百万美元让 Wedgies 鹤立鸡群，但这家公司正在为基于其基础架构和文化开展数据探索而铺设未来之路。这就是可视化组织的标志性特征。

8.4 可视化组织的四层架构

不同的组织利用不同类型的工具将数据进行可视化。对于数据可视化,并不存在一个被全部企业普遍接受的或“正确”的方式。这并不足为奇,总之,对于德克萨斯大学、Netffix 和 Wedgies 来说,他们的商业需求、目标及预算并非完全一致或相同。因此,每个组织用来进行数据可视化的方式是不同的。

可视化组织利用数据可视化工具主要完成的工作是:

(1) 帮助员工了解什么已经发生、什么正在发生、什么将要发生,当然,可能的话,以及为什么发生;

(2) 从现有数据库和数据源中揭示新的洞见;

(3) 诊断并确定新出现的问题;

(4) 对他们的数据提出更好的问题。

数据和数据可视化固然重要,但是光凭其自身,不能也不可能促成收益或利润的产生。对于任何企业,还需要综合其他很多自变量,成功永远都是领导力、产业、公司规模、竞争格局、组织文化、专利、资本获取、人力资源和运气等因素的综合产物。

数据可视化应用总体上代表的是前端(即大量员工与用户可在之上进行直接交互的地方),但是其幕后,大数据需要组织能够部署一些后端工具,这些工具与传统上用于管理结构化数据的数据仓库和关系型数据库截然不同。

创业公司 Wedgies 和巨头公司 Netflix 在很多方面都不相同,巨大的差异中包括所产生数据的量,但不包括人员规模和投资来源。相比较,Netflix 能够揭示其订户的更多信息,公平地说,大多数企业在了解自身客户方面都不能与 Netilix 相比。但是同时,这些公司具备了一些共同的理念和技术,都认识到大数据和交互式数据可视化的重要性。

表 8-1 表示了一个可视化组织的分级方法,据此,Netflix 可以定义为是一家级别为 4 的可视化组织,即最高级类型。

表 8-1 可视化组织的 4 级架构(复杂程度以降序排列)

级　别	所使用数据类型	所使用数据可视化类型
4	大数据	交互式
3	大数据	静止式
2	小数据	交互式
1	小数据	静止式
0	无	无

企业组织即使对有上千万条记录的数据表(小数据集)利用静态数据可视化工具来创建标准报表这其实并不难,然而,大数据则是完全不同的游戏,要从 PB 级的非结构化数据中获得洞见和价值,则通常需要使用新的交互式的数据可视化工具——必要的话,从小

处着手创建相应的工具。

1. 局限性和明晰性

组织从任何类型数据中可获得的价值几乎是无限的，大数据可收获更精准的预测，但是显然它不可能预测任何事情。还有，大数据能提供小数据所提供不了的洞见和答案。尽管大数据和交互式数据可视化的理论局限性在今天仍然存在，但亚马逊、苹果、Facebook、谷歌、推特和 Netflix 等企业今天正在使用大数据所做的事情，即使在数年前还是根本不可能做到的。

其次，组织可能期望当他们拥抱交互式数据可视化和大数据时能实现更大的价值（一些价值可能是逐渐产生，一些价值可能是迅速产生）。换言之，不管其数据可视化工具是什么，对于任何一家企业来说，小数据的作为总归有限（级别 2）；大数据和静态数据可视化工具也是同样的道理（级别 3）；而如果利用大数据和交互式工具的话，一家企业可做的事情就很多。

还有，4 层架构强调的是潜在价值，而非真实或预期价值。一家成功将大数据可视化并且部署了交互式工具的企业可能永远都不能见识两者的（完全）价值。大量的因素会阻碍其价值的发挥，包括某种形式的丑闻、功能失调的文化以及糟糕的领导力。

2. 进步性

一个组织如何从一个级别升到另一个级别？简单来说，这需要时间。例如我们看到德克萨斯大学是如何经过近三年时间从级别 1 升到级别 2 的。也就是说，它的“升级”是综合了管理者承诺、员工认同以及 SAS 可视化分析应用部署等因素的最终结果。

一个组织在“升级”到级别 2 之前不一定就要“完成”级别 1，架构中所隐藏的含义是，组织的不同构成部分可以同时在不同层面运作并达到不同程度的成功。但是，那也不是说这些层面之间是完全独立的，其实它们之间互相关联。例如，如果一家公司正挣扎在级别 1 上，则很可能它对级别 4 也不太擅长。

相对大数据来说，小数据简直易如反掌。既然某些部门间依然会存在差异，建议组织不如在对级别 1 和级别 2 具备了一定驾驭能力之后再来筹划大数据大局。

一家公司可以在一个既定层级内随时间变化而提升，就像 Nemix 所做的那样，级别内和级别间的进步是不可避免的。

组织内并不需要所有部门都在同一层面运营。更重要的是，每个部门或团队可能都不在同一层面——或说同一层面内同一水平点上。

3. 补充而非替代

架构的 4 个层面并非相互独立，实际上，最好将它们想象为互为补充，而非替代。大数据即使再强大，也不能取代对于客户、产品和员工清单（即小数据）等进行智能管理的需求。亚马逊确切地知道谁购买了什么，并通过从产品评论、浏览习惯及其他信息中获取的洞见来进一步增强这些交易信息和知识。

4. 累积优势

4层之间是相加和指数式的关系，更重要的是，它们导致累积优势。因此，4个层面的运作更像是网络效果，诸如Facebook之类的网站之所以这么流行，反映出来其原因就在于它很流行。

Netflix在架构4个层面的每个层面都很成功，数据和数据可视化已经成为公司DNA的构成部分。Netflix的人力和技术资源赋予它巨大的竞争优势，而这阻止了很多企业家、现有企业以及风险投资公司等对其的抵抗。

5. 相关性和子层面

此框架使组织间的对比成为可能。例如，一些组织做大数据比其他组织好。我会将亚马逊、苹果、Facebook、谷歌和推特放在级别4中较微软、雅虎、甲骨文和戴尔更高的位置。但是这不意味着后面4家公司客观上在大数据方面“糟糕”，仅仅是将前面的每家公司放在级别4的更高位置而已。

8.5 建立可视化组织

一直以来，热爱技术挑战的人利用强大的数据可视化工具进行数据切片和钻取操作简直易如反掌。他们能够随意添加新的维度、新的数据源、各种元素和图片，并乐此不疲。但是，成为一家真正的可视化组织需要的不仅仅是购买并部署一些软件，还需要一些关键数据、设计、技术及管理经验。

8.5.1 数据提示

建立数据可视化，虽然考虑设计、企业文化和技术等因素都很重要，但是，其中最重要的是数据。简单来说，没有数据也就没有数据可视化。要成为可视化组织，需要考虑重视数据相关的提示。

1. 数据可视化是起点

当处理小数据之时，要看到什么正在发生通常并不困难。传统的商业智能(BI)和报表工具只需处理相当小数量的结构化数据就足以解释什么正在发生。但是，对于大数据来说，事情就没有这么简单，这取决于数据及你通过数据想要做什么。

可视化不能讲述全部故事，它帮助我们知道在哪里看以及向数据提出什么问题。也就是说，如果我们不知道在哪里最适合建立模型，我们也就不可能建出复杂模型。这些，可视化给了我们一些诸如此类的洞见。

小数据通常指的是传统BI、报表和数据挖掘等工具所处理数据的范畴，利用数据立方体和数据仓库，即使处理非常大量的结构化、交易型的关系型数据，也非常容易。虽然大多数数据可视化应用能够处理非结构化和半结构化数据，可视化组织仍然能够认识到所有类型数据的重要性。在很多情况下，小数据能够提升从大数据获取的洞见和价值，反之亦然，所以两者之间不是互相替代而是互为补充。

但是不要误以为元数据只能在结构化数据中应用，相反，元数据对于非结构化数据的理解和解释一样，或者说更加重要。

将 YouTube 视频、推特、Instagram 照片、电话呼叫以及其他形式的非结构化数据的数据本身进行可视化，即使有可能，通常也很困难——至少对现在而言。在实时连接永不断线的世界里，我们产生、消费、获取并存储数不胜数的数据，但是，并非所有数据都是(完全)可用的。例如，虽然话音、图像和脸部识别技术在不断完善，但是很少有人会认为这些领域技术已达完美。当然，数据即使不完整也可能是有用的。元数据使得组织能够更好地理解这些数据的形式和来源，并最终据此采取行动。

传统 BI 应用几乎完全聚焦于企业内部数据，大多数 BI 应用历来忽视来自组织外部的有价值数据源——或说加以控制。这种狭隘思想通常导致次优化。

元数据对于结构化和非结构化数据的补充作用越来越强，也越来越重要。即使你能够很便捷地对主数据源进行可视化和阐释，也还是应该对元数据进行采集、分析和可视化。结合元数据，可以大大提升自己对源数据的理解。

外面还有很多很好的数据，存在于公共的和私有的来源中。政府数据库也是开放的，其中所蕴含的有价值信息远超大多数人所认为的。联合调研——跟踪、预测和调查——确实丰富但难以发现并迅速从中获取洞见。而来自客户调查的数据，无论来自内部还是外部调研厂商，通常也是以静态形式交付。因此，这些数据大多最终雪藏于硬盘驱动中，并没有更好的方式对此进行调查、比较以及之后的获取——更不要说关注底层数据的更新。

2. 可视化好的和差的数据

多年来，信息管理专家一直强调这条简短格言的重要性：“垃圾进，垃圾出(GIGO)”。大数据时代，GIGO 依然在起作用——没有哪个组织会希望因为虚假记录或粗心的数据输入而报错了财务结果。但是，出于同样的原因，数据完美又是不可企及的。可视化组织认识到数据可视化可能包括差的、可疑的、重复的或不完整的数据，但是这些不能阻止它的前进。实际上，数据可视化较人工看着键盘打字的方式能够使用户更容易识别可疑信息，并更快清洗数据。数据质量提升是连续性的而非二元化的工作，利用数据可视化可以帮助提升数据质量。

3. 支撑钻取能力

出于隐私原因，很多开放的数据基本上都不会包括姓名和社会保险号等个人身份识别信息，但也有例外，例如人们相信公共安全的利益超过了个人对隐私权的要求。

诸如亚马逊这样的公司对于数据的管理和保护也十分严密，其作者中心仪表盘允许作者查看每个标题按地区和日期的销量，但不能按实体(即按个体身份识别的客户)查看销量。出版社也缺乏同样的能力。但是，某个具体的亚马逊员工能够很容易地判断哪些客户购买了哪本书。正是这些数据奠定了 E-mail 营销计划执行高成功率的基础。

可视化组织懂得迅速钻取的能力是必要的，除了解答用户或客户的具体问题之外，同时提供详细的数据通常还能够对有问题的发现加以验证。它能够回答简单但不可回避的诸如“真的假的”这类问题，因为可视化组织懂得，若有需要，能够很方便地展示出相关支撑信息是再好不过的。拥有它而不是需要它，总归是好过需要它却不具备。

4. 深入数据的窗户

数据科学是个交互的过程，它始于我们所研究体系的相关(几个)假设，然后我们分析信息。分析结果让我们否定最初的假设并完善我们对数据的理解。当面对数千个字段和数百万行数据时，能够通过更直观的方式快速否定糟糕的假设十分重要。就像数据可视化可以帮助分析人员与非技术出身的听众进行沟通一样，数据可视化还可以帮助数据与分析人员进行沟通。

8.5.2 设计提示

可视化组织认识到，将数据进行可视化的方式有很多，其中有些确实优于另外一些。在可视化工作开始之前，应考虑图 8-6 所示的建议。

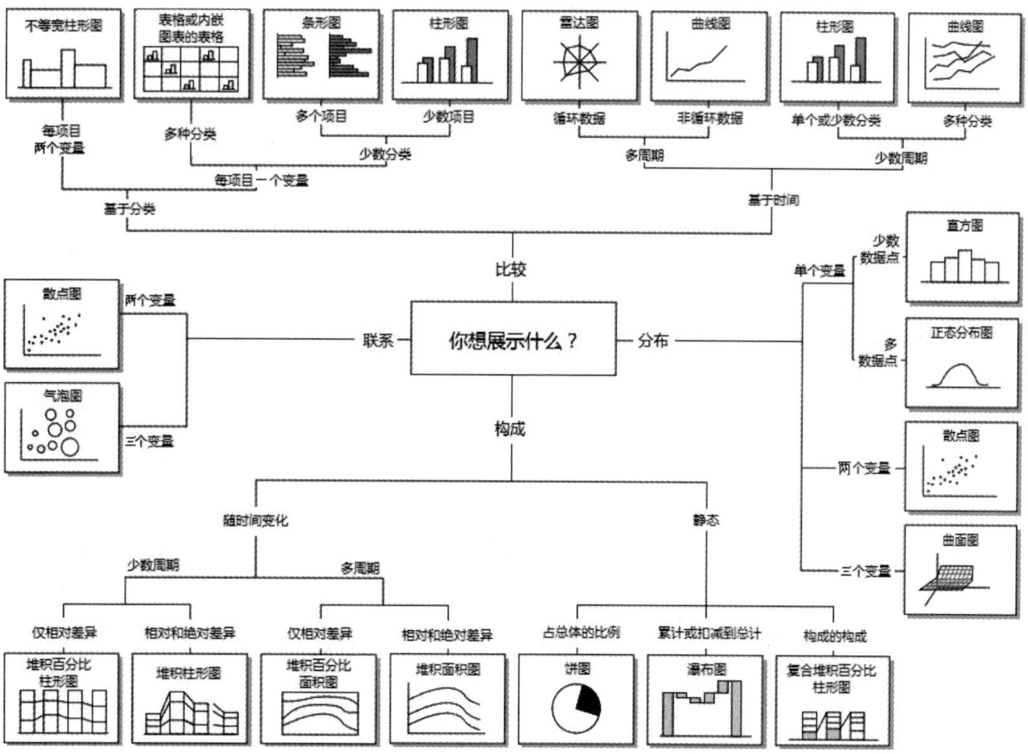

图 8-6　图表建议

图 8-6 只是用于数据展示的起点，它还没能反映所有可能图表或数据可视化的类型，这是一种将主题按地域分布的展示图，根据统计变量指标按比例以阴影或图案的形式展示在地图上，包括人口密度、失业率及国民人均收入等。

(1) 尽可能做减法：考虑帕累托原则(80/20 原则)——创建简约产品，80％的用户只用到产品功能的20%。可视化组织理解最好的数据可视化与智能产品设计具备很多共同点,不能仅仅因为可以添加更多东西就应该添加进去。繁杂的视觉会导致枯燥、混淆以及糟糕的决策。

(2) UX:参与和试验至关重要,可视化组织懂得,设计的过程很少是线性前进的过程。理论上或原型看起来很美,实际不一定就很美。有的时候,需要反复多次才能达到正确。

(3) 鼓励互动:基本的静态饼图等都能够讲述故事,但是可视化组织明白,即时数据可视化工具能够支撑较高程度的互动、移动和动画。技术进步使得用户可以玩数据,并发现不同变量之间的新关系。只要有可能,可视化组织创建的数据可视化都能够支撑互动,互动功能使得用户便于迅速提出并回答问题,最后,支撑其做出更好的决策。

(4) 谨慎使用移动和动画:一些时髦的东西不能为添加而添加,因为这除了会混淆用户视听之外,过多的效果和因素还可能对不同设备引发一些技术问题。

(5) 使用相对数而非绝对数:可视化组织懂得,缺乏来龙去脉的数据可视化最终将深受其害。只留下用户在那里问:"跟什么比较。"例如,一个有5万条回应的Wedgie对于一个普通公司而言可能已经是很大量的,但是对于Netflix而言,一部热门电影在某个周末发生同样数量的评论可能也就被当成个小不点而已。可视化组织懂得,没有讲出来龙去脉的数据可视化并不完美。不要让客户或员工从缺失的设计元素中寻求意义,这将增加制定糟糕商业决策的概率。

8.5.3 技术提示

数据和设计并不能存在于真空之中,如若没有当前技术的迅速发展,对于那些数据处理的需求,人们一定会受制于严重的局限。

1. 尽可能考虑使用API

ETL的大势已去,但对于无数组织来说,它仍在起作用。在可预见的不远将来,大多数组织都将兼顾多种数据采集手段。正因为具有强有力、高速和灵活等特点,API(应用编程接口)越来越流行。我们可以来假设这种情况:如果一个组织能够创建或使用API,同时又能解决所涉及的安全、法规或技术问题,那么它一定应该用API。Netflix、Wedgies及其他可视化组织对此的理解极为深刻。

API支撑对具体业务的封装,促进整体维护和应用,写得好的API能够帮助对具体任务进行分解,因此提升扩展性和重用率。因为API的本质特点是对信息提供直接接口,尤其是因为有专业领域专家进行开发和维护,从而数据质量也能因此得以提升。

2. 拥抱新工具

当今的组织还只是利用为处理结构化交易型信息(即小数据)所设计的应用来进行大量工作。幸运的是,选择颇为丰富,Hadoop、NoSQL、亚马逊网络服务(Amazon Web Services, AWS)及诸如此类的服务,已成为处理PB级非结构化数据的更好的装备。

从更高层面说,可视化组织需要认识到三件关键事情。首先,对于数据可视化的需求从来没有比现在更凸显，即使再无其他原因激发，需求已经有那么多了。其次，总体而言，当前的工具较20世纪90年代流行的预置的客户端-服务器系统和应用，部署起来更容易也更便宜。最后，这些应用非常具用户友好性，它们不再是专业人士、统计学家、科学家及其他经过数年专业训练后人员的专属领地。

3. 了解数据可视化工具的局限

要将数据可视化放在合适的商业背景中，可视化组织认识到，数据可视化应用光靠自身并不能奇迹般地"解决大数据问题"，相反，数据可视化必须与大数据及其他应用结合在一起才能起作用。亚马逊、苹果、Facebook、eBay、Netnix、谷歌、推特及其他大数据公司对于他们要做什么、如何做都会从战略层面进行更系统的考虑。他们不会将一个最佳实践数据可视化工具连接到一个过时的即将抛弃的数据库使用。对可视化组织来说，更多地，还需要相应的心态、文化以及思考数据的方式。

8.5.4 管理提示

成为可视化组织所需要的远不止抓取一堆数据加上购买和部署所谓最优性能工具。组织文化和员工态度都是关键因素，换言之，不要忽视了管理。

(1) 鼓励自助服务、探索和数据民主。

只是因为所有类型或来源的数据都可以进行可视化而将数据进行可视化，并不能代替决策，决策必须得由人来做。只是可视化组织的员工总体上较其对手对于新的想法会更开放些，他们也更乐于探索。

(2) 提出正面怀疑。在大数据时代，数据可视化价值无限，但这并不意味着数据全能并通悉一切。可视化组织的员工发现问题的能力变得前所未有的关键。在理想情况下，数据可视化可以促进更广泛的研究、更精准的问题和最终更明智的答案。

数据可视化工具能够呈现之前未知或不够明朗的趋势，但是这些趋势也可能掩盖更深的趋势甚至完全误导人们。

(3) 相信过程，而非结论。任何一个具体数据可视化结果可能并不能导致开创性的创新、全新产品或客户洞见，但发现新趋势的信息可视化过程是值得推崇的。可视化的过程而非其结果确实是其构成的一个根本部分。

(4) 聘用综合型人才。全部员工都应该将数据运用作为其工作的一部分，因此可以推论，数据可视化应该更广泛地加以部署和获取。员工不应该只是向IT或"数据部门"提交一个支持请求，数据可视化工具及其结果应该更具广泛的民主性。不要将运用工具和设计工具搞混淆。

确实，Tableau和QlikView的产品强大且用户友好，它们能够帮助每个用户提升档次，且很多情况下对编程技能并无一定要求。但是，数据可视化的超级用户和设计师还在做着一般用户无法做到的事情。"理想"的设计师应该具备包括计算机编程、技术、设计、商业管理、数学、数据建模以及统计学等专业综合背景。但是，你不可能找到一个具备以上全部专业学历的人。一个人只需具备天生的好奇心、一定的智慧和实践经验，也就基本可以立马着手开展工作了。

【延伸阅读】

除了Google，这些公司也能做出AlphaGo

如我预料，Google AlphaGo又赢了一局(图8-7)，并且我坚信它会赢得余下三局——人机大战的本质是一场计算比赛，计算机早已胜出，Google AlphaGo将这一点显性化了。正是因为此，将AlphaGo推上神坛是没有任何道理的。事实上，理论上来说，能够研发出AlphaGo的科技公司绝不止Google一家，AlphaGo的胜出亦不能全归功于Google。

图8-7　谷歌AlphaGo与韩国李世石围棋人机大战

如果真正理解人工智能，了解各大科技公司在这一领域的作为，就不会对AlphaGo的胜出大惊小怪。说这是人工智能领域的“登月事件”，抑或说机器从公元2016年3月9日这天开始拥有了生命，有些小题大做。

AlphaGo胜利的本质是计算机“算力”的胜利，它与1997年IBM深蓝战胜国际象棋冠军并无本质不同。只是AlphaGo的计算能力强大了三万倍，并且它不会拥有深蓝如房子般的体积，而是在“云端”的一个无形的系统，谁都不能描绘AlphaGo的形状，这就是云计算的魅力所在。

AlphaGo的积极意义在于：它将计算机的“计算力”显性化并且大众化。此前的多年里，尽管人工智能不断取得进展，却从未引发如此关注，不得不说这是Google开展的一次有利于其自身和全行业的行动。不过，在一些不了解人工智能的人的助推之下，它让一些人对AI有了错误的理解，这里是必须澄清的事实：

AlphaGo只是人工智能的冰山一角

人工智能的本质是让机器拥有智慧，而不只是计算能力。如果比拼单机的计算能力，中国的“天河2号”可排名全球第一，不过这并无太大意义。人工智能的巧妙就在于，它可以不断优化自己的算法，进而让计算能力指数级增长，借助于云端的服务器集群，以为行将普及的量子计算、生物计算，让机器越来越聪明。机器即可以是无人车、无人机这些硬件，也可以是Siri这类软件。

AlphaGo比深蓝运算力强大三万倍，但人工智能理论上来说，计算力可无穷大。事实上，AlphaGo并没有足够体现出人工智能的强大所在，它是运算力十分强大、学习力相对初级的“弱人工智能”。

科学家正在研究的人工智能是让机器可以观摩别人下棋就知道围棋这个概念、围棋的规则，并基于此去学习人类的做法进而学会下棋。2012 年，百度现任首席科学家吴恩达在 Google 做了一个著名的实验：让计算机识别上千万张图片，它自己总结出“什么是猫”，进而识别出其他图片中的猫。这相对于人类来说，依然还有巨大的差距：我们给一个小孩子展示 10 张图片，TA 可能就会有一个概念了。但更强大的人工智能就会自我学习、自我成长，它会变得越来越聪明。AlphaGo 是针对“封闭规则”的算法实现，终极的人工智能要面临这个世界无穷无尽的不确定性，对计算力有着无穷无尽的要求。

因此，AlphaGo 只是人工智能应用的冰山一角。

AlphaGo 并未全面反映人工智能的进展

相对于无人车上路、调戏语音助手这类活动，没有什么比“竞技 PK”更能吸引人们的围观和讨论欲望，尤其是在一切皆娱乐的今天。体育竞技、我是歌手、王自如 VS 罗永浩均能被高度关注，无一不是这个道理。AlphaGo 本质就是一场娱乐包装的商业秀，与《最强大脑》并无本质不同，只是后者实在是太枯燥无聊了一些。

据说，关注这场被一些媒体称为“世纪之战”的较量的，有 60% 是中国人，又据说，其中大部分是不会下围棋的。对于许多人来说，他们只关注结果，不关注个中原理。这并不怪他们，围棋和人工智能同样都很难懂。

百年前人们第一次看电影见到屏幕上的火车，吓得四处溃散，知道个中原理的并不会如此。倘若一直保持着对人工智能领域的关注，就不会对 AlphaGo 的胜出如此大惊小怪。

在 AlphaGo 之前，人类在人工智能技术上已经取得长足进展，并且应用在我们生活之中：能自动避障的无人飞机、可翻译文档的百度翻译、充当人们助理的 Siri，背后都应用了人工智能技术。在用户看不到的地方，人工智能更是被大量应用：电商平台利用海量数据去开展精准营销、Google 旗下的波士顿机器人行走于山谷之间、美国在线教育平台 KnewTon 借助于大数据对学生因材施教，这些背后都应用到人工智能技术。在研究中，Google“识别猫”、语音识别准确率超过 90%、大数据预测股价，这些均是人工智能的一些实验。

AlphaGo 并不能代表人工智能的最新进展，它是算法和算力的胜利，但我们并没有看到 AlphaGo 有更强大的学习能力，这才是人工智能的关键。

请不要将 AlphaGo 的胜利只归功于 Google

毫无疑问，Google 是一家伟大的公司，AlphaGo 证明了 Google 在人工智能领域的成就，奠定了 Google 在人工智能领域的地位。不过，因为在 2014 年收购 AlphaGo 并支持它研发围棋算法，就将人工智能的功劳归功于 Google，甚至将矛头指向没有做出 AlphaGo 的公司是不对的——当然，有理由相信创作“Google 在研发人工智能、百度却在送外卖”的段子手根本不懂人工智能，因此才会对百度在人工智能领域的付出视而不见。

在我看来，能够做出 AlphaGo 的科技巨头绝对不会只有 Google 一家，至少以下这些公司均有实力研发出 AlphaGo。

IBM：1997 年 IBM 用深蓝计算机战胜了国际象棋冠军，它在人工智能领域同样表现突出，其与美国德克萨斯大学联合打造的“沃森”基于单机，并不联网，但能够进行大量的自然语言处理，并且回答各种人类问题。2011年，它在一档智力竞猜节目中战胜了人类。IBM研发出能够战胜李世石的系统并非难事——只是它选择去做难度更小的问答而已。IBM有能力研发出AlphaGo。

微软：微软拥有类似于Cortana的人工智能助理，还在中国推出了一个“小冰”，与Siri不同，微软的AI助理可以根据基于上下文的“长程情感对话能力”，Cortana具有自我学习能力，能够在与人类交互中变得越来越聪明。尽管它不会下围棋，但如果微软愿意，基于AI技术积累研发出类似于AlphaGo的下期机器人并无难处。

Facebook：Facebook拥有三个人工智能实验室，其中美国两个、巴黎一个，招募了大量世界顶级AI专家。其正在内测名为M的数字助理，可基于深度学习技术，鉴于用户醉酒照片并禁止其发布。同时它还可帮助用户完成诸多任务，例如预订行程、给好友送生日礼物等。其外它的社交搜索算法可以借助于用户好友关系去过滤和排序结果，给用户最想要的答案。就算AlphaGo胜出，Facebook依然可跟Google在AI上一较高下。

百度：在Google取得任何进展之后，呛声百度成为正确的事情，这是段子手们的基本逻辑。事实却是，百度并没有只是在做外卖，它在人工智能领域同样投入巨大。除了力邀吴恩达等顶级AI专家加盟之外，百度在硅谷开设了深度学习实验室，拥有百度大脑项目已达到三岁婴儿的智力，并建立了“深盟”人工智能开源平台，将人工智能成果开放给行业。百度拥有与Cortana水平相当的语音搜索助理度秘，它比Siri更先进，可在线下单——这并不比下围棋简单，识别语音许多公司都可以做，但识别之后还要理解语义，而人类的语义规则却是千变万化的。因此，我坚信百度眼下已具备研发AlphaGo围棋系统的实力。

除了上述公司之外，Intel、Amazon、阿里巴巴等公司或许都有实力可研发出AlphaGo这样的围棋机器人，它们都已陆续成立人工智能实验室。未来，人类与AlphaGo挑战不会有太多看点——因为人类必败无疑。很快就会出现科技巨头的“机器人”围棋大战，大家都拿自己的AlphaGo来较量，玩围棋“世界杯”，看谁的算法更厉害。

任何重大的技术进展都不是靠一家公司来推动的，人工智能同样如此。Google绝对不能凭借一己之力取得今日之进展，未来想要人工智能造福人类，需要更多公司参与进来。越来越多的科技公司正在为AI造福人类、改变世界而努力。AlphaGo的意义在于，它将掀起新一轮的人工智能竞赛——这是更值得关注的事情。

资料来源：腾讯科技，罗超，2016年3月11日

【实验与思考】

建立数据可视化组织

1. 实验目的

(1) 理解什么是数据驱动。数据可视化组织的内涵是什么？

(2) 熟悉典型的可视化组织和创业公司的可视化发展。

(3) 熟悉建立可视化组织的主要方法。

2. 工具/准备工作

在开始本实验之前,请认真阅读课程的相关内容。

需要准备一台带有浏览器,能够访问因特网的计算机。

3. 实验内容与步骤

(1) 什么是数据驱动?如何理解数据驱动组织的座右铭之一:“If you can't measure it, you can't fix it(如果你无法衡量它,你就不能修复它)”?

答: ______________________________

(2) 为什么说:网络的很多变化都是因数据驱动而发生的?

答: ______________________________

(3) 数据透明可以给组织带来什么好处?

答: ______________________________

(4) 什么是元数据?什么是源数据?请举例说明。

答: ______________________________

(5) 建立可视化组织,除了部署一些数据可视化软件,还需要哪些方面的经验(提示)?

答: ______________________________

4. 实验总结

5. 实验评价(教师)

第9章

Tableau数据可视化入门

【导读案例】

数据分析的五大思维方式

众所周知，可视化的价值在于呈现数据背后的规律，从而帮助使用者提高决策效率与能力。对于用户数据的分析，是进行可视化系统建设必不可少的一个环节。

首先，我们要知道，什么叫数据分析。其实从数据到信息的这个过程，就是数据分析。数据本身并没有什么价值，有价值的是我们从数据中提取出来的信息。

然而，我们还要搞清楚数据分析的目的是什么，目的是解决我们现实中的某个问题或者满足现实中的某个需求。

在这个从数据到信息的过程中，有一些固定的思路，或者称之为思维方式。

第一大思维：对照。

对照，俗称对比。单独看一个数据是不会有感觉的，必须跟另一个数据做对比才能找到感觉，如图9-1所示。

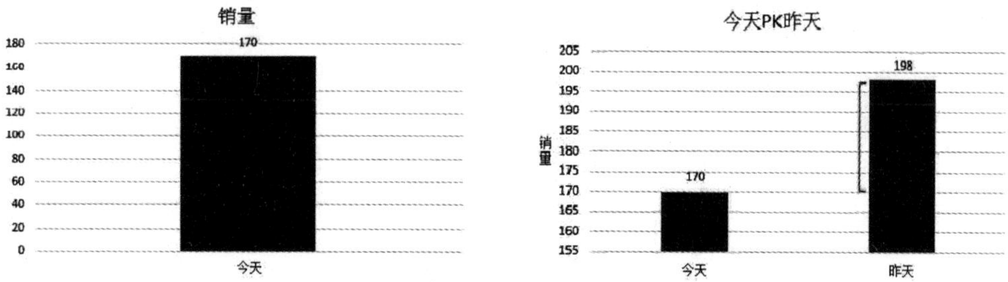

(a)　　(b)

图9-1　对比

图9-1中，单独看图9-1(a)毫无感觉，而图9-1(b)经过对比就会发现，今天跟昨天的销量实际上差了一大截。

对照是最基本的思路，也是最重要的思路。在现实中的应用非常广，例如选款测款、监控店铺数据等，这些过程就是在做“对照”。分析人员拿到数据后，如果数据是独立的，无法进行对比的话，就无法判断，即无法从数据中读取有用的信息。

第二大思维：拆分。

分析这个词从字面上来理解，就是拆分和解析，可见拆分在数据分析中的重要性。

当某个维度可以对比的时候，我们选择对比。在对比后发现问题需要找出原因或者根本就无法对比的时候，拆分就闪亮登场了。

我们来看这样一个场景：运营小美经过对比店铺的数据，发现今天的销售额只有昨天的50%，这个时候，我们再怎么对比销售额这个维度，已经没有意义了。这时需要对销售额这个维度做分解，拆分指标。

销售额＝成交用户数×客单价

其中成交用户数又等于访客数×转化率。例如，图9-2(a)是一个指标公式的拆解，图9-2(b)是对流量的组成成分做的简单分解(还可以分很细很全)。

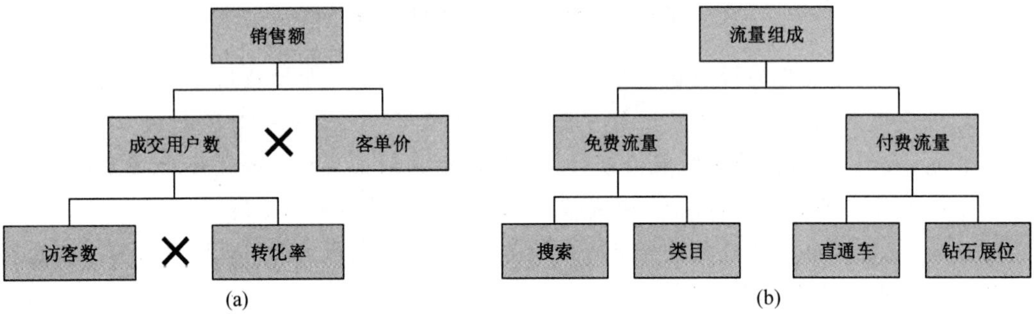

图9-2　拆分

拆分后的结果，相对于拆分前会清晰许多，便于分析，找细节。可见，拆分是分析人员必备的思维之一。

第三大思维：降维。

你是否有面对一大堆维度的数据却束手无策的经历？当数据维度太多的时候，不可能每个维度都拿来分析，有一些有关联的指标，是可以从中筛选出代表的维度，如表9-1所示。

表9-1　多个维度

日期	浏览量	访客数	访问深度	销售额	销售量	订单数	成交用户量	客单价	转化率
2015/2/1	2584	957	2.7	9045	96	80	67	135	7%
2015/2/2	2625	1450	2.5	9570	125	104	67	110	6%
2015/2/3	2572	1286	2.0	12 780	130	108	90	142	7%
2015/2/4	4125	1650	2.5	16 345	143	119	99	155	6%
2015/2/5	3699	1233	3.0	8362	107	89	74	113	6%
2015/2/6	4115	1286	3.2	14 040	130	108	90	166	7%

这么多的维度，其实不必每个都分析。我们知道成交用户数÷访客数＝转化率，当存在这种维度，是可以通过其他两个维度通过计算转化出来的时候，就可以降维。

成交用户数、访客数和转化率，只要三选二即可。另外，成交用户数×客单价=销售额，这三个也可以三择二。

另外，我们一般只关心对我们有用的数据，当有某些维度的数据跟我们的分析无关时，我们就可以筛选掉，达到"降维"的目的。

第四大思维：增维。

增维和降维是相对的，有降必有增。当我们当前的维度不能很好地解释我们的问题时，我们就需要对数据做一个运算，增多一个指标如表9-2所示。

表9-2 多增加一个指标

序号	关键词	搜索人气	搜索指数	占比	点击指数	商城点击占比	点击率	当前宝贝数
1	毛呢外套	242 165	1 119 253	58.81%	512 673	30.76%	45.08%	2 448 482
2	毛呢外套女	33 285	144 688	7.29%	80 240	48.88%	54.79%	2 448 368
3	韩版毛呢外套	7460	29 714	1.45%	15 070	21.385%	50.04%	1 035 325
4	小香风毛呢外套	6400	22 543	1.09%	11.143	22.34%	48.72%	60.258
5	斗篷毛呢外套	5463	23 443	1.14%	11.328	19.87%	19.87%	108.816

我们发现一个搜索指数和一个宝贝数，这两个指标一个代表需求，一个代表竞争，有很多人应用公式搜索指数÷宝贝数=倍数，用倍数来代表一个词的竞争度(仅供参考)。这种做法，就是在增维。增加的维度有一种叫法称为"辅助列"。

增维和降维是必需的，对数据的意义有充分的了解后，为了方便我们进行分析，有目的地对数据进行转换运算。

第五大思维：假说。

当我们拿不准未来的时候，或者说是迷茫的时候。我们可以应用"假说"，假说是统计学的专业名词，俗称假设。当我们不知道结果，或者有几种选择的时候，那么我们就召唤"假说"，先假设有了结果，然后运用逆向思维。

从结果到原因，要有怎么样的因，才能产生这种结果，这有点寻根的味道。那么，我们可以知道，现在满足了多少因，还需要多少因。如果是多选的情况下，我们就可以通过这种方法来找到最佳路径(决策)。

当然，"假说"的威力不仅仅如此。"假说"可是一匹天马(行空)，除了结果可以假设，过程也是可以被假设的。

资料来源：公众号零一，数字冰雹大数据可视化，2016-3-2

阅读上文，请思考、分析并简单记录：

(1) 请回顾，文中介绍的数据分析的五大思维方式是指什么？

答：____

(2) 试分析,这五大思维方式在运用时有顺序要求吗? 为什么?

答:

(3) 请思考,列举并描述一个运用这五大思维方式(或者之一)来进行数据分析的例子。

答:

(4) 请简单描述你所知道的上一周发生的国际、国内或者身边的大事。

答:

9.1 Tableau 概述

Tableau 软件的基本理念是:界面上的数据越容易操控,公司对自己所在业务领域里的所作所为到底是正确还是错误,就能了解得越透彻。

9.1.1 Tableau 的数据可视化技术

Tableau 的数据可视化技术主要包括以下两个方面:

(1) 独创的 VizQL 数据库。Tableau 的初创合伙人是来自斯坦福大学的数据科学家,他们为了实现卓越的可视化数据获取与后期处理,并没有像普通数据分析类软件那样简单地调用和整合现行主流的关系型数据库,而是进行大尺度创新,独创了 VizQL 数据库。

(2) 用户体验良好且易用的表现形式。Tableau 提供了一个新颖而易于使用的界面,使得处理规模巨大、多维的数据时,可以即时地从不同角度和设置看到数据所呈现出的规律。Tableau 通过数据可视化技术,使得数据挖掘易于操作,能自动生成和展现出高质量的图表(图 9-3),正是这个特点奠定了其广泛的用户基础。

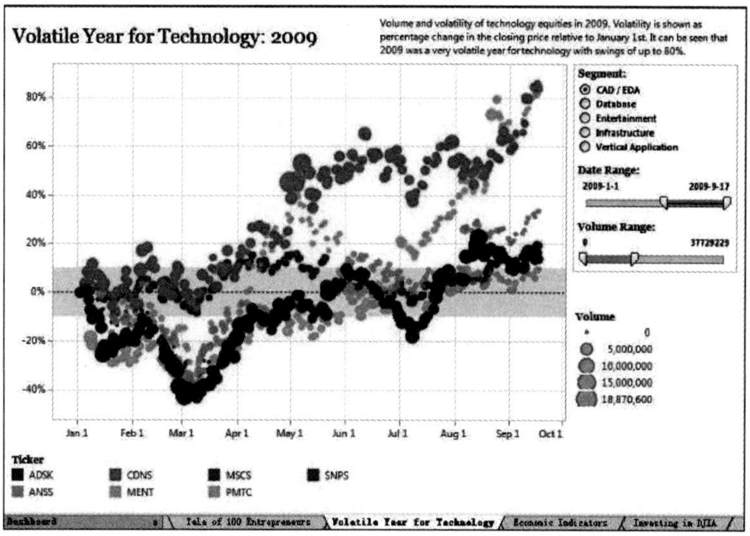

图 9-3 Tableau 图表

9.1.2 Tableau 的主要特性

Tableau 的出色表现在以下几个方面。

1. 极速高效

传统 BI 通过 ETL 过程处理数据，数据分析往往会延迟一段时间。而 Tableau 通过内存数据引擎，不但可以直接查询外部数据库，还可以动态地从数据仓库抽取数据，实时更新连接数据，大大提高了数据访问和查询的效率。

此外，用户通过拖放数据列就可以由 VizQL 数据库转化成查询语句，从而快速改变分析内容；单击就可以突出变亮显示，并可随时下钻或上卷查看数据；添加一个筛选器、创建一个组或分层结构就可变换一个分析角度，实现真正灵活、高效的即时分析。

2. 简单易用

这是 Tableau 的一个重要特性。Tableau 提供了友好的可视化界面，用户通过单击鼠标和简单拖放，就可以迅速创建出智能、精美、直观和具有强交互性的报表和仪表盘。

Tableau 的简单易用性具体体现在以下两个方面。

(1) 易学。对使用者不要求 IT 背景，也不要求统计知识，只通过拖放和单击(单选)的方式就可以创建出精美的交互式仪表盘。帮助用户迅速发现数据中的异常点，对异常点进行明细钻取，还可以实现异常点的深入分析，定位异常原因。

(2) 操作极其简单。对于传统 BI，业务人员和管理人员主要依赖 IT 人员定制数据报表和仪表盘，并且需要花费大量时间与 IT 人员沟通需求、设计报表样式，而只有少量时间真正用于数据分析。Tableau 具有友好且直观的拖放界面，操作上简单如 Excel 数据透视表，IT 人员只需开放数据权限，业务人员或管理人员可以连接数据源自己来做分析。

3. 可连接多种数据源，轻松实现数据融合

在很多情况下，用户想要展示的信息分散在多个数据源中，有的存在于文件中，有的可能存放在数据库服务器上。Tableau 允许从多个数据源访问数据，包括带分隔符的文本文件、Excel 文件、SQL 数据库、Oracle 数据库和多维数据库等。Tableau 也允许用户查看多个数据源，在不同的数据源间来回切换分析，并允许用户结合使用多个不同数据源。

此外，Tableau 还允许在使用关系数据库或文本文件时，通过创建连接（支持多种不同连接类型，如左侧连接、右侧连接和内部连接等）来组合多个表或文件中存在的数据，以允许分析相互有关系的数据。

4. 高效接口集成，具有良好可扩展性，提升数据分析能力

Tableau 提供多种应用编程接口，包括数据提取、页面集成和高级数据分析等，具体包括以下几种。

(1) 数据提取 API。Tableau 可以连接使用多种格式数据源，但由于业务的复杂性，数据源的格式多种多样，Tableau 所支持的数据源格式不可能面面俱到。为此，Tableau 提供了数据提取 API，使用它们可以在 C、C++、Java 或 Python 中创建用于访问和处理数据的程序，然后使用这样的程序创建 Tableau 数据提取(.tde)文件。

(2) JavaScript API。通过 JavaScript API，可以把通过 Tableau 制作的报表和仪表盘嵌入到已有的企业信息化系统或企业商务智能平台中，实现与页面和交互的集成。

(3) 与数据分析工具 R 的集成接口。R 是一种用于统计分析和预测建模分析的开源软件编程语言和软件环境，具有非常强大的数据处理、统计分析和预测建模能力。Tableau 支持与 R 的脚本集成，大大提升了 Tableau 在数据处理和高级分析方面的能力。

9.2 Tableau 的产品体系

Tableau 的产品线很丰富，不仅包括制作报表、视图和仪表板的桌面设计和分析工具 Tableau Desktop，还包括适用于企业部署的 Tableau Server 产品，适用于网页上创建和分享数据可视化内容的免费服务 Tableau Public 产品等。

9.2.1 Tableau Desktop

Tableau Desktop(桌面)是设计和创建美观的视图与仪表板、实现快捷数据分析功能的桌面分析工具，它能帮助用户生动地分析实际存在的任何结构化数据，以快速生成美观的图表、坐标图、仪表盘与报告。利用 Tableau 简便的拖放式界面，用户可以自定义视图、布局、形状、颜色等，帮助展现自己的数据视角。

Tableau Desktop 适用于多种数据文件与数据库，良好的数据可扩展性，不受限于所处理数据的大小，将数据分析变得轻而易举。

Tableau Desktop 包括个人版（Tableau Desktop Personal）和专业版（Tableau

Desktop Professional）两个版本，支持 Windows 和 Mac 操作系统。

Tableau Desktop 个人版仅允许连接到文件和本地数据源，分析成果可以发布为图片、PDF 和 Tableau Reader 等格式；而 Tableau 专业版除了具备个人版的全部功能外，支持的数据源更加丰富，能够连接到几乎所有格式的数据和数据库系统，包括以 ODBC 方式新建数据源库，分析成果还可以发布到企业或个人的 Tableau Server（服务器）、Tableau Online Server（在线服务器）和 Tableau Public Server（公共服务器）上，实现移动办公。因此，专业版比个人版更加通用。

9.2.2 Tableau Server

Tableau Server（服务器）是一款商业智能应用程序，用于学习和使用基于浏览器的数据分析，发布和管理 Tableau Desktop 程序制作的报表，也可以发布和管理数据源，如自动刷新发布到服务器上的数据提取。Tableau Server 基于浏览器的分析技术，非常适合于企业范围内的部署，当工作簿做好并发布到 Tableau Server 上后，用户可以通过浏览器或移动终端设备，查看工作簿的内容并与之交互。

Tableau Server 可控制对数据连接的访问权限，并允许针对工作簿、仪表板甚至用户设置来设置不同安全级别的访问权限。通过 Tableau Server 提供的访问接口，用户可以搜索和组织工作簿，还可以在仪表板上添加批注，与同事分享数据见解，实现在线互动。利用 Tableau Server 提供的订阅功能，当允许访问的工作簿版本有更新时，用户可以接收到邮件通知。

Tableau Server 使得 Tableau Desktop 中的交互式数据可视化内容、仪表盘、报告与工作簿的共享变得迅速简便。利用企业级的安全性与性能来支持大型部署。此外，提取选项帮助用户管理自己的关键业务数据库上的负载。

用户可以通过 Web 浏览器来发布与合作，或者将 Tableau 视图嵌入其他 Web 应用程序中。企业用户可以在现有的 IT 基础设施内完成报告的生成。拥有 Tableau Interactor（交互器）许可证的用户可以交互、过滤、排序与自定义视图。拥有 Tableau Viewer（浏览器）许可证的用户可以查看与监视发布的视图。

9.2.3 Tableau Online

Tableau Online（在线）针对云分析而建立，是 Tableau Server 的一种托管版本，可以为用户省去硬件部署、维护及软件安装的时间与成本，提供的功能与 Tableau Server 没有区别，按每人每年的方式付费使用。

9.2.4 Tableau Mobile

Tableau Mobile（移动）是基于 iOS 和 Android 平台移动终端的应用程序。用户可通过 iPad、Android 设备或移动浏览器，来查看发布到 Tableau Server 或 Tableau Online 上的工作簿，并可进行简单的编辑和导出操作。

9.2.5 Tableau Public

Tableau Public(公共)是一款免费的桌面应用程序,用户可以连接 Tableau Public 服务器上的数据,设计和创建自己的工作表、仪表板和工作簿,并把成果保存到大众皆可访问的 Tableau Public 服务器上(不可以把成果保存到本地计算机中)。Tableau Public 使用的数据和创建的工作簿都是公开的,任何人都可以与其互动并可随意下载,还可以根据你的数据创建自己的工作簿。

9.2.6 Tableau Reader

Tableau Reader(阅读器)是免费的桌面应用软件,可以用来帮助用户查看内置于 Tableau Desktop 的分析视角与可视化内容,和团队与工作组分享你的分析观点。

Tableau Desktop 用户创建了交互式数据可视化内容并发布为工作簿打包文件(.twbx)。利用阅读器,同事们可以使用按过滤、排序以及调查得到的数据结果进行交流,将数据可视化、数据分析与数据整合的优点延伸到团队与工作组。用户也可以与工作簿中的视图和仪表板进行交互操作,如筛选、排序、向下钻取和查看数据明细等。打包工作簿文件可以从 Tableau Public 服务器下载。Tableau Reader 不能创建工作表和仪表板,也无法改变工作簿的设计和布局。

利用 Tableau Public 连接数据时,对数据源、数据文件大小和长度都有一定限制:仅包括 Excel、Access 和多种文本文件格式,对单个数据文件的行数限制为 10 万行,对数据的存储空间限定在 50MB 以内。此外,Tableau Public Premium 是 Tableau Public 的高级产品,主要提供给某些组织使用,它提供了更大的数据处理能力和允许隐藏底层数据的功能。

9.3 下载与安装

在网上搜索并登录 Tableau 中文简体官方网站(www.tableau.com/zh-cn),指向“产品”菜单项,单击选择 Tableau Desktop 选项,可打开 Tableau Desktop 产品页,从中单击“免费试用”项,可在此下载 Tableau Desktop 完全版,安装后可获得 14 天免费的使用权限。

安装 Tableau 软件应注意应用环境的系统配置。以 Tableau 9.3 为例,该软件必须运行在 Windows Vista SP2、Windows Server 2008 SP2 或更高版本。若操作系统版本过低,则系统在安装时会提示并退出安装。

双击下载的 Tableau Desktop 安装软件,屏幕显示安装引导页如图 9-4 所示。

查看阅读软件的产品“许可条款”,选中接受本许可协议,单击“安装”按钮,可在本地计算机上简单顺利地安装该软件产品(图 9-5)。为配合这个软件的学习,请合理选择软件产品的安装时机(无限制免费试用 14 天)。

安装后,安装软件会在桌面上留下启动 Tableau 软件的快捷图标。双击该图标,启动 Tableau Desktop 软件(图 9-6)。第一次使用 Tableau,即使是试用,也需要进行用户注册(图 9-7),填写各项,然后单击“注册”按钮。

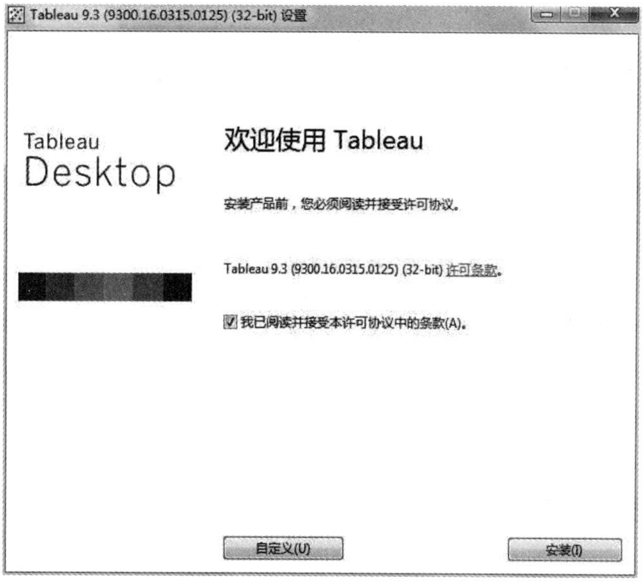

图 9-4　Tableau Desktop 安装引导

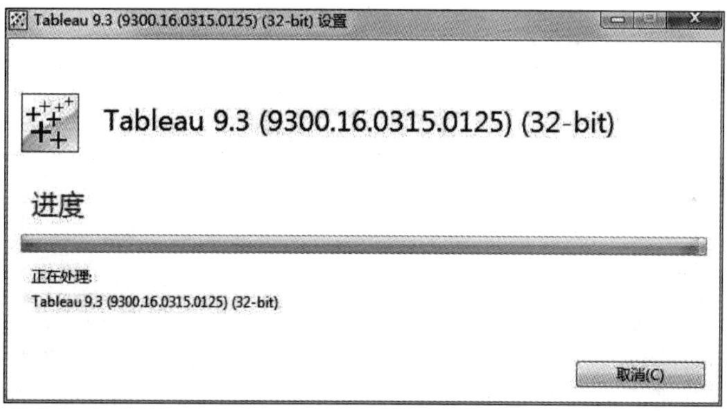

图 9-5　安装 Tableau Desktop

图 9-6　Tableau 启动引导页

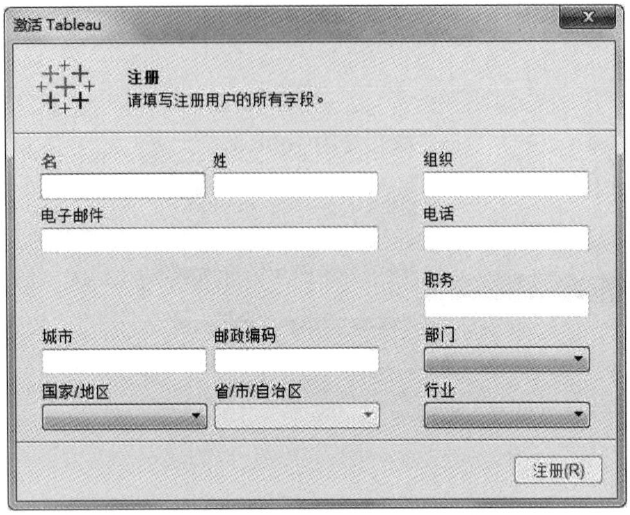

图 9-7　Tableau 用户注册

注册完成后单击“继续”按钮，或者单击“立即开始试用”按钮，开始试用学习。

9.4　Tableau 的工作区

在进入 Tableau 或打开 Tableau 但没有指定工作簿时，会显示“开始页面”（图 9-8），

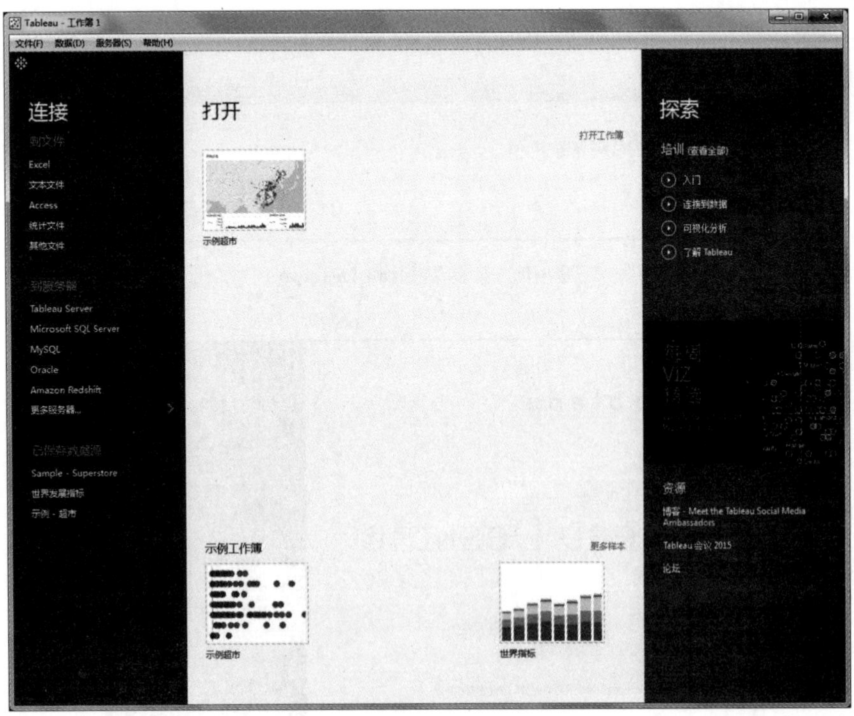

图 9-8　Tableau 开始页面

其中包含了最近使用的工作簿、已保存的数据连接、示例工作簿和其他一些入门资源，这些内容将帮助初学者快速入门。

Tableau 工作区是制作视图、设计仪表板、生成故事、发布和共享工作簿的工作环境，包括工作表工作区、仪表板工作区和故事工作区，也包括公共菜单栏和工具栏。

(1) 工作表(Work Sheet)：又称为视图(Visualization)，是可视化分析的最基本单元。

(2) 仪表板(Dashboard)：是多个工作表和一些对象(如图像、文本、网页和空白等)的组合，可以按照一定方式对其进行组织和布局，以便揭示数据关系和内涵。

(3) 故事(Story)：是按顺序排列的工作表或仪表板的集合，故事中各个单独的工作表或仪表板称为“故事点”。可以使用创建的故事，向用户叙述某些事实，或者以故事方式揭示各种事实之间的上下文或事件发展的关系。

(4) 工作簿(Workbook)：包含一个或多个工作表，以及一个或多个仪表板和故事，是用户在 Tableau 中工作成果的容器。用户可以把工作成果组织、保存或发布为工作簿，以便共享和存储。

为开始构建视图并分析，要进入“新建数据源”页面，将 Tableau 连接到一个或多个数据源。

9.4.1 工作表工作区

工作表工作区(图 9-9)包含菜单、工具栏、数据窗口、含有功能区和图例的卡，可以在工作表工作区中通过将字段拖放到功能区上来生成数据视图(工作表工作区仅用于创建单个视图)。在 Tableau 中连接数据之后，即可进入工作表工作区。

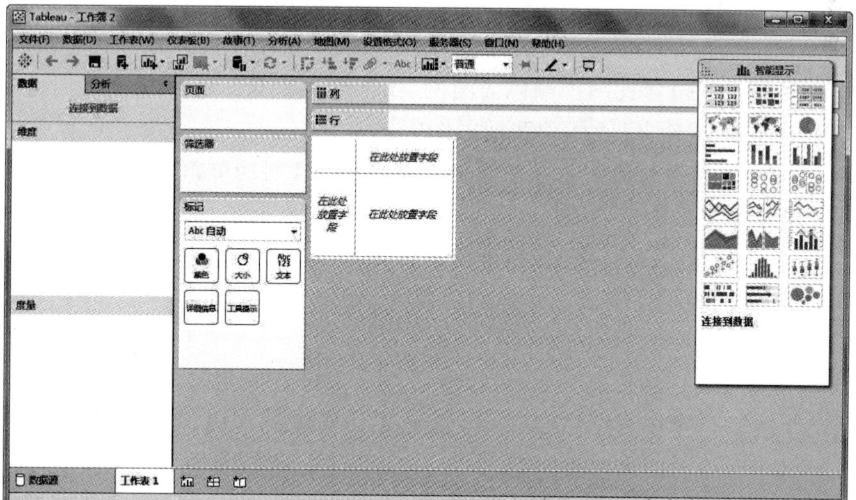

图 9-9 Tanleau 工作表工作区

工作表工作区中的主要部件如下。

(1) 数据窗口。数据窗口位于工作表工作区的左侧，可以通过单击数据窗口右上角的“最小化”按钮来隐藏和显示数据窗口，这样数据窗口会折叠到工作区底部，再次单击“最小化”按钮可显示数据窗口。通过单击，然后在文本框中输入内容，可在数据窗口中搜索字段。通过单击，可以查看数据。数据窗口由数据源窗口、维度窗口、度量窗口、集窗口和参数窗口等组成。

(2) 数据源窗口：包括当前使用的数据源及其他可用的数据源。

(3) 维度窗口：包含诸如文本和日期等类别数据的字段。

(4) 度量窗口：包含可以聚合的数字的字段。

(5) 集窗口：定义的对象数据的子集，只有创建了集，此窗口才可见。

(6) 参数窗口：可替换计算字段和筛选器中的常量值的动态占位符，只有创建了参数，此窗口才可见。

(7) 分析窗口：将菜单中常用的分析功能进行了整合，方便快速使用，主要包括汇总、模型和自定义 3 个窗口。

(8) 汇总窗口：提供常用的参考线、参考区间及其他分析功能，包括常量线、平均线、含四分位点的中值和合计等，可直接拖放到视图中应用。

(9) 模型窗口：提供常用的分析模型，包括平均值、趋势线和预测等。

(10) 自定义窗口：提供参考线、参考区间、分布区间和盒须图的快捷使用。

(11) 页面卡：可在此功能区上基于某个维度的成员或某个度量的值将一个视图拆分为多个视图。

(12) 筛选器卡：指定要包含和排除的数据，所有经过筛选的字段都显示在筛选器卡上。

(13) 标记卡：控制视图中的标记属性，包括一个标记类型选择器，可以在其中指定标记类型(例如条、线、区域等)。此外，还包含颜色、大小、标签、文本、详细信息、工具提示、形状、路径和角度等控件，这些控件的可用性取决于视图中的字段和标记类型。

(14) 颜色图例：包含视图中颜色的图例，仅当颜色上至少有一个字段时才可用。同理，也可以添加形状图例、尺寸图例和地图图例。

(15) 行功能区和列功能区：行功能区用于创建行，列功能区用于创建列，可以将任意数量的字段放置在这两个功能区上。

(16) 工作表视图区：创建和显示视图的区域，一个视图就是行和列的集合，由标题、轴、区、单元格、标记等组件组成。除这些内容外，还可以选择显示标题、说明、字段标签、摘要和图例等。

(17) 智能显示：通过智能显示，可以基于视图中已经使用的字段以及在数据窗口中选择的任何字段来创建视图。Tableau 会自动评估选定的字段，然后在智能显示中突出显示与数据最相符的可视化图表类型。

(18) 标签栏：显示已经被创建的工作表、仪表板和故事的标签，或者通过标签栏上的“新建工作表”图标创建新工作表，或者通过标签栏上的新建仪表板图标创建新仪表板。

(19) 状态栏：位于 Tableau 工作簿的底部。它显示菜单项说明以及有关当前视图的信息，可以通过选择“窗口”→“显示状态栏”来隐藏状态栏。有时 Tableau 会在状态栏的右下角显示警告图标,以指示错误或警告。

9.4.2 仪表板工作区

仪表板工作区使用布局容器把工作表和一些如图片、文本、网页类型的对象按一定的布局方式组织在一起。在工作区页面单击“新建仪表板”图标,或者选择“仪表板”→“新建仪表板”,打开仪表板工作区,仪表板窗口将替换工作表左侧的数据窗口。图 9-10 显示了 Tableau 中的仪表板工作区。

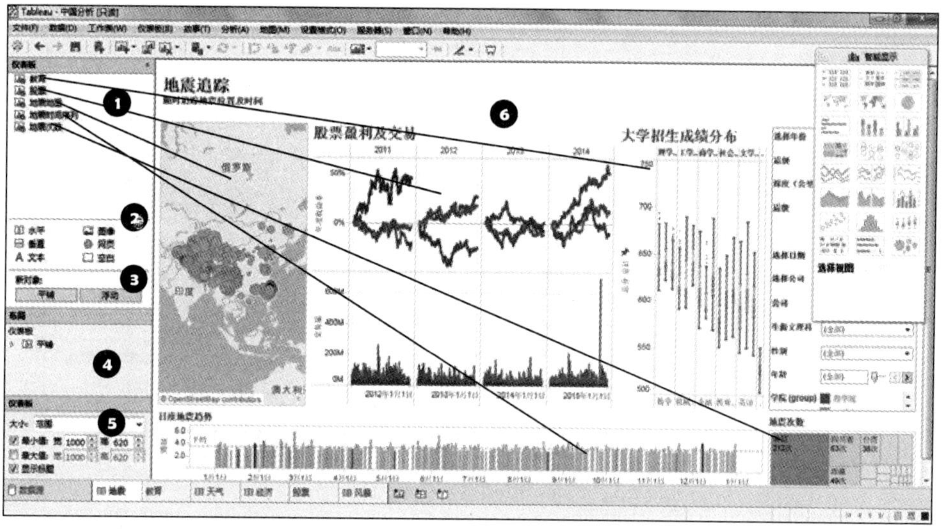

图 9-10　Tanleau 仪表板工作区

仪表板工作区中的主要部件如下:

(1) 仪表板窗口。列出了在当前工作簿中创建的所有工作表,可以选中工作表并将其从仪表板窗口拖至右侧的仪表板区域中,一个灰色阴影区域将指示出可以放置该工作表的各个位置。在将工作表添加至仪表板后,仪表板窗口中会用复选标记来标记该工作表。

(2) 仪表板对象窗口。包含仪表板支持的对象,如文本、图像、网页和空白区域。从仪表板窗口拖放所需对象至右侧的仪表板窗口中,可以添加仪表板对象。

(3) 平铺和浮动。决定了工作表和对象被拖放到仪表板后的效果和布局方式。默认情况下,仪表板使用平铺布局,这意味着每个工作表和对象都排列到一个分层网格中,可以将布局更改为浮动以允许视图和对象重叠。

(4) 布局窗口。以树形结构显示当前仪表板中用到的所有工作表及对象的布局方式。

(5) 仪表板设置窗口。设置创建的仪表板的大小,也可以设置是否显示仪表板标题。仪表板的大小可以从预定义的大小中选择一个,或以像素为单位设置自定义大小。

(6) 仪表板视图区。创建和调整仪表板的工作区域,可以添加工作表及各类对象。

9.4.3 故事工作区

在 Tableau 中一般将故事用作演示工具，按顺序排列视图或仪表板。选择“故事”→“新建故事”，或者单击工具栏上的“新建工作表”按钮，然后选择“新建故事”。故事工作区与创建工作表和仪表板的工作区有很大区别，如图 9-11 所示。

图 9-11 Tanleau 故事工作区

故事工作区中的主要部件如下：

(1) 仪表板和工作表窗口。显示在当前工作簿中创建的视图和仪表板的列表，将其中的一个视图或仪表板拖到故事区域(导航框下方)，即可创建故事点，单击可快速跳转至所在的视图或仪表板。

(2) 说明。说明是可以添加到故事点中的一种特殊类型的注释。若要添加说明，只需双击此处。可以向一个故事点添加任何数量的说明，放置在故事中的任意所需位置上。

(3) 导航器设置。设置是否显示导航框中的“后退/前进”按钮。

(4) 故事设置窗口。设置创建的故事的大小，也可以设置是否显示故事标题。故事的大小可以从预定义的大小中选择一个，或以像素为单位设置自定义大小。

(5) 导航框。用户进行故事点导航的窗口，可以利用左侧或右侧的按钮顺序切换故事点，也可以直接单击故事点进行切换。

(6) 新空白点按钮。单击此按钮可以创建新故事点，使其与原来的故事点有所不同。

(7) 复制按钮。可以将当前故事点用作新故事点的起点。

(8) 说明框。是通过说明为故事点或者故事点中的视图或仪表板添加的注释文本框。

(9) 故事视图区。创建故事的工作区域，可以添加工作表、仪表板或者说明框对象。

9.5 菜单栏和工具栏

除了工作表、仪表板和故事工作区，Tableau 工作区环境还包括公共的菜单栏和工具栏。无论在哪个工作区环境下，菜单栏和工具栏都存在于工作区的顶部。

9.5.1 菜单栏

菜单栏包括文件、数据、工作表和仪表板等菜单，每个菜单下都包含很多菜单选项。

(1) 文件菜单。包括打开、保存和另存为等功能。其中最常用的功能是打印为PDF，它允许把工作表或仪表板导出为 PDF。“导出打包工作簿”选项允许把当前的工作簿以打包形式导出。如果记不清文件存储位置，或者想要改变文件的默认存储位置，可以使用文件菜单中的“存储库位置”选项来查看文件存储位置和改变文件的默认存储位置。

(2) 数据菜单。其中的“粘贴数据”选项非常方便，如果在网页上发现了一些 Tableau 的数据，并且想要使用 Tableau 进行分析，可以从网页上复制下来，然后使用此选项把数据导入到 Tableau 中进行分析。一旦数据被粘贴，Tableau 将从 Windows 粘贴板中复制这些数据，并在数据窗口中增加一个数据源。

“编辑关系”选项在数据融合时使用，它可以用于创建或修改当前数据源关联关系，并且如果两个不同数据源中的字段名不相同时，此选项非常有用，它允许明确地定义相关的字段。

(3) 工作表菜单。其中的常用功能是“导出”选项和“复制”选项。“导出”选项允许把工作表导出为一个图像、一个 Excel 交叉表或者 Access 数据库文件(.mdb)；而使用“复制”选项中的“复制为交叉表”选项会创建一个当前工作表的交叉表版本，并把它存放在一个新的工作表中。

(4) 仪表板菜单。此菜单中的选项只有在仪表板工作区环境下可用。

(5) 故事菜单。此菜单中的选项只有在故事工作区环境下可用，可以利用其中的选项新建故事，利用“设置格式”选项设置故事的背景、标题和说明，还可以利用“导出图像”选项把当前故事导出为图像。

(6) 分析菜单。在熟悉了 Tableau 的基本视图创建方法后，可以使用分析菜单中的一些选项来创建高级视图，或者利用它们来调整 Tableau 中的一些缺省行为，如利用其中的“聚合度量”选项来控制对字段的聚合或解聚，也可以利用“创建计算字段”和“编辑计算字段”选项创建当前数据源中不存在的字段。分析菜单在故事工作区环境下不可见，在仪表板工作区环境下仅部分功能可用。

(7) 地图菜单。其中的“地图”选项里的“样式”可以更改地图颜色配色方案，如选择普通、灰色或者黑色地图样式，也可以使用“地图”选项中的“冲蚀”滑块控制背景地图的强度或亮度，滑块向右移得越远，地图背景就越模糊。地图菜单中的“地理编码”选项可以导入自定义地理编码文件，绘制自定义地图。

(8) 设置格式菜单。设置格式菜单很少使用,因为在视图或仪表板上的某些特定区域右击可以更快捷地调整格式。但有些设置格式菜单中的选项通过快捷键方式无法实现,例如想要修改一个交叉表中单元格的尺寸,只能利用“设置格式”菜单中的“单元格大小”选项来调整;如果不喜欢当前工作簿的默认主题风格,只能利用“工作簿主题”选项来切换至其他两个子选项(“现代”或“古典”)。

(9) 服务器菜单。如果想要把工作成果发布到大众皆可访问的公共服务器 Tableau Public 上,或者从上面下载或打开工作簿,可以使用服务器菜单中的 Tableau Public 选项。如果需要登录到 Tableau 服务器,或者需要把工作成果发布到 Tableau 服务器上,需要使用服务器菜单中的“登录”选项。

(10) 窗口菜单。如果工作簿很大,其中包含了很多工作表,并且想要把其中某个工作表共享给别人,可以使用窗口菜单中的“书签”选项创建一个书签文件(. tbm),还可以通过窗口菜单中的其他选项,来决定显示或隐藏工具栏、状态栏和边条。

(11) 帮助菜单。最右侧的帮助菜单可以让用户直接连接到 Tableau 的在线帮助文档、培训视频、示例工作簿和示例库,也可以设置工作区语言。此外,如果加载仪表板时比较缓慢,可以使用“设置和性能”选项中的子选项“启动性能记录”激活 Tableau 的性能分析工具,优化加载过程。

9.5.2 工具栏

工具栏包含“新建数据源”、“新建工作表”和“保存”等命令。另外,该工具栏还包含“排序”、“分组”和“突出显示”等分析和导航工具。通过选择“窗口”→“显示工具栏”可隐藏或显示工具栏。工具栏有助于快速访问常用工具和操作,其中有些命令仅对工作表工作区有效,有些命令仅对仪表板工作区有效,有些命令仅对故事工作区有效。

9.6 Tableau 的文件管理

可以使用多种不同的 Tableau 文件类型,如工作簿、打包工作簿、数据提取、数据源和书签等,来保存和共享工作成果和数据源(表 9-3)。

下面对常用的文件类型分别进行介绍。

(1) Tableau 工作簿(. twb):将所有工作表及其连接信息保存在工作簿文件中,不包括数据。

(2) 打包工作簿(. twbx):打包工作簿是一个 zip 文件,保存所有工作表、连接信息以及任何本地资源(如本地文件数据源、背景图片、自定义地理编码等)。这种格式最适合对工作进行打包以便与不能访问该数据的其他人共享。

(3) Tableau 数据源(. tds):Tableau 数据源文件具有. tds 文件扩展名。数据源文件是快速连接经常使用的数据源的快捷方式。数据源文件不包含实际数据,只包含新建数据源所必需的信息以及在数据窗口中所做的修改,例如默认属性、计算字段、组、集等。

表 9-3 Tableau 文件类型表

文件类型	大 小	使用场景	内 容
Tableau 工作簿(.twb)	小	Tableau 默认保存工作的方式	可视化内容,但无源数据
Tableau 打包工作簿(.twbx)	可能非常大	与无法访问数据源的用户分享工作	创建工作簿的所有信息和资源
Tableau 数据源(.tds)	极小	频繁使用的数据源	包含新建数据源所需的信息,如数据源类型和数据源链接信息,数据源上的字段属性以及在数据源上创建的组、集和计算字段等
Tableau 数据源(.tdsx)	小	频繁使用的数据源	包括数据源(.tds)文件中的所用信息以及任何本地文件数据源(Excel、Access、文本和数据提取)
Tableau 书签(.tbm)	通常很小	工作簿间分享工作表时使用	如果原始工作簿是一个打包工作簿,创建的书签就包含可视化内容和书签
Tableau 数据提取(.tde)	可能非常大	提高数据库性能	部分或整个数据源的一个本地副本

(4) Tableau 数据源(.tdsx):如果连接的数据源不是本地数据源,tdsx 文件与 tds 文件没有区别。如果连接的数据源是本地数据源,数据源(.tdsx)不但包含数据源(.tds)文件中的所有信息,还包括本地文件数据源(Excel、Access、文本和数据提取)。

(5) Tableau 书签(.tbm):书签包含单个工作表,是快速分享所做工作的简便方式。

(6) Tableau 数据提取(.tde):Tableau 数据提取文件具有.tde 文件扩展名。提取文件是部分或整个数据源的一个本地副本,可用于共享数据、脱机工作和提高数据库性能。

这些文件可保存在"我的 Tableau 存储库"目录中的关联文件夹中,该目录是在安装 Tableau 时在"我的文档"文件夹中自动创建的。工作文件也可保存在其他位置,如桌面上或网络目录中。

【延伸阅读】

大数据可视化专家:Tableau

大数据时代的到来使人类第一次有机会和条件,在非常多的领域和非常深入的层次获得和使用全面数据、完整数据和系统数据,深入探索现实世界的规律,获取过去不可能获取的知识,得到过去无法企及的商机。Tableau Software 正是一家做大数据的公司,更确切地说是大数据处理的最后一环——数据可视化。

Tableau 成立于 2003 年,来自斯坦福的三位校友 Christian Chabot(首席执行官)、Chris Stole(开发总监)以及 Pat Hanrahan(首席科学家)在远离硅谷的西雅图注册成立了这家公司,其中 Chris Stole 是计算机博士,而 Pat Hanrahan 是皮克斯动画工作室的创始成员之一,曾负责视觉特效渲染软件的开发,两度获得奥斯卡最佳科学技术奖,至今仍在斯坦福担任教授职位,教授计算机图形课程。三人都对数据可视化这件事怀有很大的热情。

Tableau主要是面向企业数据提供可视化服务，是一家商业智能软件提供商，企业运用Tableau授权的数据可视化软件对数据进行处理和展示，但Tableau的产品并不仅限于企业，其他任何机构乃至个人都能很好地运用Tableau的软件进行数据分析工作。数据可视化是数据分析的完美结果，让枯燥的数据以简单友好的图表形式展现出来。可以说，Tableau在抢占一个细分市场，那就是大数据处理末端的可视化市场，目前市场上并没有太多这样的产品。同时Tableau还为客户提供解决方案服务。

现在Tableau全球有700多名员工，客户超过12 000个，分布在全球100多个国家，北美以外的市场占17%，遍及商务服务、能源、电信、金融服务、互联网、生命科学、医疗保健、制造业、媒体娱乐、公共部门、教育、零售等各个行业。其中既有像联合利华、德勤、UPS、耐克、杜邦、Verizon、T－mobile、BBC、探索频道、美国航空、Zynga、LinkedIn、Facebook、雅虎、苹果、可口可乐等欧美知名企业，也有美国联邦航空管理局、美国陆军等美国政府机构以及康奈尔、杜克、牛津等知名学府，Tableau在中国市场也有所开拓，中国东方航空是其重要客户。

Tableau的业务主要分为两部分：一是数据可视化软件授权，二是软件维护和服务。

Tableau目前有四大软件产品：Tableau Desktop、Tableau Server、Tableau Public以及全新的Tableau Online。其中Tableau Desktop是一款PC桌面操作系统上（只支持Windows系统）的数据可视化分析软件，分个人版和专业版（个人版只能导入Excel，专业版可以导入各种数据库），用户可以根据自己的需求选择不同的版本，当然价格也不一样。Tableau Server则是完全面向企业的商业智能应用平台，基于企业服务器和Web网页，用户使用浏览器进行分析和操作，还可以将数据发布到Tableau Server与同事进行协作，实现了可视化的数据交互，其根据企业中用户数的多少或企业服务器CPU的数量来确定收费标准。Tableau Online是Tableau Server的软件，即服务托管版本。它让商业分析比以往更加快速轻松。利用Tableau Desktop发布仪表板，然后与同事、合作伙伴或客户共享。利用云商业智能，可以随时随地快速找到答案。而Tableau Public是完全免费的，不过用户只能将自己运用Tableau Public制作的可视化作品发布到网络上，即Tableau Public社区，而不能保存在本地，每个Tableau Public用户都可以查看和分享，而且Tableau Public所能支持的接入数据源的类型和大小都有所限制，所以Tableau Public更像是Tableau Desktop的功能阉割版和公共网络版，重在体验和分享。由于Tableau Desktop和Tableau Server是其软件授权收入的主要来源，故下面就只着重介绍Tableau Desktop和Tableau Server。

“所有人都能学会的业务分析工具”，这是Tableau官网上对Tableau Desktop的描述。确实，Tableau Desktop的简单、易用令人非常容易上手，这也是Tableau的最大特点，使用者不需要精通复杂的编程和统计原理，只需要drag and drop——把数据直接拖放到工具簿中，通过一些简单的设置就可以得到自己想要的数据可视化图形，这使得即使是不具备专业背景的人也可以创造出美观的交互式图表，从而完成有价值的数据分析。所以，Tableau Desktop的学习成本很低，使用者可以快速上手，这无疑对于日渐追求高效率和成本控制的企业来说具有巨大的吸引力。其特别适合于日常工作中需要绘制大量报表、经常进行数据分析或需要制作精良的图表以在重要场合演讲的人。但简单、易用并没有妨碍 Tableau Desktop 拥有强大的性能，它不仅能完成基本的统计预测和趋势预测，还能实现数据源的动态更新。

在简单、易用的同时，Tableau Desktop 也极其的高效，其数据引擎的速度极快，处理上亿行数据只需几秒的时间就可以得到结果，速度是传统 Database Query 的 100 倍，用其绘制报表的速度也比传统的程序员制作报表快 10 倍以上。

简单、易用、快速，一方面是归功于产生自斯坦福大学的突破性技术，身为最早研究可视化技术的公司之一，Tableau 有一组集复杂的计算机图形学、人机交互和高性能的数据库系统于一身的跨越领域的技术，其中最耀眼的莫过于 VizQL 可视化查询语言和混合数据架构，正是由于斯坦福博士们这些源源不断的创新技术和发展完善，才得以保证 Tableau Desktop 的强大特性。另一方面则在于 Tableau 专注于处理的是最简单的结构化数据，即那些已整理好的数据——Excel、数据库等，结构化的数据处理在技术上难度较低，这就使得 Tableau 有精力在快速、简单和可视上做出更多改进(但这同时也是 Tableau 的局限所在)。

而且，Tableau Desktop 具有完美的数据整合能力，可以将两个数据源整合在同一层，甚至还可以一个数据源筛选为另一个数据源，并在数据源中突出显示，这种强大的数据整合能力具有很大的实用性。

Tableau Desktop 还有一项独具特色的数据可视化技术，就是嵌入了地图，使用者可以用经过自动地理编码的地图呈现数据，这对于企业进行产品市场定位、制定营销策略等有非常大的帮助。

总之，Tableau 有一套自己特有的数据处理和数据可视化核心技术，而且在某些方面比同类型软件领先了很多。

还值得一提的是，在全球最大的商业智能用户调查 BI Survey 10 中，Tableau 在客户忠诚度、实施速度、最低实施成本和总拥有成本方面都排名第一，击败了包括 IBM、甲骨文、微软、SAS 在内的众多 BI 供应商(图 9-12)。

资料来源：新浪博客 http://blog.sina.com.cn/s/blog_545ed8b00102wa7m.html

【实验与思考】

了解 Tableau 数据可视化软件

1. 实验目的

(1) 了解 Tableau 数据可视化软件的基本概念，熟悉 Tableau 工作环境。

(2) 掌握 Tableau 基础操作，尝试初步开展 Tableau 数据可视化分析操作。

(3) 欣赏 Tableau 数据可视化优秀作品，了解 Tableau 数据可视化设计能力。

2. 工具/准备工作

在开始本实验之前，请认真阅读课程的相关内容。

需要准备一台带有浏览器，能够访问因特网的计算机。

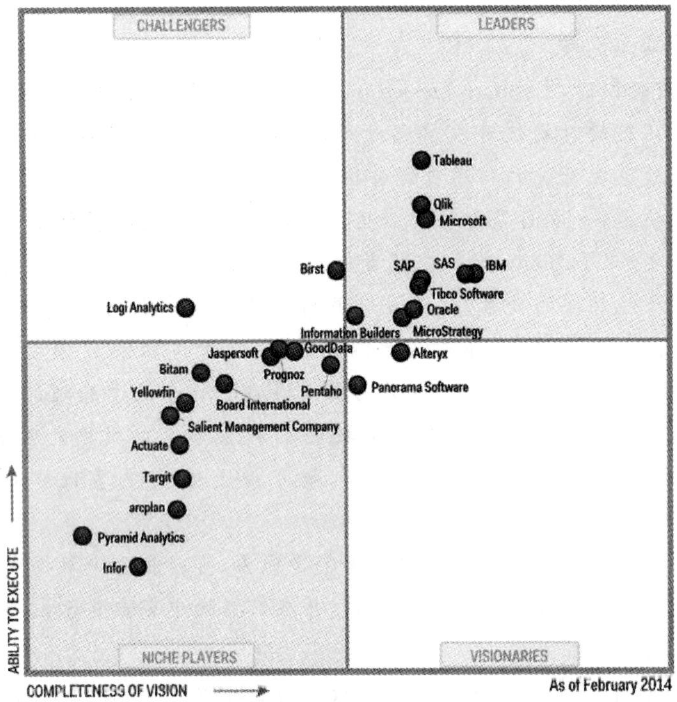

图 9-12　Tableau 排名第一

3. 实验内容与步骤

1）Tableau 入门实践

请仔细阅读本章的课文内容，执行其中的 Tableau 数据可视化基础操作。请在执行过程中对操作关键点做好标注，在对应的“实验确认”栏中打钩（√），并请实验指导老师指导并确认。（据此作为本实验与思考的作业评分依据。）

请记录：你安装的 Tableau 软件版本是什么？

答：____

在安装过程中，你遇到的问题有哪些？

答：____

请问：你是否完成了上述各个实例的实验操作？如果不能顺利完成，请分析可能的原因是什么？

答：____

2）浏览 Tableau 可视化库

将鼠标指针指向 Tableau 中文简体官网上方的“故事”项，屏幕显示如图 9-13 所示。单击屏幕右侧的图案，导航会引导你进入 Tableau 可视化库（图 9-14）。

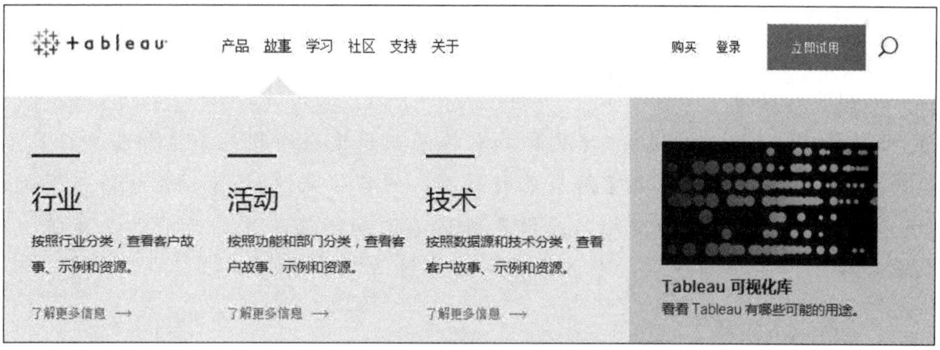

图 9-13　Tableau 官网“故事”选项

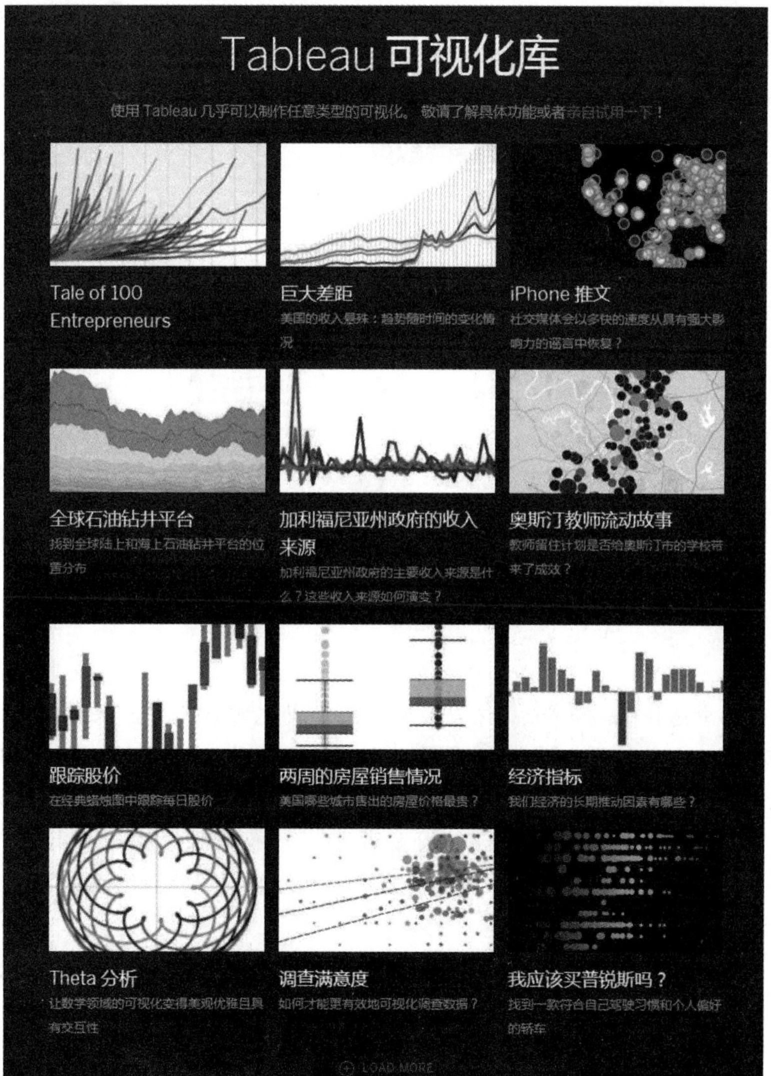

图 9-14　Tableau 可视化库

请选择并仔细了解，Tableau 可视化库中包含了十分丰富的 Tableau 可视化优秀作品，这些(动态)优秀作品都可以通过互动操作深入或者广泛了解更多的相关信息。

(1) 加州收入来源

在 Tableau 可视化库中选择(单击)“加利福尼亚州政府的收入来源”(图 9-15)。在当今预算紧缩时代，政府机构需要了解自己财政收入的具体来源，还有这些来源随时间的变化情况，以及预计未来发生的变化。此仪表板显示了加利福尼亚州政府的主要收入来源及其历史趋势。单击瀑布图上的收入来源即可筛选历史视图。

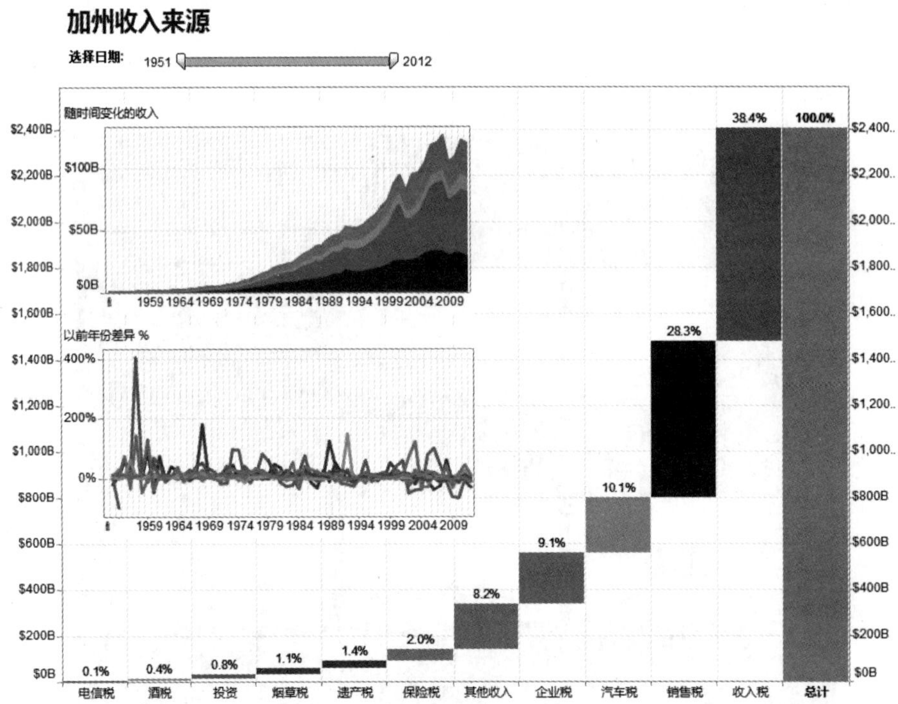

图 9-15 Tableau 设计作品：加州政府收入来源

(2) 奥斯汀教师流动故事

在可视化库中选择“奥斯汀教师流动故事”，通过动态可视化作品来了解奥斯汀的教师更替情况。与美国很多学区一样，德克萨斯州奥斯汀市的学区同样面临着一个旷日持久的难题：如何才能招到并留住教师。2010 年，该市斥资数百万美元启动了一项名为 Reach(覆盖)的计划，旨在遏制教师流动现象。如图 9-17 所示的仪表板采用了 Tableau 的“故事点(Story Points)”功能，可让我们将这些数据转化成可立即吸引受众注意的故事。

(3) 调查满意度

在可视化库中选择“调查满意度”，通过动态可视化作品来了解各客户段的评分相关度。图 9-17 分析视图使用的调查采用 1～10 分制，它将多个细分客户群的总体满意度评分、机构专业知识评分和推荐可能性评分关联起来。每个圆表示一个由行业、工作职能、性别和产品的组合界定的细分客户群，而大小则对应于该细分客户群中客户的数量。

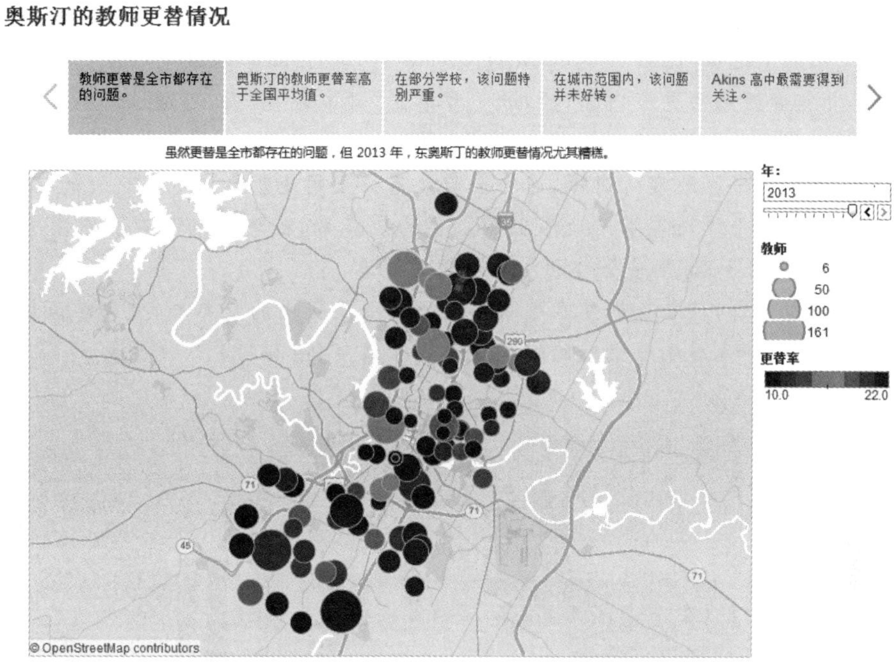

图 9-16　Tableau 设计作品：奥斯汀的教师更替情况

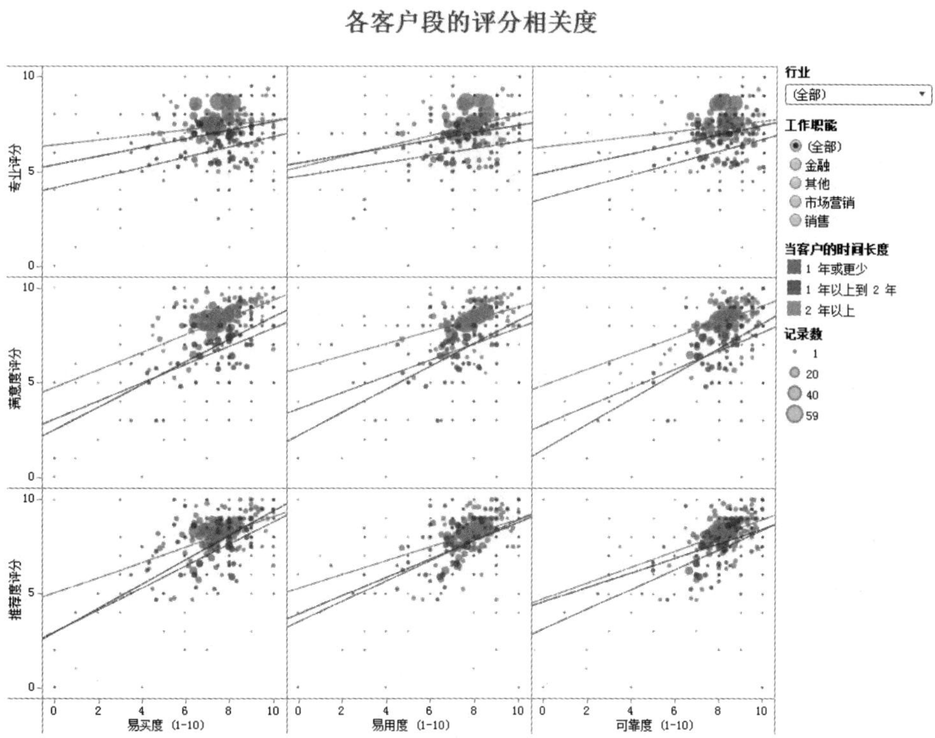

图 9-17　Tableau 设计作品：各客户段的评分相关度

(4) 日本地震

在可视化库中选择 Tale of 100 Entrepreneurs(100 企业家的故事),在打开的屏幕的下方单击“此作者提供的更多内容”项,进一步单击“日本地震”项,可通过动态可视化作品来了解日本的地震。

日本位于环太平洋地震带边缘,这一全长 4 万公里的地震带像一个巨大的环,围绕着太平洋分布。环太平洋地震带是地球上最主要的地震带,板块移动剧烈。它集中了全世界 80%以上的浅源地震、几乎全部的中源和深源地震。

从板块构造来看,日本正好处在太平洋板块和亚欧板块的交界处,太平洋板块俯冲到亚欧板块下方,这种地质剧烈变动的地区极易发生地震(图 9-18)。

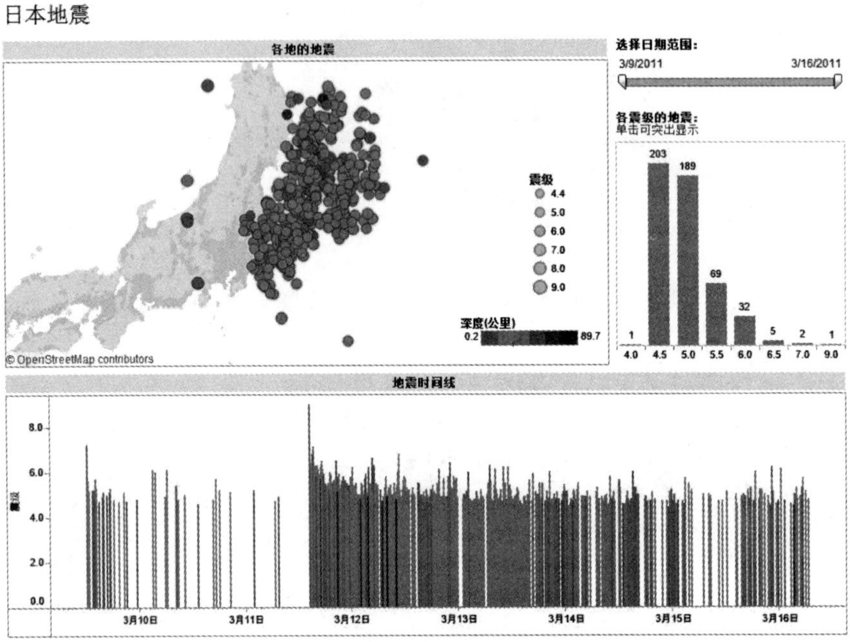

图 9-18 Tableau 设计作品:日本地震

请记录:通过上述浏览,你对 Tableau 软件的可视化数据分析能力的评价是什么?

答:______________________________

____

____

3) 浏览并熟悉 Tableau Desktop 软件的开始页面(参见图 9-8)。

(1)了解 Tableau 软件的数据连接能力。

请记录:

Tanleau 可以连接的文件包括:

____

____

____

Tableau 可以连接的服务器包括：

(2) 熟悉 Tableau 提供的示例工作簿。

请记录：什么是 Tableau 工作簿(包含的内容)?

答：

4. 实验总结

5. 实验评价(教师)

第10章

Tableau数据可视化设计

【导读案例】

人体细胞与基因——汝之书

我们知道，大多数物种的最基本单位是细胞，我们人体也是由细胞组成的。细胞是人体的结构和功能单位，共约有40万亿～60万亿个，细胞的平均直径在10～20微米之间。除成熟的红血球和血小板外，所有细胞都有至少一个细胞核，是调节细胞作用的中心。最大的是成熟的卵细胞，直径在0.2毫米左右；最小的是血小板，直径只有约2微米。

人体细胞与基因的可视化解读，请参见图10-1“汝之书”。

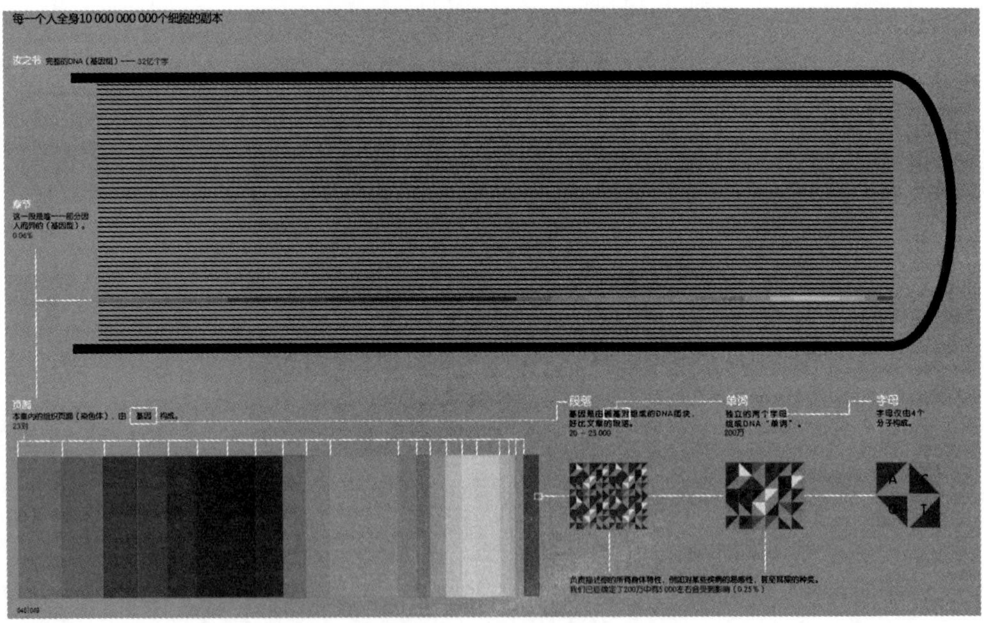

图10-1　汝之书

（资料来源：维基百科）

人体由体细胞＋生殖细胞组成，体细胞含有的染色体数是生殖细胞的两倍，人体除生殖细胞外，其他细胞都是由23对染色体组成(血液中某些不含细胞核的细胞除外)。

肠粘膜细胞的寿命为3天，肝细胞寿命为500天，而脑与骨髓里的神经细胞寿命有几十年，同人体寿命几乎相等。血液中白细胞有的只能活几小时。人体中每分钟有1亿个细胞死亡。最为神奇的是大脑神经细胞的神经冲动传递速度超过400公里/小时，相当于777飞机速度的一半。

细胞代数学说（亦称细胞分裂次数学说）认为，人体细胞相当于每2.4年更新一代。经实验发现，人体细胞在培养条件下平均可培养50代，每一代相当于2.4年，称为弗列克系数。据此，人的平均寿命应为2.4×50=120岁。

人脑有几百亿个细胞，其中98.5%～99%的细胞处于休眠状态，大约有1%～1.5%的细胞参加脑的神经功能活动。每个人的脑中活动的细胞数量多少，决定着每个人的聪明与记忆程度。所谓活动的细胞，是指一个神经细胞和另一个神经细胞由“神经键”连接起来，形成神经回路，成为庞大的信息存储库，凭着信息存储库的记忆，人类才有语言、文字、创造发明，以及意识、情绪、思维等高级神经活动。

在我们知道的人体细胞数目中，目前已能够正确测出成年男人百万分之一升血液中大约含有500万个红血球。一般来说，血液约占人体重量的1/13。例如，一位重65千克的男人，他体内约有5升的血液。按这样计算，这个男人就应该拥有25兆(2500万)个红血球了。血液里面白血球的数量只有红血球的八百分之一。这么多的细胞，其实都是由同一个细胞变成的，这个最初的细胞叫做受精卵。受精卵慢慢长大，1个变为2个，2个变为4个，4个变为8个，……，就这样成倍成倍地增加，最后变成50兆个的集合，这就是我们的身体了。

所谓基因（遗传因子、遗传基因）是指携带有遗传信息的DNA序列，是控制性状的基本遗传单位，即一段具有功能性的DNA序列。基因通过指导蛋白质的合成来表达自己所携带的遗传信息，从而控制生物个体的性状表现。人类约有两万至两万五千个基因。染色体在体细胞中是成对存在的，每条染色体上都带有一定数量的基因。一个基因在细胞有丝分裂时有两个对列的位点，称为等位基因，分别来自父亲与母亲。按照其控制的性状，又可分为显性基因和隐性基因。一般来说，生物体中的每个细胞都含有相同的基因，但并不是每个细胞中的每个基因所携带的遗传信息都会被表达出来。不同部位和功能的细胞，能将遗传信息表达出来的基因也不同。

阅读上文，请思考、分析并简单记录：

(1) 从数量上看，人体的细胞该算是大数据了，你了解人类的细胞和基因知识吗？

答：____________________________________

(2) 请仔细观察图10-1“汝之书”，了解图中所表示的大数据分析的内容与表现形式。你能看懂这个图表达的意思吗？

答：____________________________________

（3）请分析，与文字描述相比，你认为图 10-1 所做的展示优势在哪里？

答：____

____

____

____

（4）请简单描述你所知道的上一周发生的国际、国内或者身边的大事。

答：____

____

____

____

____

____

10.1 认识 Tableau 数据

简便、快速地创建视图和仪表板是 Tableau 的最大优点之一，我们将通过案例来展示 Tableau 创建、设计、保存视图和仪表板的基本方法和主要操作步骤，以了解 Tableau 支持的数据角色和字段类型的概念，熟悉 Tableau 工作区中的各功能区的使用方法和操作技巧，最终利用 Tableau 快速创建基本的视图。

案例样本数据中，指标为售电量，统计周期为 2015 年 1 月—2015 年 6 月，数据存储为 Excel 文件，结构见图 10-2（其中指出了数据源数据与 Tableau 中数据的对应关系）。

	A	B	C	D	E	F	G	H	I
1	省市	地市	统计周期	用电类别	当期值	累计值	同期值	同期累计值	月度计划值
2	重庆	市区	2015/1/31	大工业	38567.77	38567.77	37153.40	37153.40	38567.77
3	重庆	江北	2015/1/31	大工业	24650.62	24650.62	22143.34	22143.34	24857.33
4	江苏	盐城	2015/5/31	大工业	2473806.39	2473806.39	1801205.88	1801205.88	1801205.88
5	江苏	南通	2015/6/30	电厂直供	2459465.16	2459465.16	1815454.48	1815454.48	1815454.48
6	江苏	扬州	2015/3/31	大工业	2299171.73	2299171.73	1646656.54	1646656.54	1646656.54
7	江苏	泰州	2015/4/30	大工业	2266469.52	2266469.52	1659679.50	1659679.50	1659679.50
8	江苏	常州	2015/1/31	大工业	2092388.83	2092388.83	1643401.00	1643401.00	1643401.00
9	江苏	无锡	2015/2/28	农业	1897061.34	1897061.34	1062801.77	1062801.77	1062801.77
10	山东	菏泽	2015/5/31	大工业	1607161.75	1607161.75	1303711.00	1303711.00	1303711.00
11	山东	青岛	2015/4/30	大工业	1594860.10	1594860.10	1313730.00	1313730.00	1313730.00
12	山东	烟台	2016/6/30	非居民	1565942.58	1565942.58	1302881.00	1302881.00	1302881.00
13	浙江	温州	2015/4/30	大工业	1565738.35	1565738.35	1484657.43	1484657.43	1484657.43
14	浙江	台州	2015/6/30	大工业	1564680.49	1564680.49	1488011.76	1488011.76	1488011.76
15	浙江	绍兴	2015/5/31	商业	1514825.81	1514825.81	1478757.19	1478757.19	1478757.19
16	山东	威海	2015/3/31	大工业	1486366.42	1486366.42	1271142.00	1271142.00	1271142.00
17	浙江	衢州	2015/1/31	大工业	1387124.19	1387124.19	1422112.20	1422112.20	1422112.20
18	浙江	金华	2015/3/31	大工业	1354949.99	1354949.99	1190055.11	1190055.11	1190055.11
19	山东	济宁	2015/1/31	其他	1234932.57	1234932.57	1396797.50	1396797.50	1396797.50
20	山东	济南	2015/2/28	大工业	1161511.46	1161511.46	1178342.07	1178342.07	1178342.07
21	河南	南阳	2015/1/31	趸售	1015447.12	1015447.12	976051.00	976051.00	976051.00
22	河南	驻马店	2015/4/30	大工业	975631.36	975631.36	918596.54	918596.54	918596.54
23	河南	安阳	2015/5/31	大工业	911216.46	911216.46	897400.36	897400.36	897400.36
24	河南	洛阳	2015/3/31	大工业	907300.51	907300.51	869560.82	869560.82	869560.82
25	辽宁	大连	2015/1/31	大工业	835727.00	835727.00	856460.00	856460.00	856460.00
26	辽宁	鞍山	2015/1/31	居民	196408.00	196408.00	207754.00	207754.00	207754.00
27	辽宁	沈阳	2015/1/31	非普工业	159107.00	159107.00	169438.00	169438.00	169438.00
28	河南	开封	2015/2/28	趸售	869885.60	869885.60	828267.00	828267.00	828267.00
29	河南	漯河	2015/6/30	大工业	867164.57	867164.57	920423.61	920423.61	920423.61
30	山西	太原	2015/1/31	大工业	849845.56	849845.56	841130.00	841130.00	841130.00

图 10-2　Excel 数据源：2015 年分省市售电量明细表

Excel表中共有6列变量，用电类别是对售电量市场的进一步细分，包括大工业、居民、非居民、商业等9类；当期值为统计周期对应时间的售电量；同期值为上一年相同月份的售电量；月度计划值为当月的计划值。

实例 10-1　进入工作表工作区。

步骤1：打开 Microsoft Excel，在其中输入数据建立如图10-2所示的 Excel 表格，并另存为“实例10-1. xlsx”。

步骤2：打开 Tableau Dasktop，在 Tableau“开始页面”中的“连接到-文件”栏中单击 Excel，将 Excel 数据表“实例10-1”导入到 Tableau 中(图10-3)。

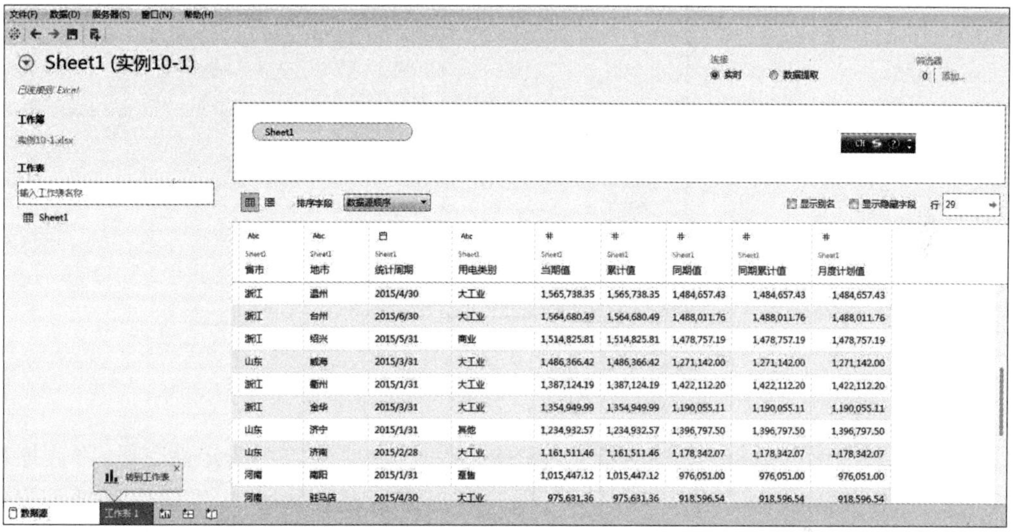

图10-3　导入 Excel 数据源

步骤3：在图10-3所示界面的左下方单击“工作表1”按钮，进入 Tableau 工作表工作区。

10.1.1　数据角色

Tableau 连接数据后会将数据显示在工作区的左侧，称之为数据窗口(图10-4)。数据窗口的顶部是数据源窗口，其中显示的是连接到 Tableau 的数据源。Tableau 支持连接多个数据源，数据源窗口的下方分别为维度窗口和度量窗口，分别用来显示导入的维度字段和度量字段(Tableau 将数据表中的一列变量称为字段)。

维度和度量是 Tableau 的一种数据角色划分，离散和连续是另一种划分方式。Tableau 功能区对不同数据角色的操作处理方式是不同的，因此了解 Tableau 数据角色十分必要。

1. 维度和度量

度量窗口显示的数据角色为度量，往往是数值字段，将其拖放到功能区时，Tableau 默认会进行聚合运算，同时，视图区将产生相应的轴。

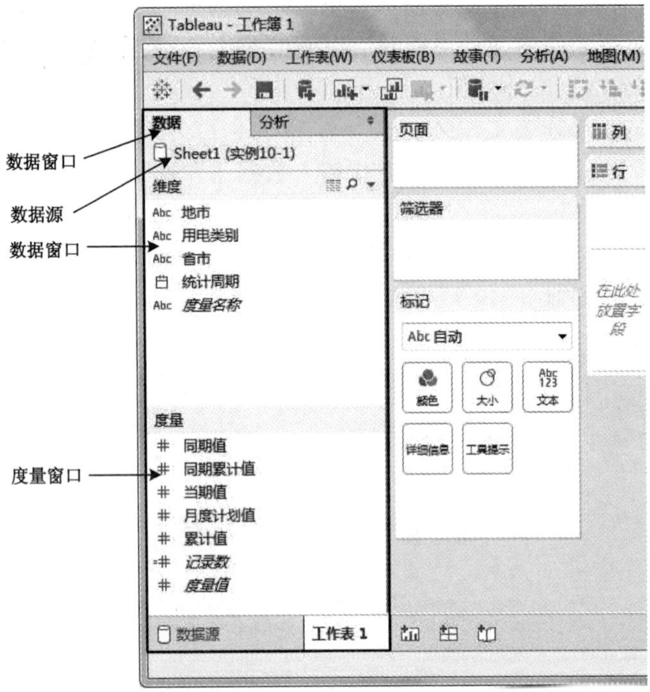

图 10-4　数据窗口

维度窗口显示的数据角色为维度，往往是一些分类、时间方面的定性字段，将其拖放到功能区时，Tableau 不会对其进行计算，而是对视图区进行分区，维度的内容显示为各区的标题。例如想展示各省售电量当期值，这时“省市”字段就是维度，“当期值”为度量，“当期值”将依据各省市分别进行“总计”聚合运算。

Tableau 连接数据时会对各个字段进行评估，根据评估自动将字段放入维度窗口或度量窗口。通常 Tableau 的这种分配是正确的，但是有时也会出错。例如数据源中有员工工号字段时，工号由一串数字构成，连接数据源后，Tableau 会将其自动分配到度量中。这种情况下，我们可以把工号从度量窗口拖放至维度窗口中，以调整数据的角色。例如将字段“当期值”转换为维度，只需将其拖放到维度窗口中即可。字段“当期值”前面的图标也会由绿色变为蓝色。

维度和度量字段有个明显的区别就是图标，即维度为蓝色，度量为绿色。实际上在 Tableau 中作图时这种颜色的区别贯穿始终，当我们创建视图拖放字段到行功能区或列功能区时，依然会保持相应的两种颜色。

2. 离散和连续

离散和连续是另一种数据角色分类，在 Tableau 中，蓝色是离散字段，绿色是连续字段。离散字段在行列功能区时总是在视图中显示为标题，而连续字段则在视图中显示为轴。

当期值为离散类型时，当期值中的每一个数字都是标题，字段颜色为蓝色。当期值为连续类型时，下方出现的是一条轴，轴上是连续刻度，当期值是轴的标题，字段颜色为绿色。离散和连续类型也可以相互转换，右击字段，在弹出框中就有“离散”和“连续”选项，单击即可实现转换。

10.1.2 字段类型

数据窗口中各字段前的符号用以标示字段类型。Tableau 支持的数据类型包括文本、日期、日期和时间、地理值、布尔值、数字、地理编码等。

＝# 即数字标志符号前加个等号，表示这个字段不是原数据中的字段，而是 Tableau 自定义的一个数字型字段。同理，＝Abc 是指 Tableau 自定义的一个字符串型字段。

Tableau 会自动为导入的数据分配字段类型，但有时自动分配的字段类型不是我们所希望的。由于字段类型对于视图的创建非常重要，因此一定要在创建视图前调整一些分配不规范的字段类型。

步骤 1：在本例中，字段“省市”和“统计周期”显示的字段类型都为字符串，而不是我们想要的地理和日期类型，这时就需要手动调整。调整方法为单击右侧小三角形（或者右击），在弹出的对话框中选择“地理角色”→“省/市/自治区”，这时“省市”便成了地理字段，并且在选择后度量窗口会自动显示相应的经纬度字段。

步骤 2：对于“统计周期”，同样选择“更改数据类型”→“日期”即可。

可以发现在数据窗口有三个多出来的字段：记录数、度量名称和度量值。实际上，每次新建数据源都会出现这三个字段，其中记录数是 Tableau 自动给每行观测值赋值 1，可用以计数。

10.2 创建视图

下面我们来创建 Tableau 视图。一个完整的 Tableau 可视化产品由多个仪表板构成，每个仪表板由一个或多个视图（工作表）按照一定的布局方式构成，因此视图是一个 Tableau 可视化产品最基本的组成单元（图 10-5）。

视图中的图形单元称为标记，例如圆图的一个圆点或柱形图的一根柱子，都是标记。

可以利用数据窗口中的数据字段来创建视图。Tableau 作图非常简单，将数据窗口中的字段拖放到行、列功能区，Tableau 就会自动依据相关功能将图形显示在下方视图区中，并显示相应的轴或标题。当使用卡和行列功能区进行操作时，图形的变化都会即时显示在视图区。

10.2.1 行列功能区

步骤 1：以制作各省当期售电量柱形图为例，选定字段“省市”，拖放到列功能区，这时横轴就按照各省名称进行了分区，各省市成为了区标题。同理，拖放字段“当期值”到行功能区，这时字段会自动显示成“总计（当期值）”，视图区显示的便是售电量各省累计值柱形图。

步骤 2：行列功能区可以拖放多个字段，例如可以将字段“同期值”拖放到“总计（当期

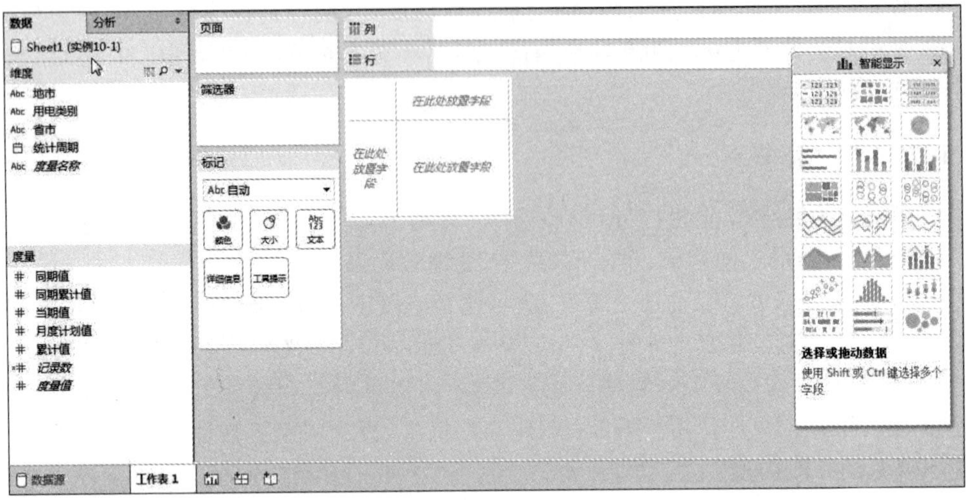

图 10-5　视图工作区

值)”的左边，Tableau 这时会根据度量字段“当期值”和“同期值”分别作出对应的轴(图 10-6)。

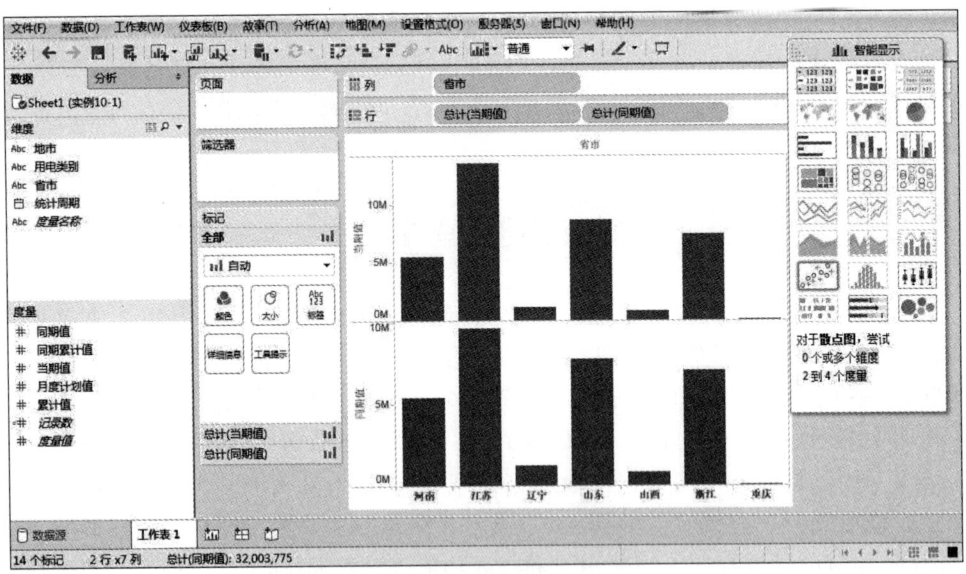

图 10-6　在行、功能区添加字段

步骤 3：维度和度量都可以拖放到行功能区或列功能区，只是横轴、纵轴的显示信息会相应地改变，例如单击工具栏上的“交换”按钮，将行、列上的字段互换，这时省市显示在纵轴，横轴变成了当期值和同期值(图 10-7)。

步骤 4：拖放度量字段“当期值”到功能区，字段会自动显示成“总计(当期值)”，这反映了 Tableau 对度量字段进行了聚合运算，默认的聚合运算为总计。Tableau 支持多种不同的聚合运算，如总计、平均值、中位数、最大值、计数等。如果想改变聚合运算的类型，

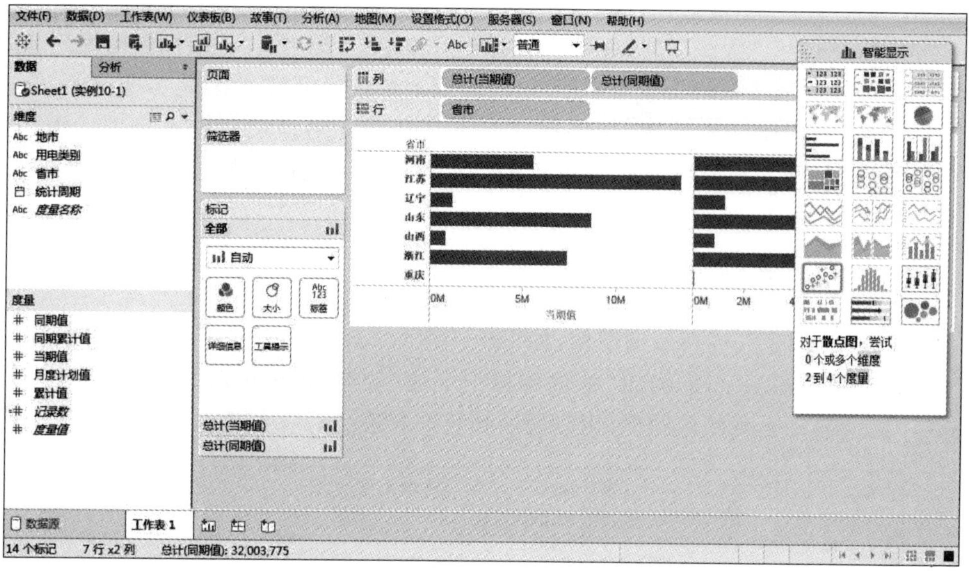

图 10-7 互换行列字段

例如想计算各省的平均值，只需在行功能区或列功能区的度量字段上，右击"总计(当期值)"或单击右侧小三角形，在弹出对话框中选择"度量"→"平均值"即可(图 10-8)。Tableau 求平均值是对行数的平均。

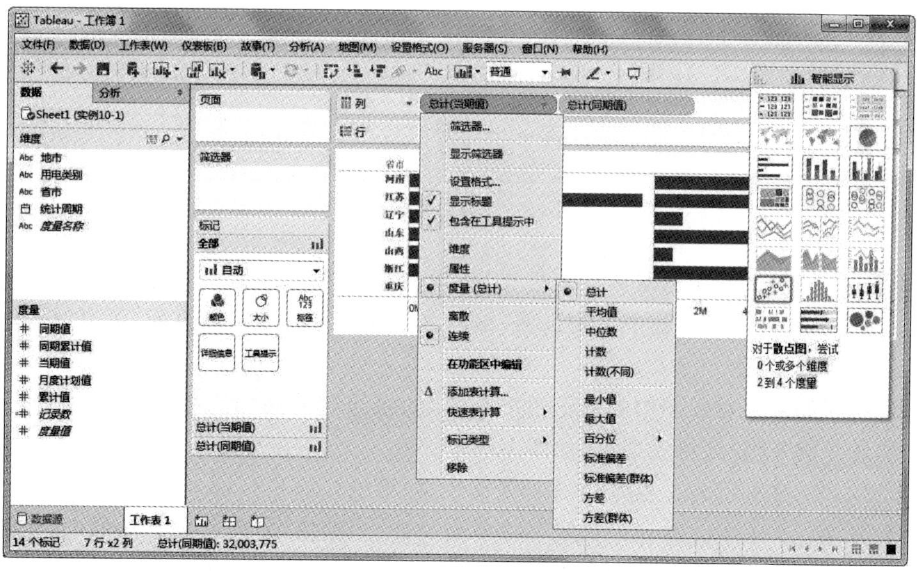

图 10-8 度量字段的聚合运算

10.2.2 标记卡

创建视图时，经常需要定义形状、颜色、大小、标签等图形属性。在 Tableau 里，这些过程都将通过操作标记卡来完成，其上部为标记类型，用以定义图形的形状。Tableau 提供了多种类型的图以供选择，默认状态下为条形图。标记类型下方有5个像按钮一样的图标，分别为“颜色”、“大小”、“标签”、“详细信息”和“工具提示”。这些按钮的使用非常简单，只需把相关的字段拖放到按钮中即可，同时单击按钮还可以对细节、方式、格式等进行调整。此外还有三个特殊按钮，特殊按钮只有在选择了对应的标记类型时，才会显示出来。这三个特殊按钮分别是线图对应的“路径”、形状图对应的“形状”、饼图对应的“角度”。

1. 颜色、大小和标签

步骤1：针对图10-6所示的图例，如果想让不同省市显示不同颜色，可利用标记卡中的颜色来完成，只需将字段“省市”拖放到标记卡的“颜色”项即可(图10-9)。这时，卡功能区的下方会自动出现颜色图例，用以说明颜色与省市的对应关系。

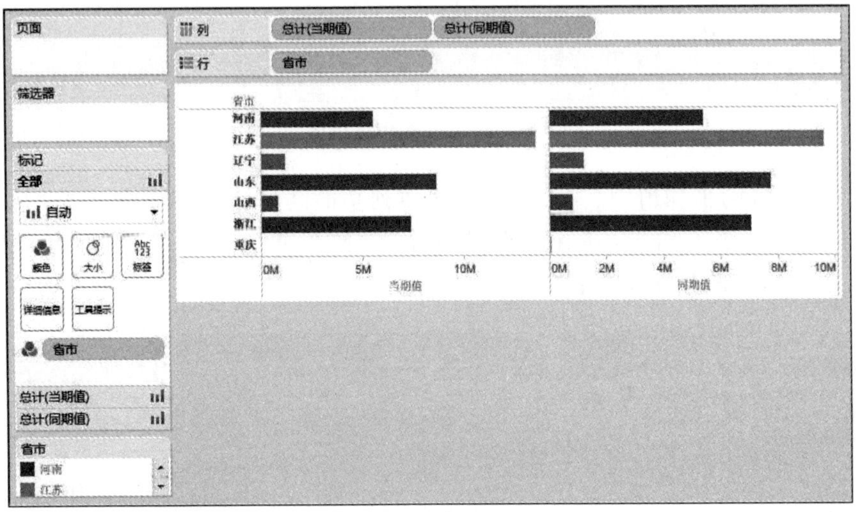

图10-9　设置颜色标记

步骤2：单击下方颜色图例右上角处，在弹出框中可以对颜色图例进行设置，如编辑标题、排序、设置格式等。其中单击选项“编辑颜色”，进入颜色编辑页面，可以对不同的区域自定义不同的颜色。

步骤3：如果要对视图中的标记添加标签，如将当期值添加为标签显示在图上，只需将字段“当期值”拖放到标签即可，如图10-10所示。

步骤4：标签显示的是各省的当期值总计，如果想让标签显示各省当期值的总额百分比，可右击“标记”卡中的总计(当期值)或单击总计(当期值)右侧的小三角标记，在弹出的对话框中选择“快速表计算”→“总额百分比”命令，这时视图中的标签将变为总额百分占比。此外，单击标签，可对标签的格式、表达方式等进行设置。

步骤5：设置大小和颜色与此类似，拖放字段到“大小”，视图中的标记会根据该字段改变大小。需要注意的是，颜色和大小只能放一个字段，但是标签可以放多个字段。

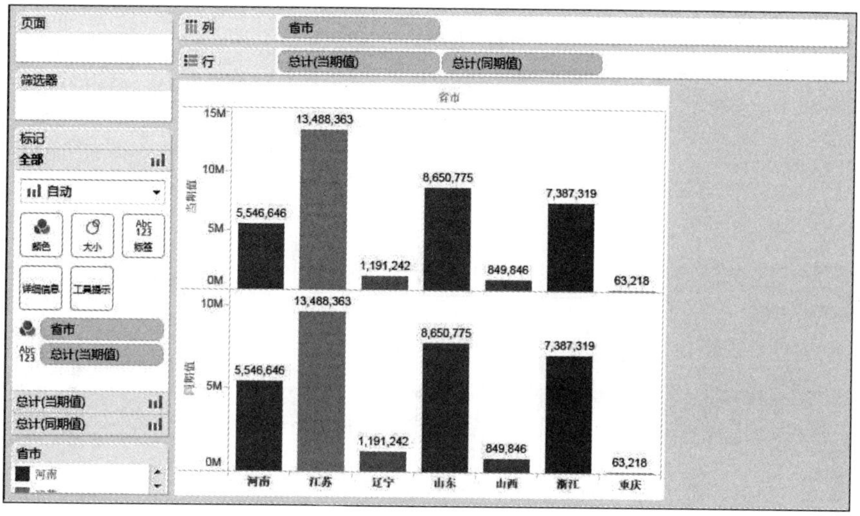

图 10-10　添加标签

2. 详细信息

详细信息的功能是依据拖放的字段对视图进行分解细化。

步骤 6：以圆图为例，将“省市”拖放到列功能区、“当期值”拖放到行功能区、标记类型选择“圆”图，如图 10-11 所示。这时每个圆点所代表的值其实是各个用电类别 6 个月的总和。

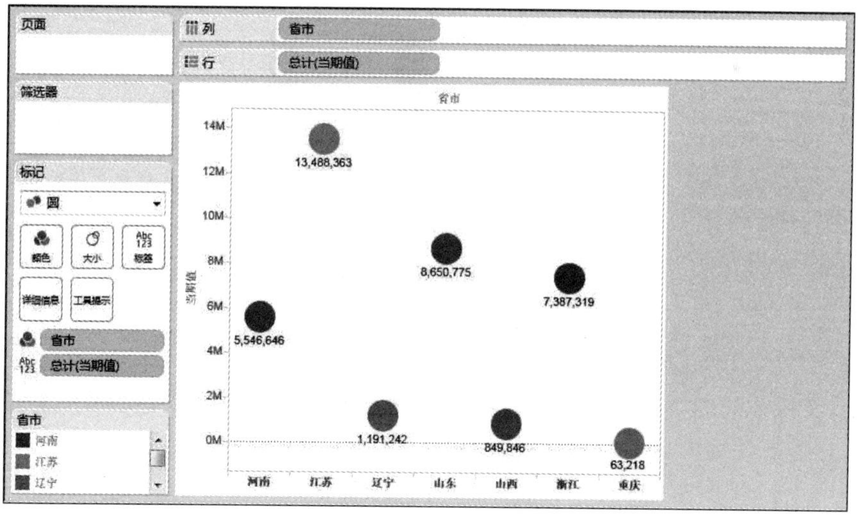

图 10-11　设置详细信息

步骤 7：将字段“用电类别”拖到标记卡的“详细信息”项，Tableau 会依据“用电类别”进行分解细化，这时每个圆点变为多个圆点，每一个点代表相应省市某一用电类别的总和，如图 10-12 所示。拖放字段“统计周期”到“详细信息”并选择按“月”(Tableau 默认的是按“年”)，这时每个点再次解聚，每个点表示该省某月某用电类别总和，如图 10-13 所示。

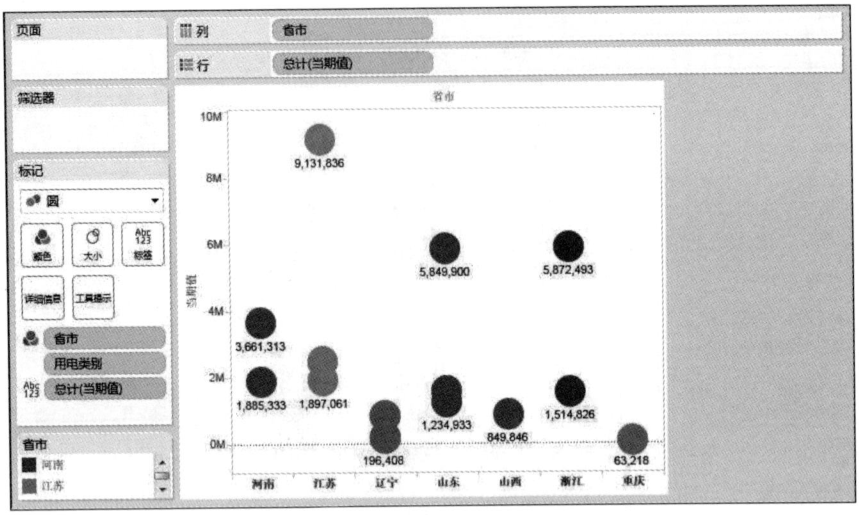

图 10-12　依据“用电类别”的详细信息

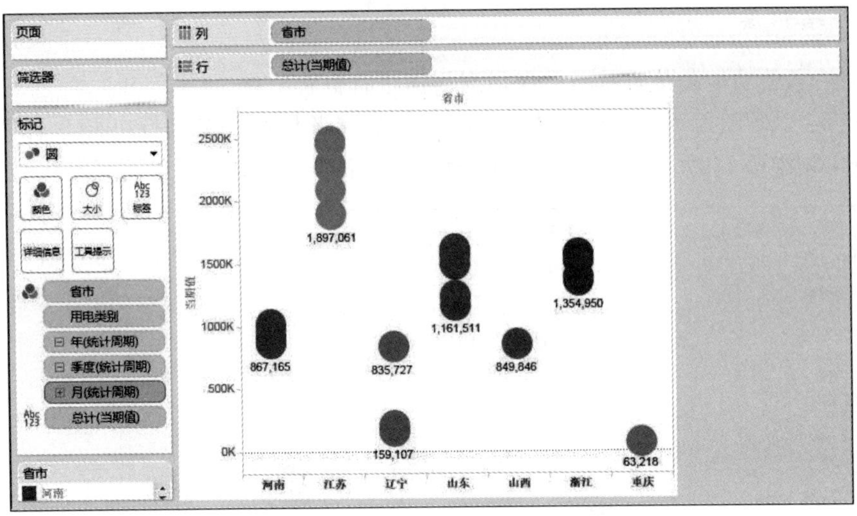

图 10-13　依据“用电类别”和“月(统计周期)”的详细信息

其实,直接拖放到“标记”卡的下方就可以表示详细信息,并且颜色、大小、标签都具有与详细信息搭配使用的功能。

3. 工具提示

步骤 8：当鼠标移至视图中的标记上时,会自动跳出一个显示该标记信息的框,出现提示信息,这便是工具提示的作用。

步骤 9：单击“工具提示”可以看到工具提示的内容,可对这些内容进行删除、更改格式、排版等操作。Tableau 会自动将“标记”选项卡和行列功能区的字段添加到工具提示中,如果还需要添加其他信息,只需将相应的字段拖放到“标记”卡中。

10.2.3 筛选器

有时候只想让 Tableau 展示数据的某一部分,如只看某个月份的售电量、只看某地区各省情况、只用电量大于某个值的数据等,这时可通过筛选器完成上述选择。拖放任一字段(无论维度还是度量)到筛选器卡里,都会成为该视图的筛选器。

步骤 1:如果让视图里只显示大工业的点,只需要将字段"用电类别"拖放到筛选器卡里,这时 Tableau 会自动弹出一个对话框,单击"从列表中选择"选项就会显示"用电类别"的内容,这里可直接选中想展现的用电类别,如"大工业"(图 10-14)。单击"确定"后字段"用电类别"就显示在筛选器中了。

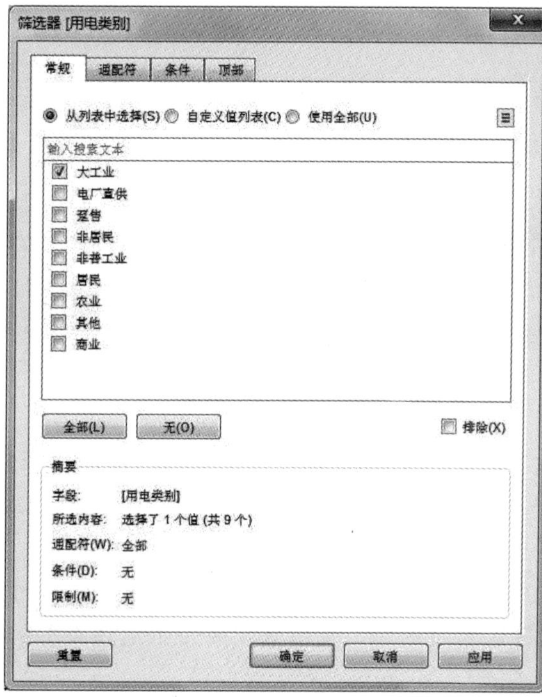

图 10-14 添加筛选器

步骤 2:Tableau 提供了多种筛选方式,在图 10-14 所示的筛选器上方可以看到"常规"、"通配符"、"条件"和"顶部"选项卡,每一个选项卡之下都有相应的筛选方式,这大大丰富了筛选操作形式。

10.2.4 页面

将一个字段拖放到页面卡会形成一个页面播放器,播放器可让工作表更灵活。

步骤 1:为了更好地展示页面功能,单击屏幕下方的"新建工作表"按钮新建一个工作表。

步骤 2:拖放字段"统计周期"到列,Tableau 默认"统计周期"为年,手动转换为月,拖放"当期值"到行,标记类型选择为圆。

步骤 3：拖放字段“统计周期”到页面卡，这时页面卡下方会自动出现一个“年(统计周期)”的播放器。将日期的显示“年(统计周期)”调整为“月(统计周期)”(图 10-15)。

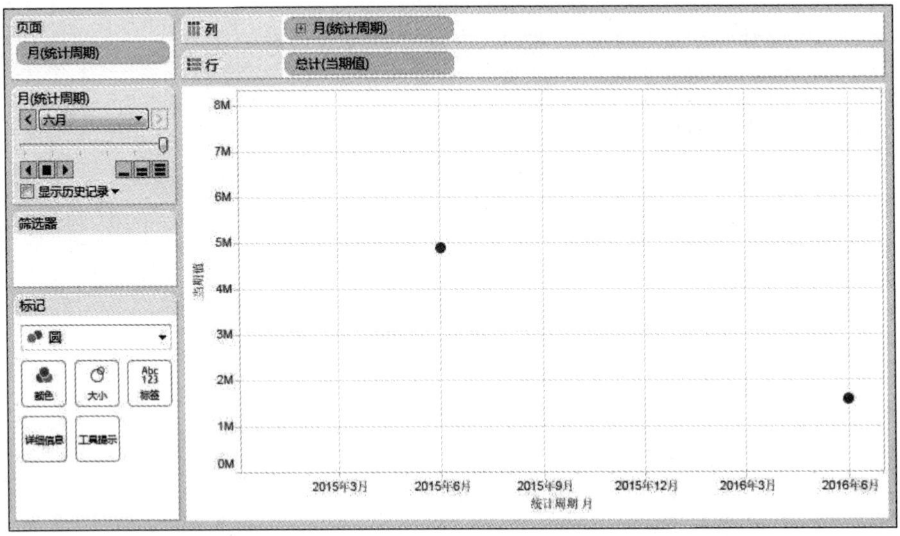

图 10-15　设置页面播放器

步骤 4：单击播放器的播放键，可以让视图动态播放出来，选择“显示历史记录”可以调整播放的效果。

10.2.5　智能显示

在 Tableau 的右端有一个智能显示的按钮，单击展开，其中显示了 24 种可以快速创建的基本图形(见图 10-16 的右侧)。将鼠标移动到任意图形上，下方都会显示作该图需要的字段要求，如将鼠标移动到符号地图上，下方会显示“1 个地理维度，0 个或多个维度，0 至 2 个度量”，这表明创建该视图必须要一个地理类型的字段类型，度量不能超过 2 个。

步骤 1：新建一个工作表。

步骤 2：按照要求，将地理维度“省市”拖到行功能区、“当期值”拖放到列功能区，这时候发现智能显示的某些图形高亮了，高亮的图形表示用目前的字段可以快速创建的图形。单击智能显示中的“符号地图”，符号地图就创建完成了。这时，可以发现行、列功能区变为经、纬度字段，“省市”在“标记”卡中表示详细信息，符号大小表示“当期值”(图 10-16)。

10.2.6　度量名称和度量值

度量名称和度量值都是成对使用的，目的是将处于不同列的数据用一个轴展示出来。当想同时看各省当期值和同期值时，拖放“省市”到列功能区，再分别拖放“当期值”和“同期值”到行功能区，可以看到，图 10-10 中出现了当期值和同期值两条纵轴。

下面我们利用度量值和度量名称来完成两列不同数据共用一个轴的操作。

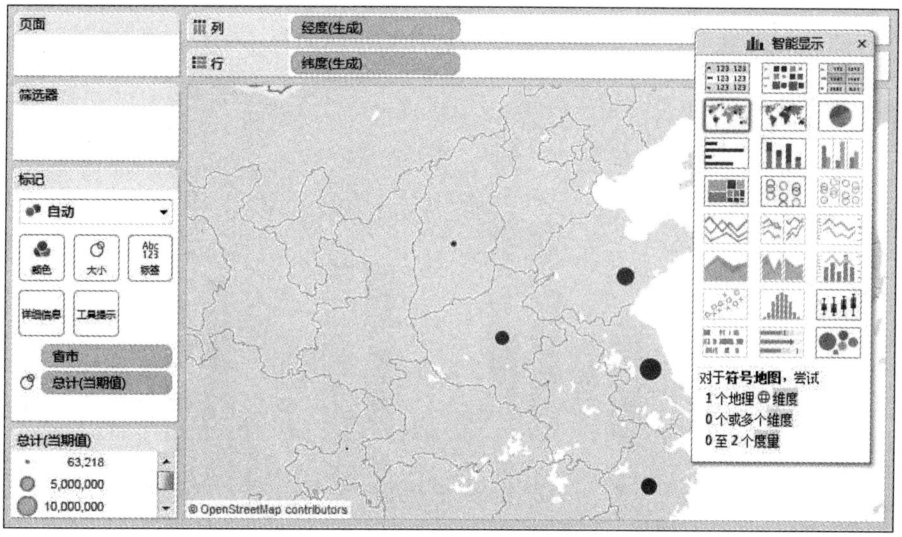

图 10-16　绘制符号地图

步骤 1：新建一工作表。

步骤 2：拖放字段“省市”到列功能区，然后拖放度量值到行功能区，这时在左下方“度量值”区域会显示包含了哪些度量，Tableau 默认的度量值会包含所有的度量。由于只需要当期值和同期值，因此，单击“行”上“度量值”右边的小三角形，选择“筛选器”，去掉记录数前面的选中，只保留“当期值”和“同期值”。

步骤 3：将度量名称拖放到“颜色”，这时柱状图按颜色分成了当期值和同期值，二者共用一个纵轴(图 10-17(a))。如果习惯将当期值和同期值分开为两个柱子，只需将度量名称拖放到列功能区，放置在省市的右边(图 10-17(b))。

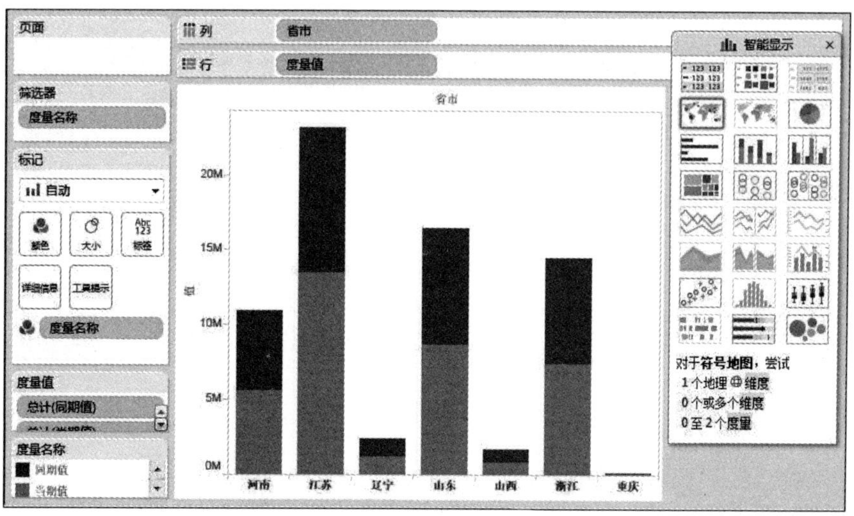

(a)

图 10-17　双柱图

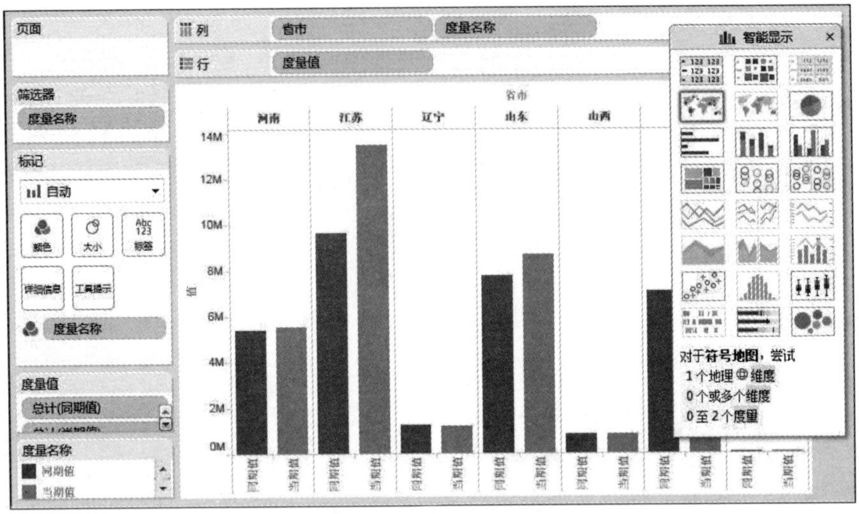

(b)

图 10-17 （续）

事实上，我们可以利用智能显示快速完成双柱图形，在智能显示里双柱图称为并排图，把鼠标放上去会显示完成该图需要“1个或多个维度，1个或多个度量，至少需要3个字段”。我们将“省市”拖放到列功能区，将“当期值”和“同期值”拖放到行功能区，这时并排图被高亮，单击即可完成。

10.3 创建仪表板

完成所有工作表的视图后，我们便可以将其组织在仪表板中了。

步骤1：单击下方的新建仪表板，进入到仪表板工作区(图10-18)。

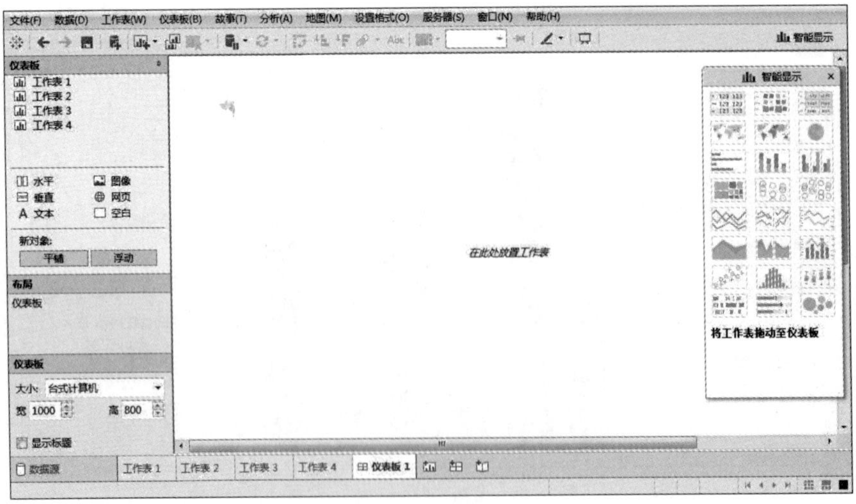

图 10-18 仪表板工作区

步骤 2：创建仪表板也是用拖放的方法，将创建好的工作表拖放到右侧排版区，并按照一定的布局排版好(图 10-19)。

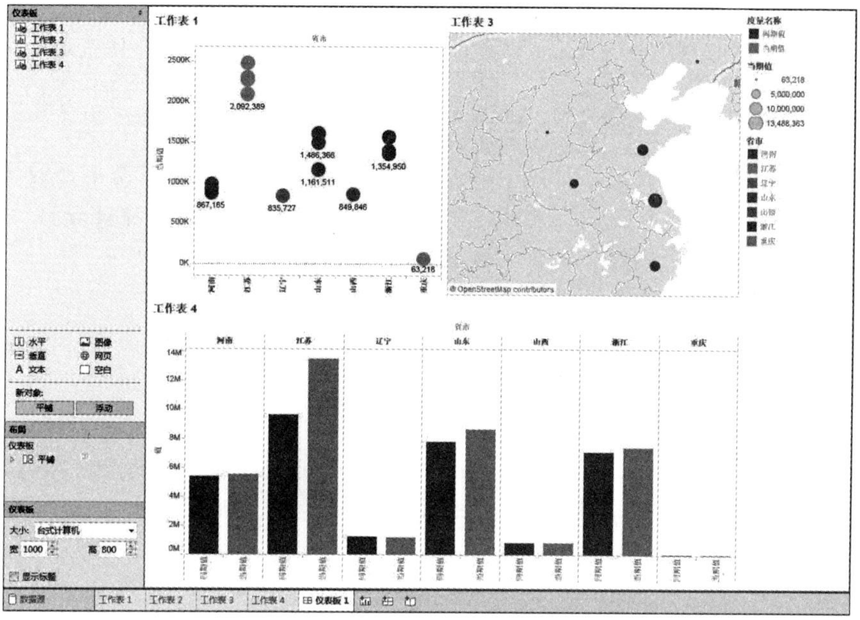

图 10-19　创建简单仪表板

10.4　保存工作成果

创建完仪表板后，应当将结果保存在 Tableau 工作簿中。为此，选择“文件”→“保存”命令进行保存。保存的类型可以是 Tableau 工作簿(＊.twb)，该类型将所有工作表及其连接信息保存在工作簿文件中但不包括数据；也可以是 Tableau 打包工作簿(＊.twbx)，该类型包含所有工作表、其连接信息以及任何其他资源如数据、背景图片等。

至此，我们以一个简单案例介绍了 Tableau 从连接数据到最后工作簿发布的过程，重点介绍了如何利用功能区创建视图，以便读者熟悉 Tableau 拖放的作图方法。

【延伸阅读】

可视化博客、可视化网站、可视化资源

数据可视化专业网站 datavlab.org 的目标是搭建讨论数据可视化的一个平台，由淘宝可视化团队发起，旨在为可视化的爱好者提供了解可视化、实践可视化、讨论可视化的渠道。

虽然下面列举的大多数网站都是外文的，但我们学习的是数据可视化，在这里，语言的难度好像并不那么重要——不是吗？

我们收集了一些能给可视化工程师、信息设计师带来巨大帮助的 blog 及网站，提供了创建方法、案例、类型以及其他资源。有些还提供了工具来帮助您创建自己的可视化数

据(站点的排序的大致原则为(1)更有影响力的站点排序更靠前;(2)侧重数据可视化站点比侧重设计资源的站点更靠前)。

- Visualising Data

Visualising Data 是 Andy Kirk 创建的比较有名的可视化博客,介绍最新的可视化技术、软件资源和应用实践。

- Information is beautiful

Information is beautiful 是 David McCandless 的可视化网站,展示他的精美的可视化作品,颂扬了精美的数据设计。网站还进行可视化竞赛,赞助商们提供数据,可视化爱好者们提交可视化作品,优胜者将获得奖励。

- Flowingdata

Flowingdata 是可视化专家 Nathan Yau 建立的著名的可视化案例网站,提供了一些令人震惊图表。

- Information Aesthetics

Information Aesthetics 是由 Andrew Vande Moere 设计和维护的著名可视化案例网站,宗旨是探索信息可视化和创造性设计之间的密切关系。转载了许多细节精致的图表和可视化数据,涉及政治、经济、金融及其他类型。

- FILWD

FILWD(Fall in love with data)以享受从数据中获取信息的乐趣为宗旨,并不提供可视化相关的资讯和案例分享,着重于数据可视化的经验分享,致力于在可视化的研究和实践之间建立桥梁。

- Visual Business Intelligence

Visual Business Intelligence 是和商业图表相关的一个博客,介绍商业图表可视化的案例、设计经验,评论可视化的趋势和资源。

- Datavisualization

Datavisualization 是数据可视化和信息图表的资讯网站,分享可视化资源,发布自身的可视化研究成果,也转载评论他人的优秀案例。

- 视物|致知

视物|致知是一群热爱信息可视化和数据分析的程序员建立的可视化中文站点,分享最新的可视化案例和经验。

- 图表汇

图表汇是一个专注于信息图表(Infographics)的学习与分享的主题博客平台,学习和交流信息可视化(InformationVisualization)的理论、技巧和方法,共享信息可视化之美!

- visualizing. org

visualizing. org 是面向多种人群的可视化站点,任何人都可以分享、评论可视化作品,创作者可以上传自己的作品,团体组织可以发布自己的数据,学校老师也可以组织一些可视化比赛。

- visual complexity

visual complexity 是可视化专家 Manuel Lima 创建的关于复杂网络的可视化博客,

致力于研究复杂网络的可视化方法和原则。汇集了大量的工程项目图表。图表都进行了分类并提供缩略图，以便于对海量信息进行检索。

- number27

number27 是 *We Feel Fine* 的作者之一 Jonathan Harris 创建的博客。他的惊人作品融合了计算机、人类学、虚拟艺术、叙事等元素。

- Edward Tufte

Edward Tufte 介绍了来源广泛的信息可视化图表。每张图表都有独立评注，其中有一些令人难以置信的有趣图片。Edward Tufte 是信息图表设计的一代宗师。

- visual. ly

visual. ly 是非常专业的可视化站点，收集了数千件可视化作品。用户可以搜索可视化实例，上传自己的可视化作品，利用其软件生成自己的图形化简历。

- Many Eyes

Many Eyes 提供了工具让你创建自己的可视化数据，同时还可浏览别人的作品。他们也拥有一个很大的图库。

- Well formed Data

Well-formed Data 这个 Blog 的题材包含交互界面设计、信息图形、数据及统计可视化等，所附评注非常有趣，就某些话题进行了深入的探讨。

- The New York Times(纽约时报)

在 The New York Times 的网站上花一点力气找到最好的图表绝对是值得的。它们拥有商业领域最好的信息图形，保证平均水平的读者能轻易理解那些实际上非常复杂的数据。

- Cool Infographics

Cool Infographics 是一个令人敬畏的 Blog——信息可视化的编年史及大量搜集来的可视化数据。只要你所能想得到的话题，这儿都有。基于 Tag 的架构便于你查找特定类别的图表。

- Simple Complexity

Simple Complexity 这个网站展示了一些简化复杂信息的可视化数据，用一种易于理解的方式来体现他们的真实意图。也包括一些关于如何图表优化的教程。

- Strange Maps

Strange Maps 上有许多基于图表的地图，涵盖古今。地图里所带的标注，其中最有趣的是那些历史地图。

- Wall Stats

Wall Stats 用海报招贴的形式制作了“美国个人可自由支配收入的统计”图表，它们还提供了其他关于政治及经济议题的图表。

- Data Mining

Data Mining 涉及的领域为数据可视化、社会化媒体和数据挖掘。这个 Blog 从包括《美国国家地理》及《经济学人》在内的其他媒体上聚合了大量的信息可视化图形。

- Infographics News

Infographics News 主要提供新闻类信息可视化图像，也发布了一些和新闻相关的不同寻常的图表。

- Chart Porn

Chart Porn 提供来自全国各地的图示和图表，设计精美，涉及广泛。按话题分类，易于检索。

- Behance Network

网站 Behance Network 基于 Tag 机制，内容涉及信息架构及其他一些特定类型。可以按作者进行检索。

- Good Magazine

Good Magazine 推荐了一些极有趣的原创图表，从"水危机"到"食品券的增长"到"奥巴马对投票率的影响"。

- Matthew Ericson

这个 Blog 展示了图表设计师 Matthew Ericson 及其他人的创作作品。

- NiXLOG Infographics

NiXLOG 从互联网上聚合了大量信息可视化的内容，还包括一份原创图表：关于苹果电脑及其消费观如何普及的演变历程。

- Virtual Water

Virtual Water 是一个专业 Blog，主题是用水量的统计。它们用招贴的形式展现信息并(全部或部分地)出版发行。

- History Shots

History Shots 是一个商业网站，出售各种主题的数据图表及可视化产品(招贴、明信片等)。它们主要提供历史事件、时代及包括政治、军事、体育或其他有趣科目在内的数据图表。这是一个相当有趣的网站，你可以在屏幕上缩放图片进行浏览。

- nicolasrapp. com

nicolasrapp. com 是一个信息设计 Blog，其作者为美联社进行创作。

- DataViz

DataViz 搜集了许多漂亮的数据化设计。尽管没有标注，但图片已经完全能说明自己了。

- iGraphics Explained

iGraphics Explained 这个 Blog 希望能阐明对于图表和数据可视化的有效性和制作方式的一些启示。他们展示了一些来自互联网的精美图表，这是一个启发创意的好去处，你还可以在这里认识到哪些图表形式是有效，而哪些不是的。

- 信息图形的 Flickr 群组

Flickr 群组可以成为信息和灵感的源泉。下面案例中的图表，大部分来自世界各地的不同时期。这是一个获取想法和感知全球图表设计趋势的好地方。

- Infografia

Infographics 拥有 700 多张图表的群组，由 120 多位成员上传。

• Infografistas. com

Infographics News 拥有 350 个类目的发布，来源的种类繁多。

• Visual Information

包含 650 类目的群组，从餐馆到图书馆地图都有。

• The Info Graphics Pool

这个可能是 Flickr 里这一类群组中规模最大的了，拥有超过 700 名成员和 1800 个类目。

资料来源：http://datavlab.org/2012/01/19/306

【实验与思考】

熟悉 Tableau 数据可视化设计

1. 实验目的

(1) 通过课文中介绍的一个电力系统简单案例，尝试实际执行 Tableau 数据可视化设计的各项基本步骤，以熟悉 Tableau 数据可视化设计技巧，提高大数据可视化应用能力。

(2) 欣赏 Tableau 数据可视化优秀作品，了解 Tableau 数据可视化设计能力。

2. 工具/准备工作

在开始本实验之前，请认真阅读课程的相关内容。

需要准备一台安装有 Tableau Desktop(参考版本为 9.3)软件的计算机。

3. 实验内容与步骤

1) Tableau 数据可视化设计实践

这一章中，我们以一个电力系统的简单案例介绍了 Tableau 从连接数据到最后工作簿发布的过程，重点介绍了利用功能区创建视图，以帮助大家熟悉 Tableau 拖放式的作图方法。

请仔细阅读本章的课文内容，执行其中的 Tableau 数据可视化操作，实际体验 Tableau 数据可视化的设计步骤。请在执行过程中对操作关键点做好标注，在对应的“实验确认”栏中打勾(√)，并请实验指导老师指导并确认(据此作为本实验与思考的作业评分依据)。

请记录：你是否完成了上述各个实例的实验操作？如果不能顺利完成，请分析可能的原因是什么？

答：____

____

____

____

2) 浏览 Tableau 可视化库

请浏览 Tableau 可视化库，其中包含了十分丰富的 Tableau 可视化优秀作品，这些

(动态)优秀作品都可以通过互动操作深入或者广泛了解更多的相关信息。

(1) 全球石油钻井平台

在 Tableau 可视化库中选择(单击)"全球石油钻井平台"(图 10-20)。图中所示的仪表板一目了然地显示了全球石油产地的十年数据,以地图形式提供了全球石油产地鸟瞰图。

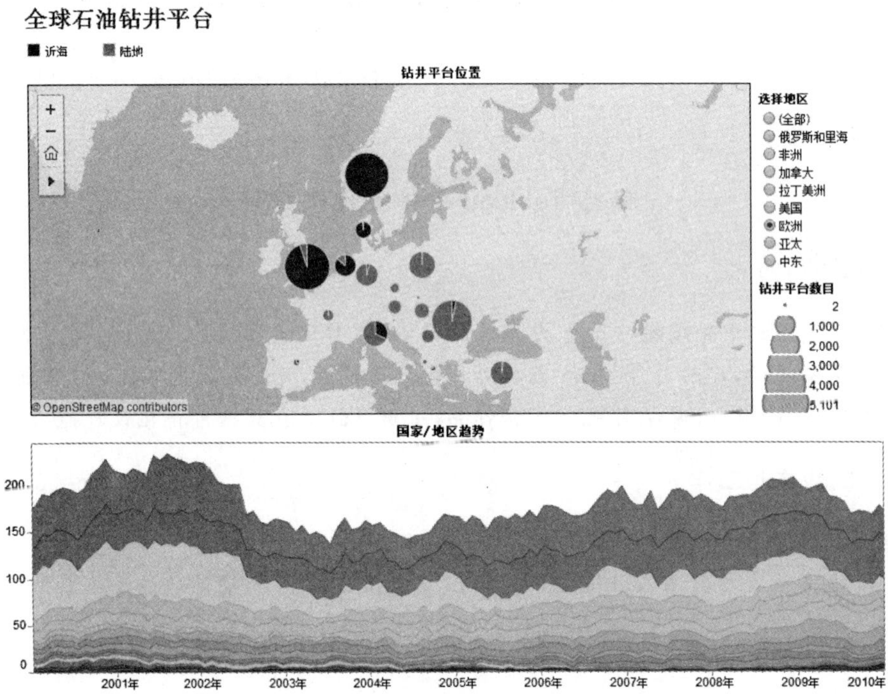

图 10-20　Tableau 设计作品:全球石油钻井平台

地图功能是 Tableau 的主要技术能力之一,地理位置可视化自然得心应手。读者可从右上方的菜单中选择一个区域,然后在下方的图表中研究该区域国家/地区的相关情况。

(2) iPhone 推文

格林尼治标准时间 2011 年 10 月 4 日 12:30,Apple 发布了新的 iPhone 4S,而不是传言中的 iPhone 5。于是,几小时之内,Apple 的粉丝们便通过推文表达了他们的失望之情,一时间,推特上带#iphone 4S 话题标签的推文暴增。

在 Tableau 可视化库中选择"iPhone 推文"(图 10-21)。在线阅读 Tableau 图表时,将光标悬停在地图上的圆上方,即可查看各条推文。

(3) 混合次摆线

在 Tableau 可视化库中选择"Theta 分析"。图 10-22 所示的工作簿演示了称为次摆线的曲线族。要获得次摆线,需先在一个圆盘上固定一个点(就像自行车轮上的反光片),然后沿着另一个圆滚动。通过过滤器、仪表板和拖放探索,我们可以利用后端功能生成各种各样的有趣曲线。借助 Tableau,可以灵活地可视化几乎所有类型的数据。

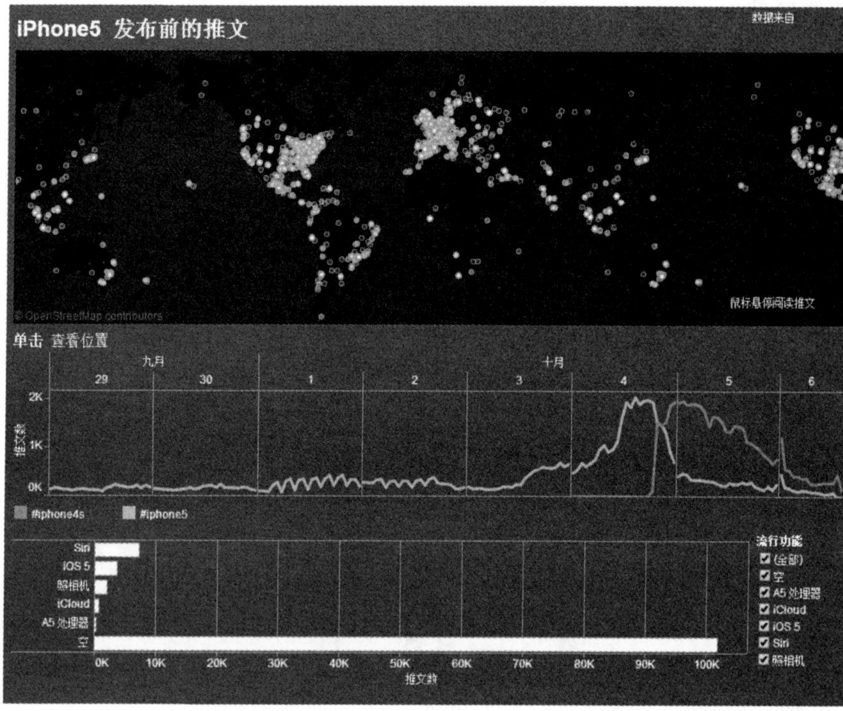

图 10-21 Tableau 设计作品：日本地震

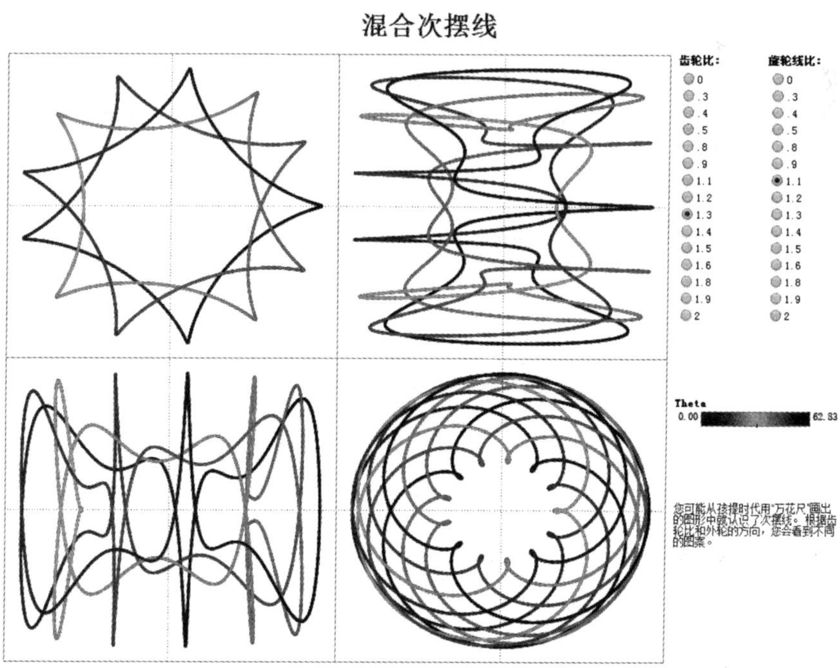

图 10-22 Tableau 设计作品：混合次摆线

(4) 跟踪股价

在 Tableau 可视化库中选择“跟踪估价”,可以借助 Tableau 来方便地制作极具冲击力的股票数据可视化图表,从中发现机会和风险。例如,蜡烛图就是用于金融分析的关键图表(图 10-23)。利用这种图表,可以在同一个视图中进行价格和波动性分析。在这幅 Tableau 蜡烛图中,可通过紧凑但功能强大的视图跟踪可口可乐或百事可乐的股价。

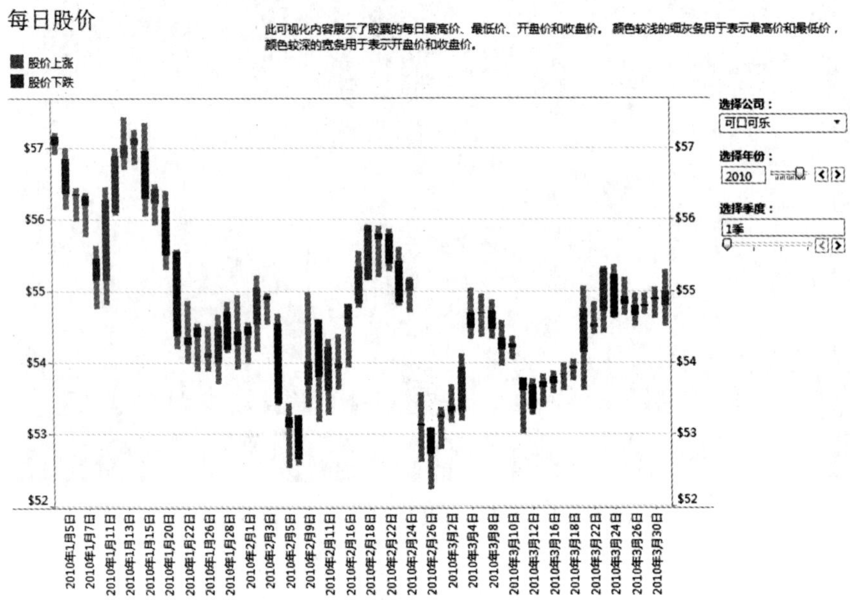

图 10-23　Tableau 设计作品:每日股价

请记录:通过浏览,你对 Tableau 软件的可视化数据分析能力的评价是什么?

答: ______________________________

____

____

4. 实验总结

____

____

____

____

5. 实验评价(教师)

____

____

第11章

课程设计与实验总结

至此，我们顺利完成了“大数据可视化”课程的教学任务及其相关的全部实验。为巩固通过实验所了解和掌握的相关知识和技术，请就所学的课程内容做一个全面的复习回顾，尝试完成指定案例（数据集）的可视化设计，并就本课程的学习和实验做一个系统总结。

由于篇幅有限，如果书中预留的空白不够，请另外附纸张粘贴在边上。

11.1 课程设计

设计要求：请应用 Tableau Desktop 软件分析“某超市销售报告数据”，要求至少产生三种可视化分析图形和一种仪表板，并予以发布。

样本数据：由于所提供的数据集庞大，用于开展课程设计的案例样本数据将以 Excel 电子文档形式（某超市销售报告数据. xlsx）提供。

栏目说明：案例样本中电子表格“订单”的栏目（变量）共有 20 列，分别如下。

(1) (A 列)行 ID：1～10 000；

(2) (B 列)订单 ID；

(3) (C 列)订货日期；

(4) (D 列)发货日期；

(5) (E 列)邮寄方式：一级、二级、标准级、当日；

(6) (F 列)客户 ID；

(7) (G 列)客户名称；

(8) (H 列)细分：消费者、小型企业、公司；

(9) (I 列)城市：国内；

(10) (J 列)省/市/自治区：全国各地；

(11) (K 列)国家：中国；

(12) (L 列)地区：东北、华北、华东、西北、西南、中南；

(13) (M 列)产品 ID；

(14) (N 列)类别：办公用品、技术、家具；

(15) (O 列)子类别：共 7 种；

(16) (P 列)产品名称；

(17) (Q 列)销售额;

(18) (R 列)数量;

(19) (S 列)折扣;

(20) (T 列)利润

注意:将 Excel 数据读入 Tableau 后部分栏目要调整数据类型,例如"省/市/自治区"应调整为"地理值"。

请记录:

(1) 你建立的可视化图表是什么(名字与简单说明,至少三项)?

① ______________________________

② ______________________________

③ ______________________________

④ ______________________________

⑤ ______________________________

(2) 你建立的仪表板是什么(名字与简单说明,至少一项)?

① ______________________________

② ______________________________

(3) 通过对超市销售数据的可视化分析,你获得的数据发现(信息)有哪些(至少 5 项)?

① ______________________________

② ______________________________

③ ______________________________

④ ______________________________

⑤ ______________________________

注意:请保存你所做的可视化分析的作品,以便教师检查或在班级演讲介绍。

11.2 课程实验总结

11.2.1 实验的基本内容

(1) 本学期学习的大数据可视化知识和完成的大数据可视化实验主要有(请根据实际完成的实验情况填写):

第 1 章：主要内容是：____

第 2 章：主要内容是：____

第 3 章：主要内容是：____

第 4 章：主要内容是：____

第 5 章：主要内容是：____

第 6 章：主要内容是：____

第 7 章：主要内容是：____

第 8 章：主要内容是：____

第 9 章：主要内容是：____

第 10 章：主要内容是：____

(2) 请回顾并简述：通过实验，你初步了解了哪些有关大数据及其可视化技术的重要概念(至少三项)？

① 名称：________________

简述：________________

____

____

② 名称：________________

简述：________________

____

____

③ 名称：________________

简述：________________

____

____

④ 名称：________________

简述：________________

____

____

⑤ 名称：________________

简述：________________

____

____

11.2.2 实验的基本评价

(1) 在全部实验中，你印象最深，或者相比较而言你认为最有价值的实验是什么？

① ________________

你的理由是：________________

____

② ________________

你的理由是：________________

____

(2) 在所有实验中，你认为应该得到加强的实验是哪个？

① ________________

你的理由是：________________

____

② ________________

你的理由是：____

____

(3) 对于本课程和本书的实验内容，你认为应该改进的其他意见和建议是：

____

____

11.2.3 课程学习能力测评

请根据你在本课程中的学习情况，客观地对自己在大数据可视化知识方面做一个能力测评。请在表11-1的"测评结果"栏中合适的项下画"√"。

表 11-1 课程学习能力测评

关键能力	评价指标	测评结果					备注
		很好	较好	一般	勉强	较差	
大数据、大数据时代与大数据可视化基础	1. 了解大数据和大数据时代						
	2. 熟悉大数据时代的思维变革						
	3. 熟悉本课程的在线学习环境						
	4. 理解课文中的典型导读案例						
	5. 理解课文中的典型延伸阅读						
数据可视化的基本概念	6. 了解数据可视化的应用						
	7. 了解数据可视化的主流设计工具与方法						
Excel 图表	8. 熟悉 Excel 数据图表						
	9. 熟悉数理统计中的常用统计量						
	10. 熟悉 Excel 数据可视化方法及其主要应用(直方、折线、圆饼等)						
	11. 掌握 Excel 数据图表设计方法						
数据可视化设计思想	12. 理解数据引导可视化设计						
	13. 熟悉数据可视化的过程						
	14. 熟悉数据可视化组织						
Tableau 数据可视化	15. 熟悉 Tableau 数据可视化基础						
	16. 熟悉 Tableau 数据可视化设计方法						
	17. 初步掌握 Tableau 数据可视化设计方法						
	18. 了解 Tableau 可视化设计能力						

续表

关键能力	评价指标	测评结果					备注
		很好	较好	一般	勉强	较差	
解决问题与创新	19. 掌握通过网络提高专业能力、丰富专业知识的学习方法						
	20. 能根据现有的知识与技能创新地提出有价值的观点						

说明："很好"5分，"较好"4分，以此类推。全表满分为100分，你的测评总分为：________分。

11.2.4　大数据可视化实验总结

____

____

____

____

____

____

____

____

11.2.5　实验总结评价(教师)

____

____

主要参考文献

[1] [美] Nathan Yau(邱南森)著. 张伸译. 数据之美：一本书学会可视化设计. 北京：中国人民大学出版社,2014.

[2] [美] Phil Simon 著. 大数据可视化：重构智慧社会. 北京：人民邮电出版社,2015.

[3] 周苏,等. 大数据导论. 北京：清华大学出版社,2016.

[4] 周苏,等. 大数据・技术与应用. 北京：机械工业出版社,2016.

[5] [英] Robert Spence 著. 信息可视化：交互设计(第 2 版). 陈雅茜译. 北京：机械工业出版社,2014.

[6] 恒盛杰资讯. Excel 数据可视化：一样的数据不一样的图表. 北京：机械工业出版社,2015.

[7] 刘红阁,等. 人人都是数据分析师：Tableau 应用实践. 北京：人民邮电出版社,2015.

[8] [英] David McCandless 著. 信息之美. 温思玮,等译. 北京：电子工业出版社,2012.

[9] [美] 大卫・芬雷布著. 大数据云图：如何在大数据时代寻找下一个大机遇. 盛杨燕译. 杭州：浙江人民出版社,2014.

[10] [美] Phil Simon 著. 大数据应用：商业案例实践. 漆晨曦,张淑芳译. 北京：人民邮电出版社,2014.

[11] [日] 野村综合研究所,城田真琴著. 大数据的冲击. 周自恒译. 北京：人民邮电出版社,2013.

[12] [英] 维克托・迈尔-舍恩伯格,肯尼思・库克耶著. 大数据时代. 盛杨燕,周涛译. 杭州：浙江人民出版社,2013.

[13] [美] 伊恩・艾瑞斯著. 大数据思维与决策. 宫相真译. 北京：人民邮电出版社,2004.

[14] [美] 汤姆斯・戴文波特著. 大数据@工作力. 江裕真译. 台北：远见天下文化出版股份有限公司,2014.

[15] [美] Lawrence S. Maisel, Gary Cokins 著. 大数据预测分析：决策优化与绩效提升. 北京：人民邮电出版社,2014.

[16] [美] 埃里克・西格尔著. 大数据预测——告诉你谁会点击、购买、死去或撒谎. 周昕译. 北京：中信出版社,2014.

[17] [美] 史蒂夫・洛尔著. 大数据主义. 胡小锐,朱胜超译. 北京：中信出版集团,2015.

[18] [美] Bill Franks 著. 驾驭大数据. 黄海,车皓阳,王悦,等译. 北京：人民邮电出版社,2013.

[19] 周苏,等. 人机交互技术. 北京：清华大学出版社,2016.

[20] 周苏,等. 数字媒体技术基础. 北京：机械工业出版社,2015.

[21] 周苏,等. 创新思维与 TRIZ 创新方法. 北京：清华大学出版社,2015.

[22] 周苏主编. 创新思维与科技创新. 北京：机械工业出版社,2016.

[23] 周苏,等. 现代软件工程. 北京：机械工业出版社,2016.